Bernd Rüger

Mikrostrukturmodellierung von Elektroden für die Festelektrolytbrennstoffzelle

Schriften des Instituts für Werkstoffe der Elektrotechnik,
Universität Karlsruhe (TH)
Band 16

Mikrostrukturmodellierung von Elektroden für die Festelektrolytbrennstoffzelle

von
Bernd Rüger

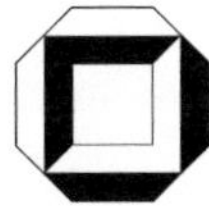

universitätsverlag karlsruhe

Dissertation, Universität Karlsruhe (TH)
Fakultät für Elektrotechnik und Informationstechnik, 2009

Impressum

Universitätsverlag Karlsruhe
c/o Universitätsbibliothek
Straße am Forum 2
D-76131 Karlsruhe
www.uvka.de

Universitätsverlag Karlsruhe 2009
Print on Demand

ISSN: 1868-1603
ISBN: 978-3-86644-409-6

Mikrostrukturmodellierung von Elektroden für die Festelektrolytbrennstoffzelle

Zur Erlangung des akademischen Grades eines

DOKTOR-INGENIEURS

von der Fakultät für
Elektrotechnik und Informationstechnik
der Universität Karlsruhe (TH)
genehmigte

DISSERTATION

von

Dipl.-Ing. Bernd Rüger
geb. in: Heilbronn

Tag der mündlichen Prüfung: 19.05.2009
Hauptreferentin: Prof. Dr.-Ing. Ellen Ivers-Tiffée
Korreferent: Prof. Dr. rer. nat. Detlev Stöver

Nobody believes in theoretical calculations,
except the one who did it.
Everybody believes in experimental results,
except the one who did it.

Anonymous

Danksagung

Die vorliegende Dissertation entstand am Institut für Werkstoffe der Elektrotechnik (IWE) der Universität Karlsruhe (TH). An erster Stelle gilt mein Dank Frau Prof. Dr.-Ing. Ivers-Tiffée. Ausgehend von einem Stück Papier mit der Idee für die Promotion im Jahr 2004 hat sie meine Arbeit durch stete Förderung begleitet und durch stete Forderung geführt. Ihre klaren Worte und ihr scharfes Urteil haben meine persönliche Entwicklung und diese Arbeit maßgeblich beeinflusst und trugen rückblickend betrachtet zum Gelingen der Promotion bei. Daher bedanke ich mich herzlich für die Betreuung und die konstruktive Kritik.

Herrn Prof. Dr. Stöver danke ich für die Übernahme des Korreferats und die Möglichkeit, das Promotionsthema am Institut für Energieforschung 1 des Forschungszentrums Jülich ausführlich vorstellen zu können.

Herrn Dr.-Ing. André Weber danke ich für die Diskussionen über die Modellierung der SOFC und die kritische Durchsicht der Dissertation. Die Verknüpfung von Modellierungsideen mit tatsächlich relevanten (Mess-) Größen hat zum Erfolg dieser Arbeit beigetragen.

Weiterhin möchte ich mich bei allen Mitarbeitern und Ehemaligen des IWE für die gute Zusammenarbeit bedanken. Besonders hervorheben möchte ich Herrn Dr.-Ing. Stefan Wagner wegen der vielen Diskussionen und der Unterstützung bei der Erstellung verschiedenster Schriftstücke sowie Frau Sylvia Schöllhammer und die Mitglieder der mechanischen Werkstatt für die große Unterstützung bei experimentellen Arbeiten und für die perfekte mechanische Herstellung benötigter Materialien.

Frau Dr.-Ing. Heike Störmer (LEM, Universität Karlsruhe (TH)) danke ich für die Präparation von Elektroden-Proben für eine FIB/REM-Abbildung mit dem Ziel der 3D-Rekonstruktion.

Herrn Prof. Dr. Heuveline und Herrn Dr.-Ing. Thomas Carraro (Numerische Simulation, Optimierung und Hochleistungsrechnen, Universität Karlsruhe (TH)) danke ich für ihr Interesse und die Unterstützung dieser Arbeit. Ich freue mich auf Ergebnisse von HPC-Berechnungen.

Herrn Prof. Sitte und Frau Dr. Edith Bucher (Lehrstuhl für Physikalische Chemie, Montanuniversität Leoben) danke ich herzlich für Diskussionen und Daten zu LSCF und BSCF.

Die Tätigkeit als „Modellierer" unter den experimentellen Doktoranden war eine Herausforderung, da ersten Einschätzungen zufolge keine großen Ergebnisse erwartet wurden und die Anwendbarkeit in Frage gestellt wurde. Deshalb freut es mich, dass die Resultate meiner Arbeit beispielsweise bei meinen Kollegen Herrn Dr.-Ing. Christoph Peters und Herrn André Leonide Verwendung gefunden haben. Gleichzeitig bin ich zur Dankbarkeit verpflichtet, denn die zur Validierung benötigten Daten konnten nur mit der guten Messtechnik und der Erfahrung der Experimentatoren gewonnen werden.

Besonderen Dank schulde ich den von mir betreuten Studenten, davon namentlich: Priscila Gonçalves, Judith Hartmann, Thomas Diepolder und Jochen Joos. Jede dieser Arbeiten hat einen Baustein zum gesamten FEM-Mikrostrukturmodell geliefert. Folglich wäre diese Arbeit ohne Eure Begeisterung, Euer Engagement und Eure Leidensfähigkeit für die numerische Modellierung nicht möglich gewesen.

Schließlich danke ich meiner Frau Tabea, die mich während all der (Fernbeziehungs-) Jahre meiner Promotion moralisch unterstützt hat, sowie meinen Eltern Gertrud und Werner, die all das erst möglich gemacht haben.

Karlsruhe, im August 2009 Bernd Rüger

Inhaltsverzeichnis

Symbolverzeichnis

j_{gas,O_2}	$\dfrac{\text{mol}}{\text{s}\cdot\text{m}^2}$	Flussdichte der Sauerstoffmoleküle
$j_{\text{diff},O^{2-}}$	$\dfrac{\text{mol}}{\text{s}\cdot\text{m}^2}$	Flussdichte der Sauerstoffionen
j_{curr}	$\dfrac{\text{A}}{\text{m}^2}$	ionische Stromdichte
j_{solid}	$\dfrac{\text{A}}{\text{m}^2}$	(äquivalente) ionische Stromdichte im Festkörper
x_{O_2}	-	molarer Anteil von Sauerstoff
$c_{O^{2-}}$	$\dfrac{\text{mol}}{\text{m}^3}$	Sauerstoffionenkonzentration
Φ	V	Potential
I	A	Strom durch das FEM-Mikrostrukturmodell
j	$\dfrac{\text{A}}{\text{m}^2}$	Stromdichte
ASR	$\Omega\cdot\text{m}^2$	flächenspezifischer Widerstand
ASR_{pol}	$\Omega\cdot\text{m}^2$	flächenspez. Polarisationswiderstand (Polarisationsverluste)
ASR_{diff}	$\Omega\cdot\text{m}^2$	flächenspez. Diffusionswiderstand
U	V	Spannung
U_{Nernst}	V	Nernstspannung an der Grenzfläche
U_{th}	V	theoretische Zellspannung
U_{OCV}	V	Zellspannung im Leerlauf
U_{EMF}	V	elektromotorische Kraft (unter Last)
η	V	Überspannung
η_{Σ}	V	gesamte Überspannungsverluste
η_{con}	V	Überspannung aufgrund des Gasumsatzes
η_{ohm}	V	Überspannung aufgrund ohmscher Verluste
η_{pol}	V	Polarisationsüberspannung
η_{ct}	V	Ladungstransfer-Überspannung
j_{ct}	$\dfrac{\text{A}}{\text{m}^2}$	Ladungstransfer-Stromdichte
T	K, °C	Temperatur
p	$\dfrac{\text{N}}{\text{m}^2}$	Druck der Gasmischungen auf der Kathoden- und Anodenseite
p_{O_2}	$\dfrac{\text{N}}{\text{m}^2}$	Sauerstoffpartialdruck
l_{c}	m	kritische Länge (Dicke) [1]
δ	m	Eindringtiefe [2]
δ'	m	geschätzte Eindringtiefe
l	m	Länge (Dicke)

ps	m	mittlere Partikelgröße (Porengröße)
d_p	m	mittlerer Porendurchmesser (hier $d_\mathrm{p} = ps$)
A	m^2	Fläche des RVE
ε	%	Volumenanteil der Porosität
N_i	-	Anzahl an Kuben in i-Richtung ($i = x, y, z$)
		Anzahl an Simulationen ($i = sim$), Vielfaches ($i = \delta$)
$\bar{n}$	-	Vektor in Normalenrichtung zur Grenzfläche
y	$\dfrac{\mathrm{mol}}{\mathrm{m}^3}$	Achsenabschnitt (in Gleichung (4.17))
g	$\dfrac{\mathrm{mol}}{\mathrm{m}^3}$	Steigung (in Gleichung (4.17))
$g(f)$	$\Omega \cdot \mathrm{s}$	Verteilungsfunktion der Relaxationszeiten
f	Hz	Frequenz
f_RC	Hz	Relaxationsfrequenz RC-Glied
e	%	Fehlerabschätzung
σ_std	-	Standardabweichung
τ	-	Tortuosität
a	$\dfrac{\mathrm{m}^2}{\mathrm{m}^3}$	volumenspezifische (aktive) Oberfläche

Tiefgestellt

El	im/des Elektrolyte/n
MIEC	im/des gemischtleitenden Material/s
Cat	in der/der Kathode
Ano	in der/der Anode
CC	im/des Stromsammler/Gasverteiler/s
Model	im/des Modell/s
Cell	der Zelle
,GC	am Gaskanal
,IF	an der Grenzfläche gemischtleitendes Material/Elektrolyt
,CE	an der Gegenelektrode
,z	in z-Richtung
,in/out	am Gaseinlass/-auslass
,mes/max/min/ave	gemessener/maximaler/minimaler/mittlerer Wert
,eff/opt	effektiver/optimaler Wert

Materialien und Gasphase

k^δ	$\dfrac{\mathrm{m}}{\mathrm{s}}$	chemischer Oberflächenaustauschkoeffizient
D^δ	$\dfrac{\mathrm{m}^2}{\mathrm{s}}$	chemischer Festkörperdiffusionskoeffizient

c_{mc}	$\dfrac{mol}{m^3}$	Konzentration der Sauerstoff-Plätze im Gitter
$c_{O^{2-},eq}$	$\dfrac{mol}{m^3}$	sauerstoffpartialdruckabhängiger Gleichgewichtswert der Sauerstoffionenkonzentration des gemischtleitenden Materials
ASR_{ct}	$\Omega \cdot m^2$	flächenspezifischer Ladungstransferwiderstand
σ_{El}	$\dfrac{S}{m}$	ionische Leitfähigkeit des Elektrolyten
E_A	eV	Aktivierungsenergie
UCV	m^3	Volumen der Einheitszelle
δ	-	Nichtstöchiometrie
$D_{O_2N_2}$	$\dfrac{m^2}{s}$	binärer Diffusionskoeffizient O_2 in N_2
$D_{O_2}^K$	$\dfrac{m^2}{s}$	Knudsen-Diffusionskoeffizient

Konstanten

$R = 8,314 \; \dfrac{J}{mol \cdot K}$	ideale Gaskonstante
$F = 9,649 \cdot 10^4 \; \dfrac{C}{mol}$	Faraday-Konstante
$e_0 = 1,602 \cdot 10^{-19} \; C$	Elementarladungszahl
$k = 8,617 \cdot 10^{-5} \; \dfrac{eV}{K}$	Boltzmann-Konstante
$N_A = 6,022 \cdot 10^{23} \; \dfrac{1}{mol}$	Avogadrozahl
$M_{O_2} = 32 \cdot 10^{-3} \; \dfrac{kg}{mol}$	molare Masse von Sauerstoffmolekülen
$M_{N_2} = 28 \cdot 10^{-3} \; \dfrac{kg}{mol}$	molare Masse von Stickstoffmolekülen

Abkürzungsverzeichnis

Materialien

3YSZ	yttriumdotiertes Zirkonoxid $(Y_2O_3)_{0,03}(ZrO_2)_{0,97}$ (vgl. auch YSZ)
8YSZ	yttriumdotiertes Zirkonoxid $(Y_2O_3)_{0,08}(ZrO_2)_{0,92}$ (vgl. auch YSZ)
BSCF	$Ba_{0,5}Sr_{0,5}Co_{0,8}Fe_{0,2}O_{3-\delta}$
GCO	gadoliniumdotiertes Ceroxid $(Gd_2O_3)_{0,1}(CeO_2)_{0,9}$
LSC	$La_{0,5}Sr_{0,5}CoO_{3-\delta}$
LSCF	$La_{0,58}Sr_{0,4}Co_{0,2}Fe_{0,8}O_{3-\delta}$ oder $La_{0,6}Sr_{0,4}Co_{0,2}Fe_{0,8}O_{3-\delta}$
LSM	$La_{0,8}Sr_{0,2}MnO_{3-\delta}$ oder $La_{0,7}Sr_{0,3}MnO_{3-\delta}$
ULSM	$La_{0,75}Sr_{0,2}MnO_{3-\delta}$ (IWE-Kathode) oder $La_{0,65}Sr_{0,3}MnO_{3-\delta}$ (FZJ-Kathode) ULSM wird in dieser Arbeit vereinfachend meist als LSM bezeichnet.
NiO	Nickeloxid
YSZ	yttriumdotiertes Zirkonoxid (vgl. auch 3 bzw. 8YSZ)
ZrO_2	Zirkonoxid

Zellkonzepte und Herstellungsmethoden

ASC	anodengestützte Zelle
CERMET	keramisch metallische Mischstruktur
CSC	kathodengestützte Zelle
ESC	elektrolytgestützte Zelle
FZJ-Typ 1	ASC mit ULSM/8YSZ-Komposit-Kathode
FZJ-Typ 2	ASC mit LSCF-Kathode
MOD	Metall-Organische Deposition
PEMFC	Polymerelektrolytmembran-Brennstoffzelle
SOFC	Festelektrolytbrennstoffzelle (Solid Oxide Fuel Cell)

Organisationen

DFG	Deutsche Forschungsgemeinschaft
ECN	Energy Research Centre of the Netherlands
FZJ	Forschungszentrum Jülich
IEF-1	Institut für Energieforschung 1, FZJ
IWE	Institut für Werkstoffe der Elektrotechnik, Universität Karlsruhe (TH)
ISC	Fraunhofer-Institut für Silicatforschung in Würzburg

Weitere

1D, 2D, 3D	ein-, zwei- oder dreidimensional
APU	Auxiliary Power Unit
ASR	flächenspezifischer Widerstand (area specific resistance)
BSZ	Brennstoffzelle
EMT	Theorie der effektiven Medien
FEM	Finite-Elemente-Methode
FIB	Focused Ion Beam (Ionenstrahleinrichtung)
HPC	High-Performance-Computing
REM	Rasterelektronenmikroskop
RRN	Random-Resistor-Network
RVE	repräsentatives Volumenelement
SERVE	stochastisch äquivalentes RVE (Stochastic Equivalent)

1 Einleitung

Der heutige Lebensstandard wird gewährleistet durch eine allgegenwärtige Versorgung mit bezahlbarer Energie. Um diesen Standard halten zu können muss vor dem Hintergrund des anthropogenen Klimawandels und stetig steigender Preise auf eine möglichst umweltschonende und effiziente Bereitstellung der benötigten Energie geachtet werden. Brennstoffzellensysteme vereinigen hierbei gleich mehrere Vorteile gegenüber konventionellen Energieerzeugungssystemen. Systemimmanent kann die zugeführte chemische Energie durch elektrochemische Reaktionen auch bei Systemen im kW-Leistungsbereich oder bei Teillastbetrieb mit einem sehr hohen Wirkungsgrad in elektrische Energie umgewandelt werden. Die Brennstoffzellentechnologie ermöglicht dabei den Einsatz verschiedener Brennstoffe und verursacht aufgrund der sehr viel niedrigeren Betriebstemperaturen im Vergleich zu konventionellen Verbrennungsvorgängen viel geringere bzw. bei Betrieb mit reinem Wasserstoff keine Emissionen außer Wasserdampf.

Diese Eigenschaften erlauben insbesondere mit der Festelektrolytbrennstoffzelle (SOFC), wegen deren hohen Betriebstemperatur und der damit verbundenen größeren Brennstoffflexibilität und -toleranz, die Realisierung von Systemen, welche für die dezentrale Energieversorgung verbunden mit einer Kraft-Wärme-Kopplung geeignet sind. Denkbar sind dabei Systeme für die Versorgung einzelner Haushalte mit Wärme und Energie, wie sie von Ceramic Fuel Cells Limited (CFCL)[1] oder Hexis[2] entwickelt werden, oder Systeme mit mehreren kW-Leistung für den Einsatz als Blockheizkraftwerk oder zur Notstromversorgung beispielsweise für Krankenhäuser. Weitere Anwendungen bieten sich im Bereich von Automobilen, Schiffen oder Flugzeugen zur Bordstromversorgung an. Solche Systeme sind im Automobilbereich unter der Bezeichnung Auxiliary Power Unit (APU) in der Entwicklung und könnten auch den Einstieg in ein Hybridkonzept ermöglichen. Weitere Nischenanwendungen finden Brennstoffzellen dort, wo es auf einen besonders geräuscharmen Betrieb ankommt wie beispielsweise in Reisemobilen von Hymer, die mit Systemen von Smart Fuel Cells (SFC)[3] ausgestattet werden können, oder in U-Booten, wo Brennstoffzellen von Siemens[4] im Vergleich zu Bleiakkumulatoren eine etwa 5-mal größere Reichweite und wesentlich längere Tauchzeiten ermöglichen.

Für die kommerzielle Einsetzbarkeit von Brennstoffzellensystemen müssen diese eine ausreichende Lebensdauer und Leistungsfähigkeit im Vergleich zu bereits erhältlichen Systemen nachweisen. Die hohe Betriebstemperatur der SOFC von bis zu 1000 °C schränkt die Zahl der einsetzbaren Materialien ein und stellt hohe Anforderungen hinsichtlich der Alterung. Ziel der Entwicklung ist es, durch neue Zellkonzepte die untere Betriebstemperaturgrenze auf etwa 600 °C abzusenken und dadurch die Lebensdauer zu erhöhen. Bei niederen Betriebstemperaturen nehmen jedoch insbesondere die Elektrodenverluste in der SOFC deutlich zu, so dass deren Leistungsfähigkeit verbessert werden muss. Die Leistungsfähigkeit von Elektroden wird grundsätzlich durch das verwendete Material bestimmt, jedoch hat auch die Mikrostruktur einen entscheidenden Anteil.

---

[1] Net~Gen Plus™   1 kW elektrische und ~ 0,5 kW thermische Leistung
[2] Galileo   1 kW elektrische und 2 kW thermische Leistung
[3] SFC 1600   65 W elektrische Leistung
[4] SINAVY PEM FC Modul   34 – 120 kW elektrische Leistung bei etwa 850 kg Gewicht pro 34 kW Modul
2002 weltweite Erstausstattung eines U-Bootes der Klasse 212A; gegenwärtig sind vier U-Boote bei der deutschen und zwei bei der italienischen Marine im Einsatz; zwei weitere werden aktuell ausgerüstet [3-5].

Die Leistungsfähigkeit von Elektrodenstrukturen hängt ab von (i) Materialzusammensetzung (einphasig, zweiphasig, elektronen- oder gemischtleitend, katalyt. Aktivität (k^δ, LSR_ct) und Transporteigenschaft (D^δ, σ_El)) (ii) Geometrie (Porosität, Dicke) und (iii) Mikrostruktur (Partikelgröße, Partikelgrößenverteilung, ein- oder mehrlagig, strukturiert, infiltriert, Gradientenstruktur) und muss daher für die jeweiligen Betriebsbedingungen angepasst werden. Die experimentelle Untersuchung dieser Einflussmöglichkeiten ist schwierig und mit einem großen finanziellen und zeitlichen Aufwand verbunden. Die Zusammensetzung beeinflusst Wert und Temperaturabhängigkeit der Materialeigenschaften (k^δ, LSR_ct, D^δ, σ_El), daher können je nach Temperaturbereich verschiedene Materialien vorteilhaft sein. Zudem sind die Messergebnisse zu verschiedenen Betriebsbedingungen oder von unterschiedlichen Gruppen teilweise gegensätzlich. So ist beispielsweise unklar, ob und in welchem Betriebsbereich zweiphasige Kathoden aus Elektrolyt- und gemischtleitendem Material vorteilhaft sind. Auch die Bewertung von Strukturen mit sehr kleinen Partikelgrößen im nm-Bereich ist schwierig, denn während der Messung können unter anderem starke mikrostrukturelle Veränderungen auftreten. Nano-skalige Strukturen sind jedoch besonders interessant, da Skalierungseffekte ausgenutzt werden können: die für die Elektrochemie wichtigen volumenspezifischen Oberflächen a bzw. Dreiphasengrenzlängen l_tpb steigen mit sinkender Partikelgröße stark an. Experimentelle Ergebnisse können durch geeignete Modelle und Berechnungen zum Teil besser verstanden oder überhaupt erst ausgewertet werden.

Zielsetzung der Arbeit

Ziel dieser Arbeit ist die Entwicklung eines Modells zur Berechnung der Leistungsfähigkeit von Elektroden als Funktion der mikrostrukturellen und materialspezifischen Eigenschaften, um eine modellgestützte Optimierung und Verbesserung der Mikrostruktur zu ermöglichen. Bereits verfügbare Modelle berücksichtigen die materialspezifischen Eigenschaften zum Teil, doch der Einfluss der Mikrostruktur wird häufig nebensächlich behandelt und ungenau einbezogen. Solche Modelle sind für eine Mikrostrukturoptimierung weniger geeignet [6]. Im Gegensatz dazu soll die Mikrostruktur der Elektrode bei dem in dieser Arbeit entwickelten Modell nachgebildet werden. Die Beschreibung dieser Approximation soll möglichst flexibel sein, um auch spezielle Strukturen wie Komposit-Elektroden, strukturierte Elektrolytoberflächen oder infiltrierte Elektrolytstrukturen untersuchen zu können.

Die sehr komplexe Mikrostruktur der Elektroden soll im Modell abgebildet werden, folglich ist eine analytische Lösung nicht mehr möglich. Deshalb muss die Lösung des Modells mit einem dafür geeigneten numerischen Verfahren, wie beispielsweise der Finite-Elemente-Methode, bestimmt werden. Zur Berechnung soll, um den Entwicklungsaufwand zu begrenzen, eine kommerzielle Software verwendet werden, in der mehrere, miteinander verkoppelte physikalische Vorgänge berücksichtigt werden können. Im Rahmen dieser Arbeit ist eine Implementierung des Modells in die kommerzielle Software durch eigene Funktion zu entwickeln, welche die gewählte Beschreibung für die Geometrie umsetzt, dabei jedoch sehr flexibel ist und es erlaubt, Änderungen und Erweiterungen des Modells vorzunehmen.

Die Verwendung der Finite-Elemente-Methode und die komplexe Beschreibung der Mikrostruktur der Elektroden macht die Untersuchung verschiedener numerischer Eigenschaften des Modells notwendig. Betrachtet wird, welche Grenzen bei der numerischen Berechnung auftreten, weil die verwendeten Rechengitter eine beschränkte Anzahl finiter Elemente aufweisen, und es wird untersucht, welchen Einfluss die in der Geometrie vorkommenden Ecken und Kanten auf das Rechenergebnis haben. Zudem wird geprüft, ob die umsetzbaren Modelle eine ausreichende Größe besitzen, um belastbare Ergebnisse zu erzielen.

Für die in den Elektroden ablaufenden elektrochemischen Vorgänge werden ausreichend detaillierte physikalische Modelle verwendet. Aufbauend auf bereits in der Literatur verfügbaren Modellen werden mathematische Beschreibungen erarbeitet, welche allein auf materialspezifischen Parametern basieren. Hier werden nur Parameter verwendet, deren Werte grundsätzlich direkt experimentell bestimmt werden können und möglichst bereits in der Literatur angegeben sind. Eine Zusammenstellung dieser Parameter ist in der Literatur kaum anzutreffen, da die Materialeigenschaften meist isoliert voneinander betrachtet werden. Zudem weichen die Daten verschiedener Quellen meist voneinander ab. Folglich wurde im Rahmen dieser Arbeit eine geeignete Zusammenstellung der benötigten Daten erstellt.

Ein Schwerpunkt der Entwicklung des Modells bildet die experimentelle Validierung. Die geometrischen Eigenschaften der verwendeten Nachbildung der realen Mikrostruktur der Elektroden werden analysiert und (indirekt) mit den real vorliegenden Eigenschaften verglichen. Die Transporteigenschaften des Modells werden als Funktion der Porosität ε und der Elektrodendicke ermittelt. Die berechneten Tortuositätskurven $\tau(\varepsilon)$ werden mit denen anderer Modelle und soweit möglich mit experimentell ermittelten Werten verglichen. Und nicht zuletzt wird geprüft, ob die elektrochemischen Vorgänge korrekt abgebildet werden. Hierzu werden gemessene und berechnete flächenspezifische Widerstände von Elektroden verglichen, welche mikrostrukturell sehr unterschiedlich sind und die aus verschiedenen Materialien bestehen.

Mit Hilfe des Modells wird der Einfluss der mikrostrukturellen und materialspezifischen Eigenschaften auf die Leistungsfähigkeit der Elektroden untersucht: (i) 1:1 Vergleich mit etablierten Modellen, (ii) systematische Untersuchung und Vergleich verschiedener Materialien und Mikrostrukturen anhand von Kennflächen, die den flächenspezifischen Widerstand ASR_{Cat} für eine gegebene Mikrostruktur als Funktion der materialspezifischen Parameter (k^δ, D^δ) zeigen, (iii) Analyse der Auswirkungen mikrostruktureller Parameter auf die Kennfläche, (iv) Analyse der Veränderung der Temperaturabhängigkeit eines nominell gleichen Kathodenmaterials in Abhängigkeit von der Elektrodenstruktur, (v) Bestimmung optimaler Bereiche/Werte mit minimalen ASR-Werten für Porosität ε, Elektrodendicke l_{Cat} und Partikelgröße ps, (vi) Analyse der Stromdichteverteilung $j(x, y, z)$ und (vii) Untersuchung von Komposit-Kathoden.

Gliederung der Arbeit

Abbildung 1 zeigt eine grafisch aufbereitete Gliederung der Arbeit. In Kapitel 2 werden die Grundlagen zur SOFC und das Funktionsprinzip der Elektroden dargestellt. Darauf aufbauend werden in Kapitel 3 verschiedene Modellierungsansätze für Elektroden aus der Literatur vorgestellt. Beginnend bei Modellen für die Transportphänomene in den Elektroden über Ansätze für verschiedene Elektrodentypen werden, nach den Grundlagen der Finite-Elemente-Methode, Modelle speziell für gemischtleitende Kathoden besprochen. In Kapitel 4 wird das FEM-Mikrostrukturmodell für Elektroden vorgestellt. Dargestellt werden das Modell (Geometrie, Rechengitter, Implementierung in COMSOL Multiphysics®), wie sich für dieses Kenngrößen (τ, a und l_{tpb}) bestimmen lassen und die Beschreibung der physikalischen Vorgänge in den Elektroden. Anschließend werden die für die Berechnungen notwendigen materialspezifischen Parameter angegeben und diskutiert. Die Verwendung der Finite-Elemente-Methode und der verwendete Ansatz für die Approximation der Mikrostruktur wirft Fragen auf und macht eine ausführliche Validierung des Modells notwendig. Die Resultate hierzu werden in Kapitel 5 dargestellt. In Kapitel 6 werden die mit FEM-Mikrostrukturmodell berechneten Ergebnisse (s.o.) vorgestellt und diskutiert. Die Arbeit schließt mit der Zusammenfassung und einem Ausblick in Kapitel 7.

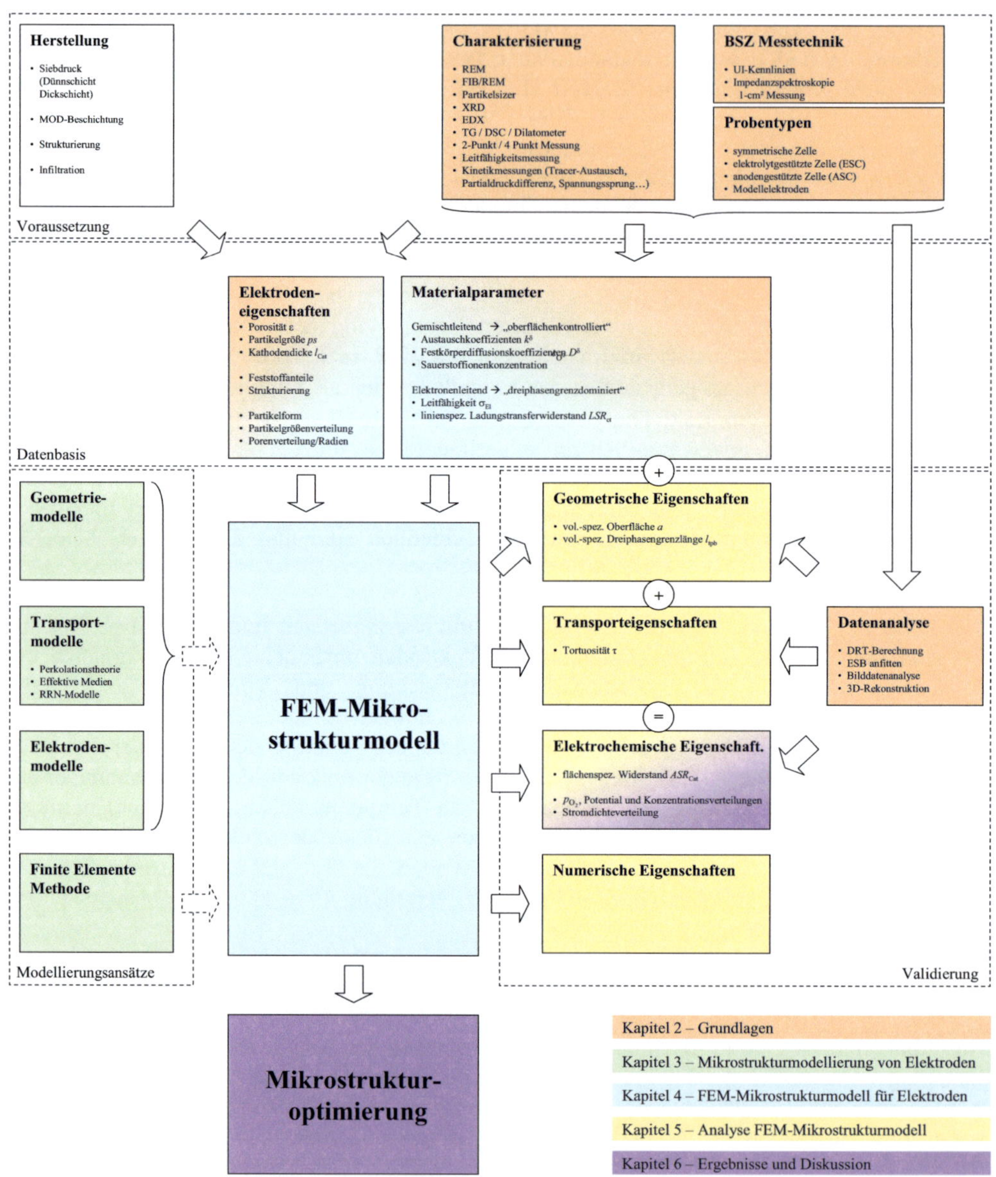

Abbildung 1: Grafisch aufbereitete Gliederung der Arbeit

2 Grundlagen

2.1 Festelektrolytbrennstoffzelle (SOFC)

Brennstoffzellen ermöglichen die effiziente Umwandlung von chemischer in elektrische Energie. Die Festelektrolytbrennstoffzelle erlaubt dabei mit die höchsten Wirkungsgrade bei diesem Prozess [7]. Brennstoffzellen bestehen aus mindestens drei Schichten: einer Kathode, dem Elektrolyten und der Anode. Das Funktionsprinzip der Festelektrolytbrennstoffzelle wird anhand von Abbildung 2 erläutert.

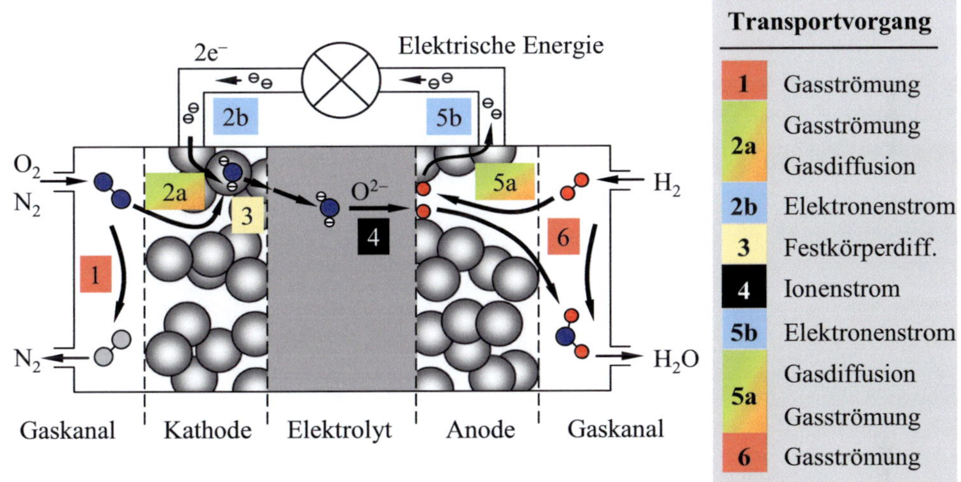

Abbildung 2: Funktionsprinzip der Festelektrolytbrennstoffzelle (SOFC) [8]

Chemische Energie wird in Form des Oxidationsgases (Sauerstoff, O_2) auf der Kathodenseite und des Brenngases (hier Wasserstoff, H_2) auf der Anodenseite zugeführt. Die entstehenden Reaktionsprodukte (hier Wasserdampf, H_2O) werden auf der Anodenseite abgeführt. Der gasdichte Elektrolyt trennt die beiden Gasräume voneinander. Dadurch entsteht ein Sauerstoffpartialdruckgradient zwischen dem Oxidationsgas auf der Kathodenseite und dem Brenngas auf der Anodenseite, der durch die kontinuierliche Zu- und Abfuhr der Gase aufrechterhalten wird (1,6). Wegen des Gradienten werden Sauerstoffionen von der Kathodenseite auf die Anodenseite transportiert (4). Die Sauerstoffionen werden aus den Sauerstoffmolekülen in der Gasphase unter Aufnahme von Elektronen durch elektrochemische Reaktionen in der Kathode zur Verfügung gestellt (2,3). Auf der Anodenseite reagieren die Sauerstoffionen mit dem Wasserstoff zu Wasserdampf und gehen wieder in die Gasphase über. Dabei werden Elektronen an die Anode abgegeben (5). Durch die elektrochemischen Reaktionen werden die Sauerstoffionen kontinuierlich erzeugt und verbraucht.

Der Transport von Sauerstoffionen geht mit einer Verarmung von Elektronen auf der Kathodenseite und einer Anreicherung auf der Anodenseite einher, denn ein idealer Elektrolyt besitzt im Fall einer SOFC nur eine Leitfähigkeit für Sauerstoffionen. Folglich stellt sich zwischen den Elektroden eine Potentialdifferenz ein. Die Potentialunterschiede können nur durch den äußeren Stromkreis ausgeglichen werden (2b,5b). Dabei können die Elektronen elektrische Energie an einen Verbraucher abgeben. Im unbelasteten Fall kommt der Diffusionsstrom durch den Elektrolyten mit zunehmender Potentialdifferenz zwischen den

Elektroden zum Erliegen und ein Gleichgewicht stellt sich ein. Dieses Gleichgewicht wird als theoretische Zellspannung U_{th} bezeichnet und kann mit Hilfe der Nernst-Gleichung

$$U_{th} = U_{Nernst}\left(p_{O_2,Cat}, p_{O_2,Ano}\right) = \frac{R \cdot T}{4 \cdot F} \cdot \ln\left(\frac{p_{O_2,Cat}}{p_{O_2,Ano}}\right) \tag{2.1}$$

aus der Betriebstemperatur T und den Sauerstoffpartialdrücken der zugeführten Gase ($p_{O_2,Cat}$, $p_{O_2,Ano}$) berechnet werden (Berechnung des anodenseitigen Partialdrucks siehe Anhang F). Bei Messungen wird im Messaufbau eine etwas niedrigere Leerlaufspannung U_{OCV} gemessen, was hauptsächlich auf Undichtigkeiten zurückzuführen ist (vgl. Abbildung 3 a)).

Im belasteten Fall muss Strom von der Zelle zur Verfügung gestellt werden. Dabei treten verschiedene Verluste auf, welche in Form von Überspannungen η angegeben werden können und am Absinken der gemessenen Spannung auf $U_{Cell} = U_{OCV} - \eta_\Sigma$ sichtbar werden. In Abbildung 3 wird der prinzipielle Verlauf der Zellspannung U_{Cell} als Funktion der Stromdichte j_{Cell} skizziert. Die Leistungsfähigkeit von Zellen wird häufig in Form eines flächenspezifischen Widerstands

$$ASR_{Cell} = \frac{\eta_\Sigma}{j_{Cell}} = \frac{U_{OCV} - U_{Cell}}{j_{Cell}} \tag{2.2}$$

angegeben. Die Leistungsfähigkeit einer Zelle ist umso größer, je geringer der Wert von ASR_{Cell} ist. Die Verwendung von flächenspezifischen Größen erlaubt den Vergleich von Zellen unterschiedlicher Fläche.

Die auftretenden Verluste η_Σ können in verschiedene Verlustanteile aufgeteilt werden. Durch die Strombelastung wird ein Teil der zugeführten Gase umgesetzt (b)). Folglich verringert sich die Sauerstoffpartialdruckdifferenz, und die treibende Kraft sinkt von U_{OCV} auf U_{EMF}. Die Spannung U_{EMF} ist ortsabhängig und nimmt entlang der Zelle vom Gaseinlass zum Gasauslass hin ab. Dies kann messtechnisch anhand von Referenzelektroden vor und nach der Zelle in Gasflussrichtung beobachtet werden: $\eta_{con,max} = U_{OCV} - U_{EMF} = U_{EMF,in} - U_{EMF,out}$. Die Verluste aufgrund des Gasumsatzes η_{con} sind systemimmanent und müssen in Kauf genommen werden. Zwar kann der Sauerstoffpartialdruck auf der Kathodenseite durch eine hohe Flussrate, welche gleichzeitig zusätzlich zur Kühlung ausgenutzt wird, annähernd konstant gehalten werden. Doch anodenseitig ist ein möglichst hoher Umsatz des Brenngases unabdingbar, um einen hohen Wirkungsgrad der Zelle zu erreichen. Der Wasserdampf-Anteil

$$p_{H_2O,Ano}\Big/\left(p_{H_2,Ano} + p_{H_2O,Ano}\right) \tag{2.3}$$

am Ausgang sollte im Betriebspunkt über 70 % betragen.

Bei der messtechnischen Charakterisierung werden am IWE standardmäßig 1 cm²-Zellen charakterisiert um den Beitrag des Gasumsatzes gering zu halten ($\eta_{con} \approx 0$ V). Zusätzlich erfolgt die Kontaktierung der Elektroden durch poröse Kontaktnetze, um eine möglichst gleichförmige und gute Versorgung der Zelle mit Gasen sicherzustellen. Die ohmschen Verluste (c)) werden überwiegend durch den Elektrolyten verursacht ($\eta_{ohm} \approx \eta_{El}$), denn die metallischen Kontaktnetze sorgen zusätzlich für eine nahezu ideale elektrische Kontaktierung.

In der Anwendung können jedoch zusätzliche Querleitungs- und Kontaktwiderstände auftreten. Der flächenspezifische Widerstand des ebenen Elektrolyten

$$ASR_{El} = \frac{l_{El}}{\sigma_{El}} \tag{2.4}$$

lässt sich aus der Elektrolytleitfähigkeit σ_{El} und der Dicke l_{El} berechnen. Folglich kann der Beitrag des Elektrolyten vom gesamten flächenspezifischen Widerstand ASR_{Cell} gut separiert werden. Der Beitrag des Elektrolyten zu den Gesamtverlusten kann durch die Verwendung eines Materials mit einer besseren Leitfähigkeit oder durch einen dünneren Elektrolyten abgesenkt werden. Beide Ansätze wurden in der Vergangenheit intensiv verfolgt. Bei einem anodengestützten Zellenkonzept mit einem Dünnschichtelektrolyten ($l_{El} = 10\ \mu m$), wie es am Forschungszentrum Jülich entwickelt wurde, sind diese Verlustbeiträge minimiert [9;10].

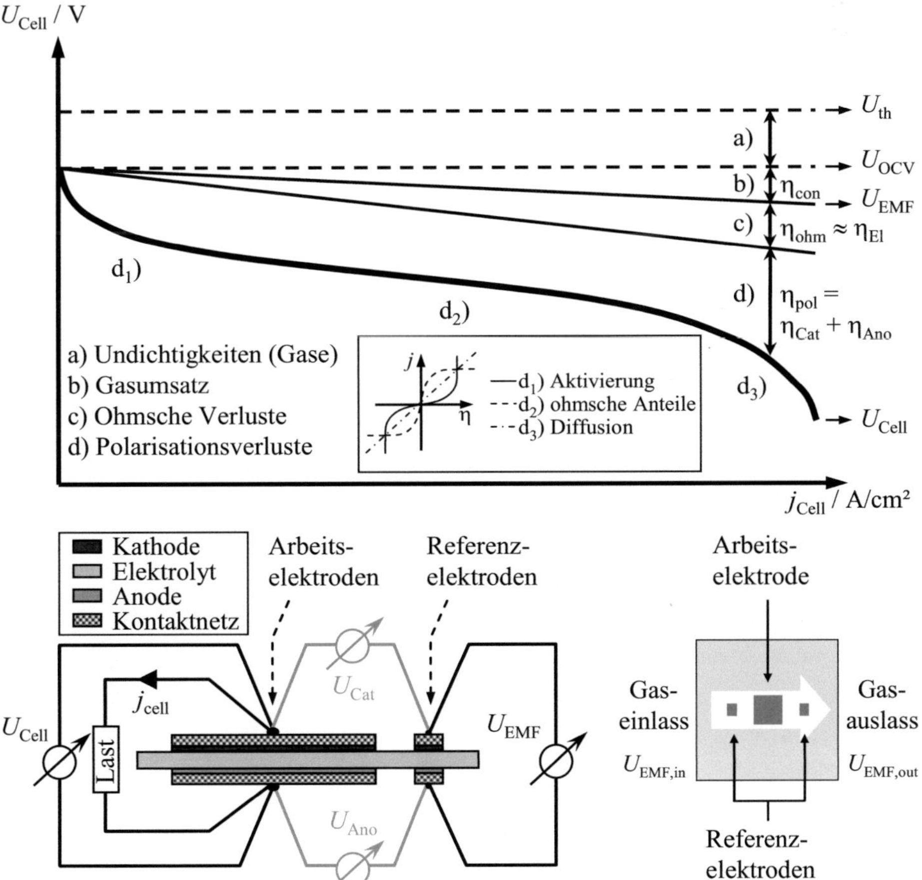

Abbildung 3: Strom-Spannungskennlinie und Messtechnik für Zellen
Oben: Prinzipieller Verlauf der Strom-Spannungskennlinie. Unten: Messtechnik für Zellen.

Alle weiteren Anteile (d)) werden als Polarisationsverluste ASR_{pol} bezeichnet. Diese setzen sich, wie in Abbildung 2 angedeutet, aus Verlusten aufgrund des Transports von Elektronen,

Ionen und Gasen in der porösen Elektrodenstruktur sowie aus mit den elektrochemischen Vorgängen verbundenen Beiträgen zusammen. Letztere sind häufig mit einer Aktivierungsenergie verbunden, welche für den Ablauf der elektrochemischen Reaktionen aufgebracht werden muss. Bei hohen Stromdichten kann es aufgrund der Gasdiffusion zu einem Einbrechen der Zellspannung U_{Cell} kommen, wenn Gase im elektrochemisch aktiven Volumen der Elektrode – nahe der Grenzfläche Elektrode/Elektrolyt – nicht mehr ausreichend zu- oder abgeführt werden. Innerhalb der porösen Kontaktnetze werden nur geringe Gasdiffusionsverluste erwartet; folglich werden die hauptsächlichen Beiträge in den Elektroden verursacht.

Die Polarisationsverluste können über die Referenzelektroden näherungsweise in Kathoden- und Anodenbeiträge aufgespalten werden ($ASR_{\text{pol}} = ASR_{\text{Cat}} + ASR_{\text{Ano}}$)[5]. Insgesamt können die Messergebnisse zu 1 cm²-Zellen mit metallischen Kontaktnetzen mit

$$ASR_{\text{Cell}} = ASR_{\text{pol}} + ASR_{\text{El}} = ASR_{\text{Cat}} + ASR_{\text{Ano}} + ASR_{\text{El}} \qquad (2.5)$$

$$\eta_{\Sigma} = \eta_{\text{pol}} + \eta_{\text{El}} = \eta_{\text{Cat}} + \eta_{\text{Ano}} + \eta_{\text{El}}, \text{ da } \eta_{\text{con}} \approx 0 \text{ V} \qquad (2.6)$$

beschrieben werden. Die Ergebnisse zu 1 cm²-Zellen mit metallischem Kontaktnetz sind nicht ohne weiteres auf die reale Anwendung als Zelle mit großer Fläche, Gasumsatz und Flow-Field übertragbar. Durch die Messung an 1 cm²-Zellen werden die für die Zellentwicklung und Modellbildung interessierenden „lokalen" Eigenschaften charakterisiert. In der Anwendung interessieren jedoch die mittleren Eigenschaften. Diese können aus den lokalen Eigenschaften mit geeigneten Modellen meist abschätzend berechnet werden. In dieser Arbeit wird der Beitrag der Kathodenverluste ASR_{Cat} betrachtet, da die Vorgänge in Kathoden im Gegensatz zu denen in Anoden vergleichsweise gut bekannt sind.

2.2 Sauerstoffreduktionsreaktion in Kathoden

In Abbildung 4 sind mögliche Reaktionspfade für die Sauerstoffreduktionsreaktion in Kathoden angegeben. Für die Sauerstoffreduktionsreaktion sind viele verschiedene Reaktionspfade über dieselben oder unterschiedliche Zwischenstufen denkbar. Entscheidend ist, ob ein dominierender Reaktionspfad existiert und ob zu dessen Beschreibung geeignete, ggf. materialspezifische Parameter verfügbar sind. Falls ein dominierender Reaktionspfad existiert, wird der flächenspezifische Widerstand der Kathode allein durch diesen Pfad bestimmt. Welche Reaktionspfade möglich sind, hängt von den Leitfähigkeitseigenschaften des verwendeten katalytisch aktiven Kathodenmaterials ab. Die Leitfähigkeit eines Materials setzt sich zusammen aus den Beiträgen aller mobilen Ladungsträger:

$$\sigma_{\text{ges}} = \Sigma \, \sigma_i = e_0 \cdot \Sigma \, z_i \cdot n_i \cdot \mu_i \qquad (2.7)$$

mit e_0 der Elementarladungszahl, z_i der Ladungszahl, n_i der Ladungsträgerkonzentration und μ_i der Beweglichkeit. Bei elektronenleitenden Materialien dominiert der Beitrag der Elektronen zur Leitfähigkeit ($\sigma_{\text{ges}} \approx \sigma_e$) und ein Transport von Ionen durch das Material ist nicht möglich, während bei ionenleitenden Materialien der Beitrag von Ionen (SOFC: Sauerstoffionen O^{2-}) zur Leitfähigkeit dominiert ($\sigma_{\text{ges}} \approx \sigma_{\text{ion}}$). Bei gemischtleitenden Materialien sind die Leitfähigkeitsbeiträge von Elektronen und O^{2-}-Ionen gleichermaßen wichtig ($\sigma_{\text{ges}} \approx \sigma_e + \sigma_{\text{ion}}$). Folglich sind elektrochemische Reaktionen nicht auf die Dreiphasengrenze beschränkt, denn die Sauerstoffionen können durch das gemischtleitende Material trans-

---

[5] Voraussetzung ist u.a., dass der Elektrodenversatz viel geringer als die Elektrolytdicke ist [11-13].

portiert werden. Der Elektronentransport in Materialien sinkt mit höherer Temperatur, da die Beweglichkeit μ_e im Gitter abnimmt, wohingegen der Transport von O^{2-}-Ionen leichter vonstatten geht, da der zugrundeliegende Leitungsmechanismus über Platzwechselvorgänge (Hopping) temperaturaktiviert ist. Zwei Reaktionspfade sind hervorgehoben: (i) der für gemischtleitende Materialien als dominierend angenommene Pfad über den Oberflächenaustausch und die Festkörperdiffusion; (ii) der direkte Einbau an der Dreiphasengrenze, der für elektronenleitende Materialien als überwiegend angenommen werden kann.

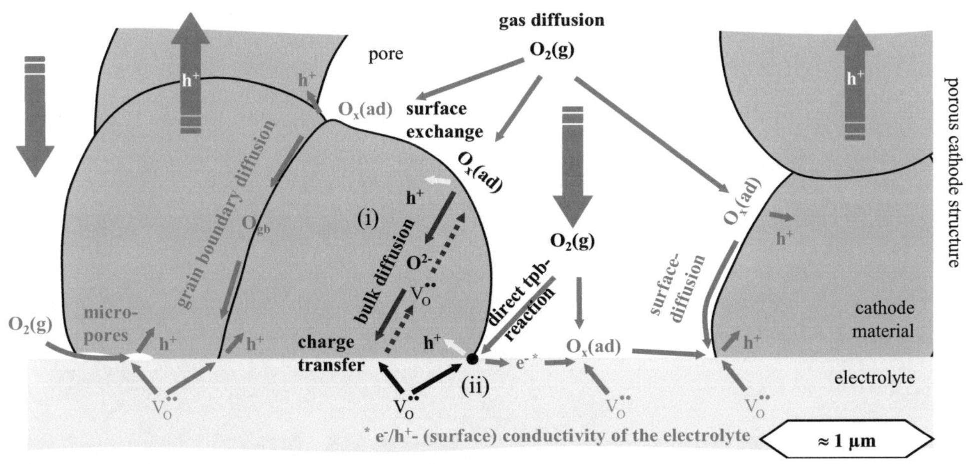

Abbildung 4: Mögliche Pfade für die Sauerstoffreduktionsreaktion in Kathoden [14-16]

Der als dominierend angenommene Reaktionspfad für Kathoden aus gemischtleitenden bzw. elektronenleitenden Materialien ist in Abbildung 5 für unterschiedliche Kathodentypen angegeben. Bei gemischtleitenden Kathoden setzt sich der Reaktionspfad, wie in Abbildung 5 a) gezeigt, aus der Gasdiffusion in den Poren, dem Austausch über die Oberfläche, der Festkörperdiffusion und dem Ladungstransfer an den Grenzflächen zwischen Kathode und Elektrolyt zusammen. Die Leitung von Elektronen im gemischtleitenden Material kann meist vernachlässigt werden. Die zur Beschreibung dieser Vorgänge notwendigen Parameter sind materialspezifisch und können mit Hilfe von verschiedenen Experimenten wie Tracer-Diffusions-, Stromsprung- oder Sauerstoffpartialdruckdifferenzexperimenten bestimmt werden. Die Sauerstoffreduktionsreaktion kann prinzipiell im gesamten Kathodenvolumen ablaufen. Die tatsächliche Ausdehnung des aktiven Volumens hängt von den Materialparametern ab. Bei Kathoden aus elektronenleitendem Material beinhaltet der Reaktionspfad, wie in Abbildung 5 b) gezeigt, die Gasdiffusion in den Poren und parallel dazu die Leitung von Elektronen im Kathodenmaterial. Diese zwei Transportvorgänge sind an den Dreiphasengrenzen, durch eine Ladungstransferreaktion, mit der Leitung von Sauerstoffionen im Elektrolyten verknüpft. Während die Leitfähigkeiten experimentell gut bestimmt sind, stehen kaum Werte für den linienspezifischen Ladungstransferwiderstand LSR_{ct} zur Verfügung. Durch den Einsatz von Modellelektroden, welche aus Streifen von Elektrodenmaterial auf einem Elektrolyten bestehen, könnten Werte experimentell bestimmt werden. Entsprechende Experimente sind jedoch schwierig, weshalb kaum Werte zur Verfügung stehen. Zudem ist nicht genau geklärt, ob dieser Pfad tatsächlich der dominierende ist.

Der Vergleich zwischen Abbildung 5 a) und b) zeigt, dass bei gemischtleitenden Materialien das gesamte Kathodenvolumen ausgenutzt werden kann, während die Sauerstoffreduktionsreaktion bei elektronenleitenden Materialien auf die Dreiphasengrenze an der

9

Kathoden/Elektrolyt-Grenzfläche eingeschränkt ist. Um die Reaktion auch bei elektronenleitenden Materialien in das Elektrodenvolumen hinein auszudehnen und damit den flächenspezifischen Widerstand abzusenken, werden Komposit-Elektroden verwendet. Komposit-Elektroden sind zweiphasig, bestehen aus katalytisch aktivem elektronenleitendem Material und zusätzlich ionenleitendem Elektrolytmaterial und werden daher auch als gemischtleitende Elektroden bezeichnet. Beide Feststoffanteile müssen jeweils leitfähige Pfade in der porösen Struktur ausbilden. Dann entstehen im Volumen der Komposit-Elektrode, wie in Abbildung 5 c) angedeutet, an den Berührungsflächen beider Materialien weitere Dreiphasengrenzen und die Sauerstoffreduktionsreaktion kann in das Kathodenvolumen hinein ausgedehnt werden.

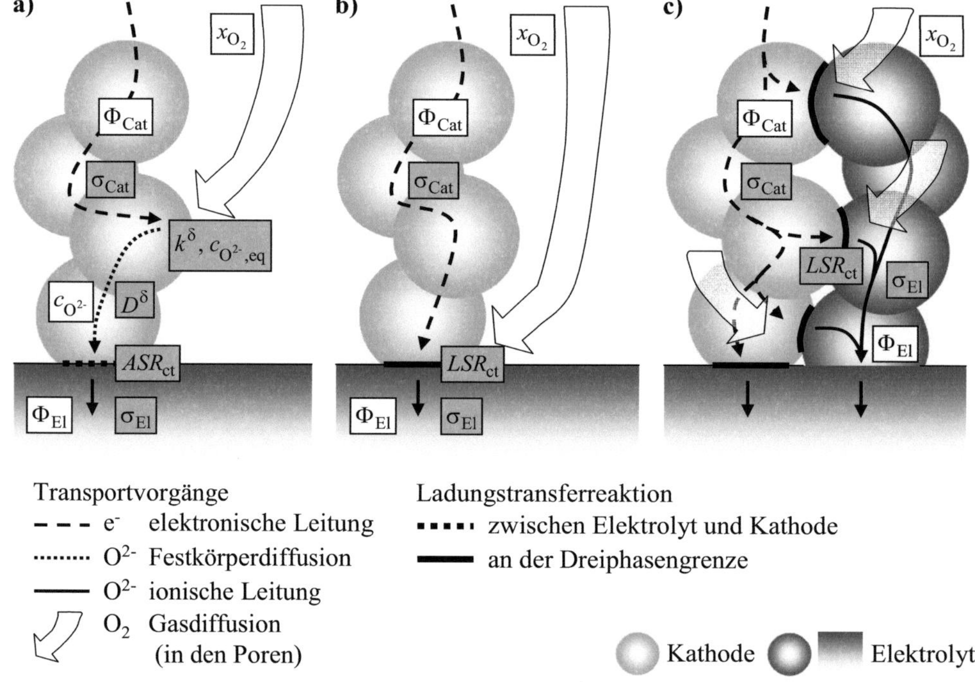

Abbildung 5: Dominierende Reaktionspfade und Parameter verschiedener Kathoden
Beschreibung des dominierenden Reaktionspfads der Sauerstoffreduktionsreaktion in Kathoden aus a) gemischtleitendem Material oder b) elektronenleitendem Material bzw. c) in einer Komposit-Elektrode aus elektronenleitendem und Elektrolyt-Material. Die weiß hinterlegten Kästen zeigen, für das jeweilige Material, die bei der Berechnung verwendeten Zustandsgrößen und die grau hinterlegten Kästen geben die in die Berechnung eingehenden, materialspezifischen Parameter an.

Der Einsatz einer Komposit-Struktur kann unter Umständen auch bei Kathoden aus gemischtleitenden Materialien die Leistungsfähigkeit vergrößern. Zwar geht durch Zugabe eines Ionenleiters (Elektrolyt) katalytisch aktive Oberfläche des gemischtleitenden Materials im Kathodenvolumen verloren, doch kann die (temperaturabhängige) höhere Ionenleitung im Elektrolytmaterial den Einsatz der Komposit-Struktur rechtfertigen. Zuletzt soll angemerkt werden, dass die elektrochemische Oxidationsreaktion in nickelbasierten CERMET-Anoden vergleichbar zu den in Abbildung 5 c) dargestellten Vorgängen in Kathoden aus elektronenleitendem Material modelliert werden können.

2.3 Gemischtleitende Materialien

Gemischtleitende Materialien können, wie in Abbildung 5 a) gezeigt, als Kathoden eingesetzt werden. Für diese Anwendung ist das Materialsystem $(La_xSr_{1-x})(Co_sFe_{1-s})O_{3-\delta}$, welches in der in Abbildung 6 gezeigten Perowskit-Struktur vorliegt, geeignet. Die Perowskit-Kristallstruktur erlaubt besonders gut die Variation der Besetzung der A- und B-Plätze und bleibt bis zu einem Goldschmidt-Toleranzfaktor, welcher aus den Atomradien berechnet wird, von etwa 0,75 stabil. Abhängig von der konkreten Zusammensetzung kann das Gitter orthorhombisch (verzerrt) oder rhomboedrisch (gekippt) vorliegen.

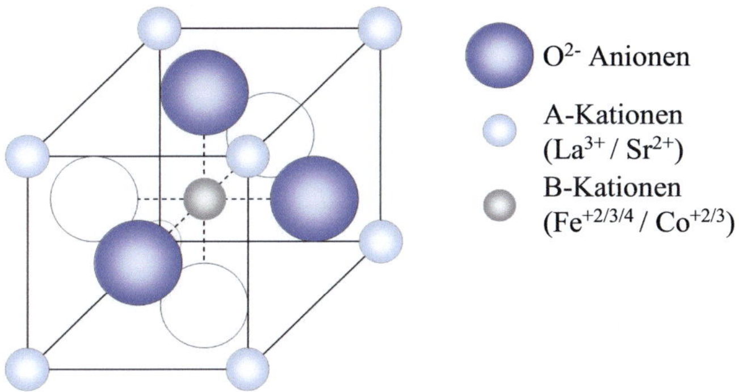

Abbildung 6: Perowskit-Einheitszelle für das Materialsystem $(La_xSr_{1-x})(Co_sFe_{1-s})O_{3-\delta}$.

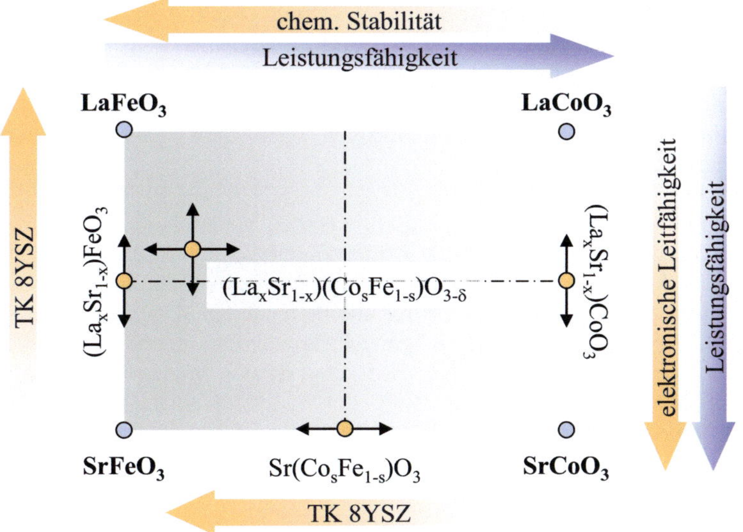

Abbildung 7: Eigenschaften des Materialsystems $(La_xSr_{1-x})(Co_sFe_{1-s})O_{3-\delta}$.

Die Eigenschaften des Materialsystems $(La_xSr_{1-x})(Co_sFe_{1-s})O_{3-\delta}$ werden maßgeblich von der konkreten Zusammensetzung beeinflusst. Zum einen muss der thermische Ausdehnungskoeffizient (TK) der Kathode auf den thermischen Ausdehnungskoeffizienten des Elektrolyten (Bsp. 8YSZ) angepasst werden, um eine ausreichende mechanische Haftung zu erlauben. Zum anderen muss eine ausreichende chemische Stabilität gewährleistet sein und das Material darf sich nicht von selbst oder durch Wechselwirkung mit anderen Zellkomponenten zersetzen. Für die Leistungsfähigkeit hingegen sind die elektrische Leitfähigkeit und die Materialparameter entscheidend. Ausgehend von den Eckpunkten des Materialsystems $(La_xSr_{1-x})(Co_sFe_{1-s})O_{3-\delta}$ wird in Abbildung 7 der Einfluss der Zusammensetzung auf diese vier Eigenschaften skizziert. Der angegebene Punkt gibt in etwa die Lage der für die FZJ-Typ 2-Kathode verwendeten Zusammensetzung $(La_{0,58}Sr_{0,4})(Co_{0,2}Fe_{0,8})O_{3-\delta}$ an. Diese Zusammensetzung und $(La_{0,6}Sr_{0,4})(Co_{0,2}Fe_{0,8})O_{3-\delta}$ werden hier kurz als LSCF bezeichnet.

2.3.1 Materialparameter

Gemischtleitende Materialien wie LSCF können als Kathode eingesetzt werden, da die in der Perowskit-Struktur vorhandenen Sauerstoffionen mit dem Sauerstoff in der umgebenden Gasatmosphäre wechselwirken. Abhängig vom Sauerstoffpartialdruck in der Luft stellt sich eine Gleichgewichtskonzentration der Sauerstoffionen im Perowskit ein ($c_{O^{2-},eq}$).

Steigt oder sinkt der umgebende Sauerstoffpartialdruck, werden Sauerstoffatome unter Aufnahme bzw. Abgabe von Elektronen durch die Oberfläche als Ion in das Gitter ein- bzw. aus dem Gitter ausgebaut. Die Geschwindigkeit des Austauschs über die Oberfläche wird durch den Austauschkoeffizienten k^δ bestimmt. Zwischen den Sauerstoffionen an der Oberfläche und im Inneren des Materials stellt sich dann über Diffusionsvorgänge ein Gleichgewicht ein. Wie schnell dieses Gleichgewicht erreicht werden kann, ist abhängig von dem chemischen Festkörperdiffusionskoeffizienten D^δ. Da bei den betrachteten gemischtleitenden Materialien die elektronische Leitfähigkeit σ_{Cat} um Größenordnungen über der ionischen liegt, sind diese drei Materialparameter entscheidend für die Leistungsfähigkeit einer Kathode aus gemischtleitendem Material. Nach Abbildung 5 a) sind zwar mit σ_{Cat}, σ_{El} und ASR_{ct} weitere Materialeigenschaften zu berücksichtigen, doch zum einen ist der Einfluss der Leitfähigkeiten σ_{Cat} und σ_{El} auf den flächenspezifischen Widerstand bei diesen Kathoden vernachlässigbar. Und zum anderen sind die durch den Ladungstransferwiderstand ASR_{ct} beschriebenen Verluste beim Wechsel von Sauerstoffionen aus dem Kathodenmaterial in das Elektrolytmaterial sehr gering [17-20].

Die Sauerstoffionenkonzentration des gemischtleitenden Materials im Gleichgewicht mit dem Sauerstoffpartialdruck in der umgebenden Atmosphäre ist eine temperaturabhängige Funktion. Bei den in dieser Arbeit betrachteten Modellen wird von konstanten homogenen Temperaturverteilungen ausgegangen. Folglich muss für alle betrachteten Temperaturen der Zusammenhang zwischen der Sauerstoffionengleichgewichtskonzentration und dem Sauerstoffpartialdruck ermittelt werden. Im Allgemeinen wird keine direkte Methode, wie die (aufwendige) Neutronen-Diffraktometrie, für die Messung der Sauerstoffionenkonzentration verwendet. Deshalb gibt es kaum Daten für die Sauerstoffionenkonzentration im Gleichgewicht. Durch die Kombination von Daten zur Nichtstöchiometrie des Sauerstoffs δ und zu den Gitterkonstanten der Einheitszelle kann die Sauerstoffionenkonzentration

$$c_{O^{2-},eq} = \frac{3-\delta}{3} \cdot c_{mc} = \frac{3-\delta}{3} \cdot \frac{3}{UCV \cdot N_A} \qquad (2.8)$$

bestimmt werden. Hierfür wird das Volumen der Einheitszelle UCV aus der Gitterstruktur und den Gitterkonstanten berechnet und c_{mc} gibt die Konzentration der Gitterplätze für Sauerstoffionen an. Erschwert wird das Vorgehen dadurch, dass die Gitterkonstanten mittels Röntgen-Diffraktometrie meist nicht partialdruckabhängig ermittelt werden. Zudem liefern die experimentellen Methoden zur Messung der Nichtstöchiometrie des Sauerstoffs, wie die

Thermogravimetrie oder die Festkörper-Coulometrie, meist nur Änderungen gegenüber einem zu wählenden Referenzzustand. Bei dem Vergleich von Daten kann es daher vorkommen, dass unterschiedliche Referenzzustände gewählt wurden.

Im Gegensatz zur statischen Gleichgewichtskonzentration der Sauerstoffionen beschreiben der Austausch- und der chemische Festkörperdiffusionskoeffizient dynamische Vorgänge. Der Austausch durch die Oberfläche und der diffusive Transport im Material sind dabei von der treibenden Kraft abhängig. Folglich wird zwischen verschiedenen Austausch- und Festkörperdiffusionskoeffizienten unterschieden. Nach Maier [21;22] kann zwischen drei verschiedenen Triebkräften und damit drei verschiedenen Koeffizienten unterschieden werden. Abbildung 8 gibt einen schematischen Überblick über die drei Experimenttypen.

Bei dem ersten Experimenttyp, in Abbildung 8 a), wird eine Spannung an der Probe angelegt und eine Ladung Q durch das gemischtleitende Material transportiert. Aus der Messung des Stromes können der ionische Selbstdiffusionskoeffizient D^Q und der zugehörige Austauschkoeffizient k^Q bestimmt werden. Bei dem zweiten Experimenttyp, in Abbildung 8 b), wird zum Zeitpunkt Null bei gleichem Sauerstoffpartialdruck ein Teil der ^{16}O-Atome des umgebenden Gases durch ^{18}O-Atome ersetzt. Innerhalb des gemischtleitenden Materials stellt sich ein zeitabhängiges Konzentrationsprofil der ^{18}O-Atome ein, aus welchem auf den Tracer-Diffusionskoeffizienten D^* und den zugehörigen Austauschkoeffizienten k^* zurückgerechnet werden kann. Der letzte Experimenttyp, in Abbildung 8 c), macht sich chemische Triebkräfte durch die Veränderung des Sauerstoffpartialdrucks des umgebenden Gases oder durch die Abtrennung zweier Bereiche mit unterschiedlichen Sauerstoffpartialdrücken durch das gemischtleitende Material zunutze. Die Konzentrationsunterschiede werden durch Austausch- und Diffusionsprozesse ausgeglichen, welche durch den chemischen Diffusionskoeffizienten D^δ und den Austauschkoeffizienten k^δ bestimmt werden.

Die mit Hilfe der verschiedenen Experimenttypen ermittelten Materialparameter können ineinander umgerechnet werden. Hierbei gilt nach [21;22]

$$k^Q \approx k^* \text{ und } D^Q \approx D^* \text{ sowie} \tag{2.9}$$

$$k^\delta = \gamma \cdot k^* \text{ und } D^\delta = \gamma \cdot D^*. \tag{2.10}$$

Zur Umrechnung wird der thermodynamische Faktor

$$\gamma = \frac{1}{2} \cdot \frac{\partial \ln p_{O_2}}{\partial \ln c_{O^{2-}}} \tag{2.11}$$

verwendet [23].

Werden gemischtleitende Materialien als Kathode eingesetzt, dann müssen der chemische Diffusionskoeffizient D^δ und der Austauschkoeffizient k^δ zur Beschreibung der Vorgänge verwendet werden. Das gemischtleitende Material ist aufgrund der guten Leitfähigkeit näherungsweise frei von elektrischen Potentialunterschieden und die Sauerstoffionen bzw. die Leerstellen bewegen sich allein aufgrund von Konzentrationsunterschieden. Die verwendeten Materialparameter wurden im Rahmen dieser Arbeit aus mehreren Literaturquellen zusammengetragen. Dabei müssen die in der Literatur vorhandenen Daten teilweise umgerechnet werden. Die Vorgehensweise sowie die verwendeten Daten werden in Unterkapitel 4.5 erläutert.

Als alternative Beschreibung der Transportvorgänge in gemischtleitenden Materialien kann, anstelle der Bewegung der Sauerstoffionen, die Bewegung der Leerstellen im Gitter betrachtet werden. Nach der Kröger-Vink-Notation sind Sauerstoffionen gegenüber dem Gitter elektrisch neutral und folglich ist deren Bewegung nicht mit einem Ladungstransport verbunden. Die Leerstellen hingegen sind gegenüber dem Gitter zweifach positiv geladen. Der Transport findet jedoch über Platzwechselvorgänge zwischen Sauerstoffionen und Leerstellen statt, daher sind beide Beschreibungen gleichwertig und auch die Bewegung von Sauerstoffionen resultiert in einem Ladungstransport. Zur Umrechnung der entsprechenden Diffusionskoeffizienten kann

$$c_{O^{2-}} D^Q = c_{V_O^{\cdot\cdot}} D^Q_{V_O^{\cdot\cdot}} \quad \text{und} \tag{2.12}$$

$$D^\delta = D^\delta_{V_O^{\cdot\cdot}} \tag{2.13}$$

verwendet werden.

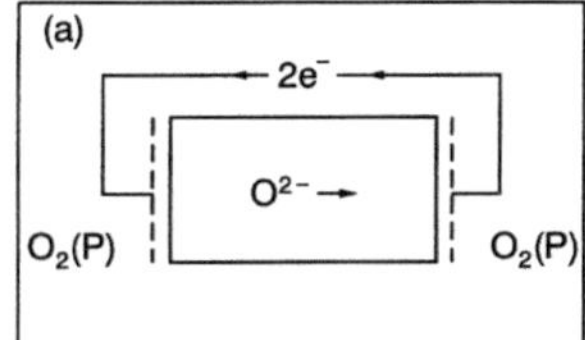

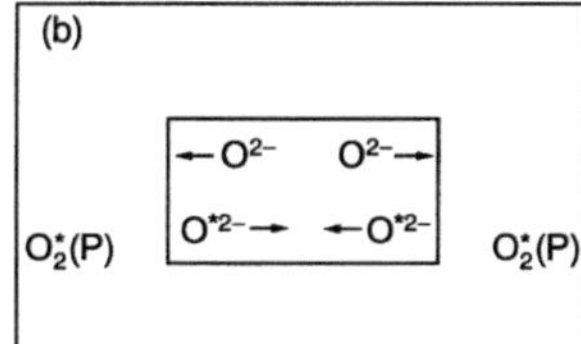

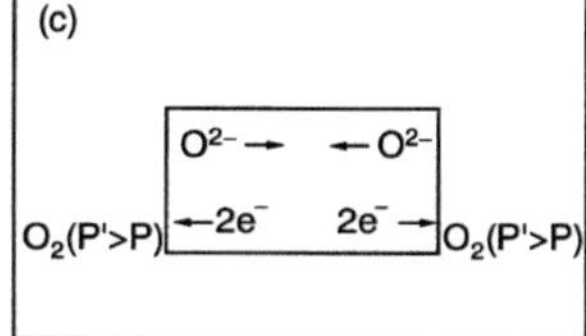

Abbildung 8: Materialspezifische Koeffizienten von gemischtleitenden Materialien [21]
Schematischer Überblick über drei verschiedene Experimenttypen zur Messung von Austausch- und Festkörperdiffusionskoeffizienten gemischtleitender Materialien: a) Leitfähigkeitsexperiment; (b) Tracer-Diffusionsexperiment und (c) chemisches Einbau- oder Permeationsexperiment. Je nach der treibenden Kraft werden unterschiedliche materialspezifische Koeffizienten bestimmt.

2.4 Vergleich unterschiedlicher Kathoden

In Abbildung 9 sind die Polarisationswiderstände ASR_{pol} von Zellen mit unterschiedlichen Kathoden als Funktion der Temperatur angegeben. Die Berechnung von ASR_{pol} erfolgt durch Auswertung von Strom-Spannungs-Kennlinien nach den Gleichungen (2.2) und (2.4), (2.5). Der ASR_{pol} zeigt ein Arrhenius-Verhalten, und mit sinkenden Temperaturen werden deutlich zunehmende Widerstandswerte gemessen. Die für die verschiedenen Zellen ermittelten Werte ergeben näherungsweise parallele, zueinander verschobene Kennlinien. Die Bezeichnungen in der Legende werden ebenfalls in Tabelle 1 verwendet, welche zusätzliche Informationen zu Zelltyp, katalytisch aktivem Material und Mikrostruktur der jeweiligen Kathoden enthält.

Elektrolytgestützte Zellen (ESC) mit einer µm-skaligen ULSM-Kathode wurden für den Einsatz in stationären Anwendungen bei (hohen) Betriebstemperaturen um die 1000 °C entwickelt und zeichnen sich durch eine hohe Lebensdauer aus [24;25]. Für mobile Anwendungen soll die untere Betriebstemperaturgrenze auf bis zu 600 °C abgesenkt werden. Dabei darf nach Weber [26], bei einem Elektrolytwiderstand von maximal 200 mΩ·cm², das Figure-of-Merit für den Polarisationswiderstand ASR_{pol} von 100 mΩ·cm² pro Elektrode nicht überschritten werden. Mit anodengestützte Zellen (ASC), wie sie am Forschungszentrum Jülich entwickelt werden, sind auch bei 600 °C noch ausreichend kleine Elektrolytwiderstandswerte möglich. Vorrangiges Ziel ist daher die Absenkung der Widerstandsbeiträge der Elektroden ASR_{Cat} und ASR_{Ano}.

Tabelle 1: Polarisationswiderstände von Zellen mit unterschiedlichen Kathoden
Die Werte wurden für 800 °C aus Strom-Spannungs-Kennlinien, bei einer Messung in Luft und Wasserstoff mit einem H_2O-Anteil von kleiner als 6 %, ermittelt (Messdaten: IWE, Auswertung Ende 2004).

Bezeich-nung	ASR_{pol} / $m\Omega\cdot cm^2$	Zell-typ	katalytisch aktives Material[6]	Mikrostruktur Partikel	Feststoff	Quellen
ULSM	1153	ESC	ULSM $(La_{0,75}Sr_{0,2}MnO_{3-\delta})$	μm-skalig	einphasig	[15]
ULSM-MOD	857	ESC	ULSM $(La_{0,75}Sr_{0,2}MnO_{3-\delta})$	nm-skalig	einphasig	[15]
FZJ-Typ 1	467	ASC	ULSM $(La_{0,65}Sr_{0,3}MnO_{3-\delta})$	μm-skalig	Komposit mit 8YSZ	[27]
FZJ-Typ 2	137	ASC	LSCF $(La_{0,58}Sr_{0,4}Co_{0,2}Fe_{0,8}O_{3-\delta})$	μm-skalig	einphasig	[9;28;29]

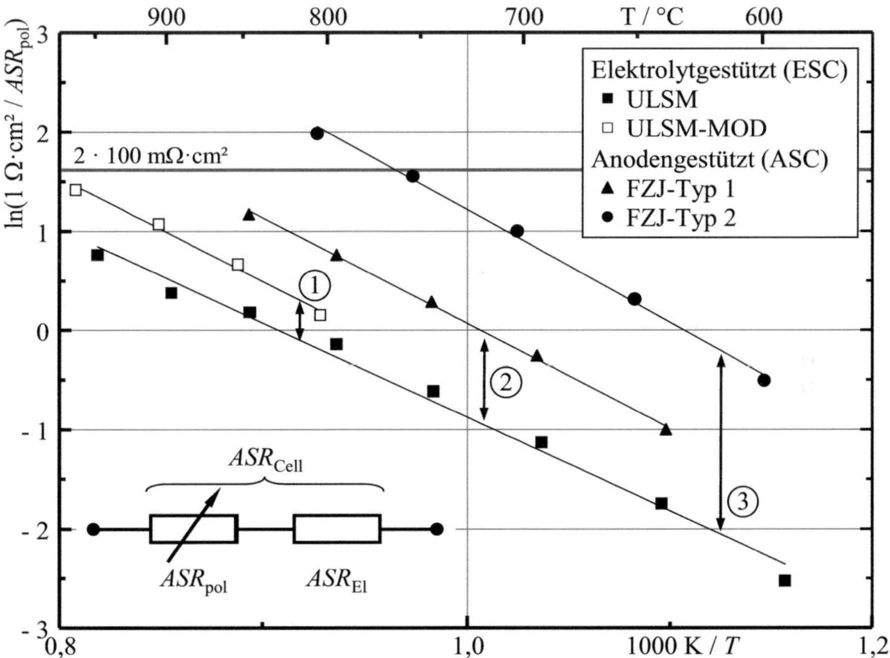

Abbildung 9: Polarisationswiderstände von Zellen mit unterschiedlichen Kathoden
Polarisationswiderstände von Zellen mit unterschiedlichen Kathoden (Bezeichnungen vgl. Tabelle 1) als Funktion der Temperatur. Die Werte wurden aus Strom-Spannungs-Kennlinien, bei einer Messung in Luft und Wasserstoff mit einem H_2O-Anteil von kleiner als 6 %, ermittelt (Messdaten: IWE, Auswertung Ende 2004).

Interessant sind die Differenzen zwischen den verschiedenen Zellen (1) – (3). Diese werden hauptsächlich durch Unterschiede in der Mikrostruktur und den verwendeten Materialien der Kathode verursacht[7]. Bei den mit quadratischen Symbolen gekennzeichneten Zellen wurde mit ULSM ein rein elektronenleitendes Material [30;31] als Kathode verwendet. Bei diesen Kathoden finden die elektrochemischen Reaktionen in der Nähe der Dreiphasengrenze statt, deswegen werden Elektroden mit elektronenleitenden katalytisch aktiven Materialien in dieser

---

[6] Die Abkürzungen LSM, LSC und LSCF für die Materialzusammensetzungen werden im Rahmen dieser Arbeit ohne Rücksicht auf die tatsächliche Stöchiometrie verwendet (ULSM wird als LSM bezeichnet).
[7] Anodenseitige Unterschiede werden bei den hier angestellten Betrachtungen vernachlässigt.

Arbeit teilweise als dreiphasengrenzdominiert bezeichnet. Je mehr Dreiphasengrenzen zur Verfügung stehen bzw. je länger diese insgesamt sind, desto kleinere Widerstandswerte sind möglich. Kleinere Partikelgrößen erhöhen die Dreiphasengrenzlänge an der Kathoden/Elektrolyt-Grenzfläche, womit der Unterschied zwischen der ULSM- und der ULSM-MOD-Kathode erklärt wird (1). Ein anderer Ansatz zur Erhöhung der Dreiphasengrenzlänge ist einen Teil des Elektrodenmaterials durch einen Ionenleiter (Elektrolytmaterial) zu ersetzen. Dies wird in der zweiphasigen gemischtleitenden Kathode (FZJ-Typ 1 - Dreiecke) ausgenutzt. Bei dieser Komposit-Kathode zeigt sich im Vergleich zur ULSM-Kathode ein nochmals deutlich verringerter Polarisationswiderstand (2). Beim Einsatz eines gemischtleitenden katalytisch aktiven Materials wie LSCF [32] steht bereits in einer einphasigen Kathode (FZJ-Typ 2 - Kreise) das gesamte Kathodenvolumen bzw. die gesamte Kathodenoberfläche für die Sauerstoffreduktionsreaktion zur Verfügung. Dies und die guten katalytischen Eigenschaften des Materials erklären die kleinsten Polarisationswiderstände und die große Differenz zu den Werten der ULSM-Kathode (3).

Anhand der ausgewerteten Messwerte wurde qualitativ klar, dass der Polarisationswiderstand von Elektroden deutlich verbessert werden kann, wenn
1. Skalierungseffekte ausgenutzt werden.
2. das Kathodenvolumen zum Beispiel durch Komposit-Elektroden für die elektrochemischen Reaktionen zugänglich ist.
3. gemischtleitende katalytische aktive Materialien verwendet werden.

Aus diesen experimentellen Beobachtungen leitet sich die materialwissenschaftliche Aufgabenstellung an ein Modell ab: Der flächenspezifische Widerstand von Elektroden soll unter Berücksichtigung des verwendeten Materials und insbesondere auch der Mikrostruktur berechnet werden. Das in dieser Arbeit entwickelte numerische Modell erlaubt es, alle hier angesprochenen und weitere Elektrodenstrukturen zu untersuchen und anhand quantitativer Berechnungen Vergleiche untereinander und mit dem Figure-of-Merit von 100 m$\Omega \cdot$cm² für Kathoden nach Weber [26] anzustellen.

Wird allein der Polarisationswiderstand aus Abbildung 9 als Anwendungskriterium herangezogen, sind FZJ-Typ 2-Kathoden aus gemischtleitendem LSCF vorzuziehen. Elektronenleitendes ULSM wird angewendet, wenn die Lebensdauer wichtig ist, denn in Kombination mit einem 8YSZ-Elektrolyten wurde eine geringe Alterung über mehrere tausend Stunden gezeigt [24;25], wohingegen LSCF viel stärker degradiert [33;34]. Gelingt es, die Leistungsfähigkeit von LSM durch eine verbesserte Mikrostruktur zu erhöhen, kann der Anwendungsbereich von Kathoden mit ULSM als katalytisch aktivem Material hin zu tieferen Betriebstemperaturen ausgedehnt werden.

2.5 Messtechnik und Auswertung

Die Kenntnis der Verlustanteile von Anode ASR_{Ano} und Kathode ASR_{Cat} ist notwendig für die Validierung von Mikrostrukturmodellen und erleichtert die Weiterentwicklung der Elektroden. Zusätzliche Informationen über die Anteile von beispielsweise elektrochemischen Vorgängen, Gasumsatz sowie Gasdiffusion sind wünschenswert. Nach den Ausführungen in Unterkapitel 2.1 ist bei elektrolytgestützten Zellen mit Referenzelektroden die Auftrennung in ASR_{Ano} und ASR_{Cat} näherungsweise möglich. Informationen zu den Beiträgen einzelner Vorgänge zu ASR_{Ano} oder ASR_{Cat} sind jedoch nicht ableitbar. Referenzelektroden können aber nicht in allen Fällen angewendet werden. Ein Beispiel sind leistungsfähige anodengestützte Zellen (FZJ-Typ 1+2-Kathoden), denn bei diesen kann die Anode nicht in eine strombelastete Arbeits- und eine stromlose Referenzelektrode aufgetrennt werden. Die „in situ" Charakterisierung der Kathodenverluste ASR_{Cat} von anodengestützten Zellen ist vorzuziehen, denn beim Übergang auf andere Konfigurationen kann es herstellungsbedingt zu deutlich anderen Zell- und Kathodeneigenschaften kommen. In Betracht kommen folgende Konfigurationen – Charakterisierung der Kathode: (i) auf einer elektrolytgestützten Zelle mit Referenz-elektroden, (ii) in einer symmetrischen Konfiguration, d.h. mit zwei Kathoden anstelle von Kathode und Anode. Bei (i) ist darauf zu achten, dass das Kathodenmaterial chemisch kompatibel zum Elektrolytmaterial ist und einen angepassten thermischen Ausdehnungs-koeffizienten aufweist. Beides ist für LSCF-Kathoden der anodengestützten Zellen (FZJ-Typ 2-Kathode) in Kombination mit 8YSZ-Elektrolytsubstraten nicht der Fall. Beispielsweise wurde der thermische Ausdehnungskoeffizient auf das Ni/8YSZ-Anodensubstrat angepasst und weicht daher von dem des Elektrolytsubstrats ab. Bei Messungen in der symmetrischen Konfiguration (ii) kann keine Charakterisierung über Strom-Spannungskennlinien erfolgen, denn die Vorgänge in Kathoden und damit die Verluste können im kathodischen bzw. anodischen Betrieb unterschiedlich sein. Zudem besteht die Gefahr von Veränderungen bzw. der Zersetzung des Kathodenmaterials im anodischen Betrieb.

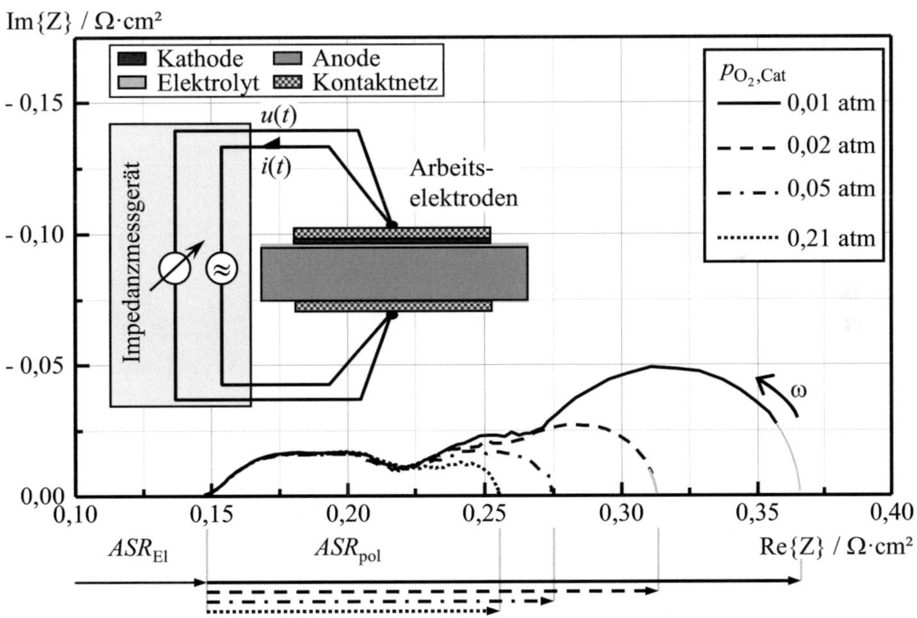

Abbildung 10: Impedanz einer anodengestützten Zelle (FZJ-Typ 2-Kathode) [35;36]
Beispiel für die elektrochemische Impedanzspektroskopie an einer anodengestützten Zelle (FZJ-Typ 2-Kathode) unter Variation des Sauerstoffpartialdrucks bei 800 °C in Wasserstoff mit 0,625 atm H_2O-Anteil mit Auswertung der flächenspez. Widerstände ASR_{El} und ASR_{pol}.

Eine messtechnische Alternative ist die Charakterisierung von Zellen mittels elektro-chemischer Impedanzspektroskopie (EIS). Hierbei wird die Impedanz der Zelle im Arbeits-punkt für ein diskretes Frequenzspektrum ermittelt. In Abbildung 10 wird der Messaufbau skizziert und es werden beispielhaft Impedanzspektren einer anodengestützten Zelle zu verschiedenen Arbeitspunkten gezeigt [35;36]. Der Einfluss der Variation des kathoden-seitigen Sauerstoffpartialdrucks wirkt sich sichtbar auf die gemessenen Impedanzspektren aus. Aus den Impedanzspektren können wie skizziert die Anteile von ASR_{El} und ASR_{pol} ermittelt werden. Voraussetzung für die Auswertbarkeit von Impedanzspektren ist eine hohe Qualität der Messdaten, welche durch die über mehr als 13 Jahre entwickelte Messtechnik und

Messerfahrung am IWE gewährleistet wird [37;38]. Häufig erfolgt die Auswertung durch den Fit von elektrischen Ersatzschaltbildern (ESB) an die Impedanzspektren. Für diesen Ansatz muss a priori bekannt sein, wie viele und welche Vorgänge in der Zelle ablaufen. Aufgrund der Vielzahl möglicher Vorgänge und deren betriebspunktabhängigen Verlustanteile, welche z.B. durch die Sauerstoffpartialdruckabhängigkeit eingehender Parameter beeinflusst werden, wurde in der Literatur eine große Anzahl verschiedener ESB vorgeschlagen. Deshalb und weil die Identifikation ein schlecht gestelltes Problem darstellt, sind die ermittelten Parameter und Werte nicht eindeutig.

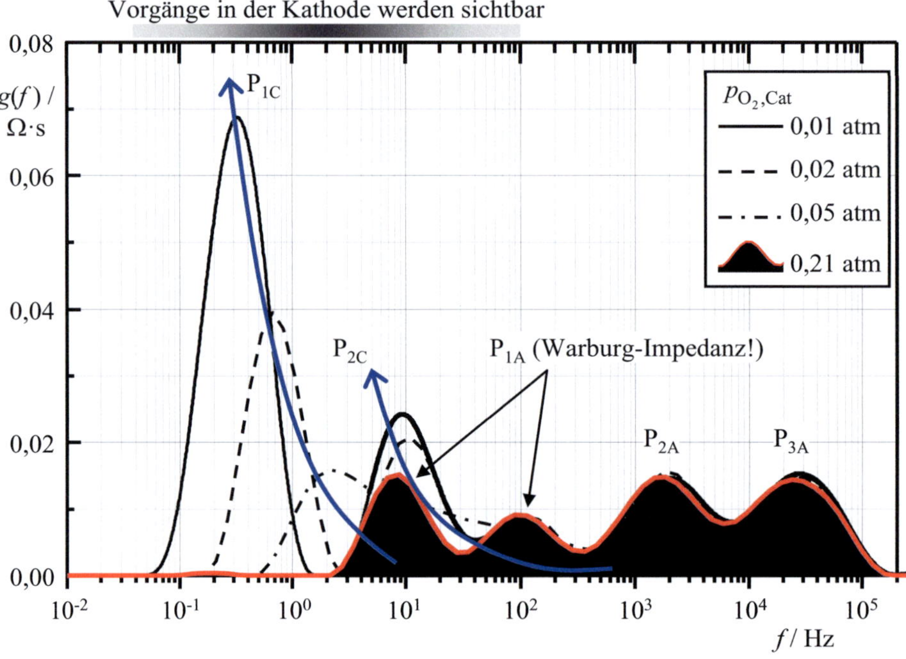

Abbildung 11: Zugehörige DRTs (anodengestützte Zelle FZJ-Typ 2-Kathode) [35;36]
Beispiel für die Verteilungsfunktionen der Relaxationszeiten (DRT) berechnet aus den Impedanzspektren der anodengestützten Zelle (FZJ-Typ 2-Kathode) aus Abbildung 10. Im Gegensatz zu den Impedanzspektren sind fünf getrennte Vorgänge im DRT deutlich sichtbar.

Abhilfe schafft das am IWE entwickelte Verfahren der Berechnung der Verteilungsfunktion der Relaxationszeiten (DRT) [39], welche durch eine mathematische Transformation ohne Parameter, d.h. ohne Vorwissen, aus den Impedanzdaten berechnet werden kann[8]. Die Impedanz wird als diejenige der Serienschaltung eines Widerstands und unendlich vieler RC-Glieder aufgefasst (RC-Glied: Parallelschaltung von Widerstand und Kondensator). Die Relaxationsfrequenzen $f_R = 2\pi \cdot RC$ der RC-Glieder überdecken alle Frequenzen $f_R > 0$ Hz. Die DRT $g(f)$ gibt jeweils den Beitrag der RC-Glieder mit der Relaxationsfrequenz $f_R = f$ zu den gesamten Polarisationsverlusten an und das Integral über die DRT ist gleich dem ASR_{pol}. In Abbildung 11 werden die zu den Impedanzspektren aus Abbildung 10 berechneten Verteilungsfunktionen dargestellt. In der DRT zeigen sich mehrere klar getrennte gauß-förmige Peaks. Die DRT-Methode bietet durch diese Peaks eine im Vergleich zu Impedanz-spektren deutlich bessere Auflösung der ablaufenden Vorgänge. Die im DRT sichtbaren

---

[8] Die Berechnung der DRT erfolgt numerisch in der Regel für 80 RC-Glieder mit Hilfe der Tikhonov-Regularisierung unter Einsatz des auf das RELAX-Verfahren angepassten FTIKREG-Tools.

Peaks können, wie später erläutert wird, aufgrund der Erfahrung von Auswertungen zu einer großen Zahl verschiedener Betriebspunkte den einzelnen in der anodengestützten Zelle auftretenden Vorgängen zugeordnet werden. Deren Verlustanteile können direkt aus der DRT abgeschätzt werden. Die Genauigkeit der ermittelten Werte der einzelnen Verlustanteile kann durch den nachfolgenden Fit eines passend gewählten ESB an die Impedanzdaten (und/oder das DRT) erhöht werden, denn Peaks im DRT können sich überlagern oder mehrere Peaks gehören zu einem Vorgang und sind daher teilweise schlecht quantitativ trennbar. Der Vorteil gegenüber dem direkten Vorgehen ist, dass zunächst parameterfrei das DRT bestimmt wird. Nach dieser Voridentifikation sind für den Fit a priori ein geeignetes ESB und hinreichend gute Startparameter bekannt (vgl. [40]). Je nach Betriebspunkt unterscheidet sich das zu verwendende ESB, denn welche Verlustanteile (und zugehörigen Parameter) dominieren, ist unterschiedlich. Insbesondere die geeignete Wahl des Betriebspunktes für die Messung ist somit Voraussetzung für ein gutes Fit-Ergebnis und eine korrekte Bestimmung der Parameter.

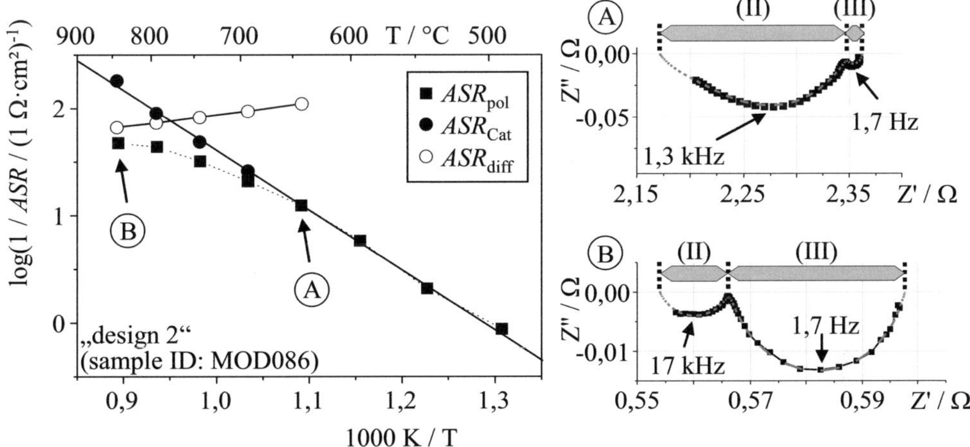

Abbildung 12: Impedanzspektren symmetrischer Zellen ohne Strömung [41]
Aufteilung der Polarisationsverluste ASR_{pol} (II+III) in Kathodenanteil $2 \cdot ASR_{Cat}$ (II) und Gasdiffusionsanteil $2 \cdot ASR_{diff}$ (III). Die ohmschen Verlustanteile (I) sind hier nicht mit aufgeführt.

2.5.1 Zur Validierung verwendete Messdaten

In dieser Arbeit werden Messdaten zur Validierung des FEM-Mikrostrukturmodells herangezogen, die von Leonide [35] für anodengestütze Zellen mit LSCF-Kathoden bzw. von Peters [41] und van Berkel [42] für symmetrische Zellen mit LSC-Kathoden bestimmt wurden. Bei symmetrischen Zellen kann wie bereits erwähnt keine Charakterisierung mittels Strom-Spannungskennlinien erfolgen. Zwar werden beide Kathoden bei der Messung des Impedanzspektrums abwechselnd anodisch belastet, doch dies ist aufgrund der geringen Amplitude von etwa 10 mV unkritisch. Durch Auswertung der Impedanzdaten kann der flächenspezifische Kathodenwiderstand ASR_{Cat} bestimmt werden. Van Berkel bestimmte, wie in Abbildung 10 gezeigt, die ohmschen Beiträge ASR_{El} und die Polarisationsanteile ASR_{pol} aus den Impedanzspektren. Gasdiffusionsanteile an den Polarisationsverlusten werden als vernachlässigbar betrachtet, da die Messung mit einer aufgeprägten Strömung (100 ml/min synthetische Luft) durchgeführt wurde. Die Polarisationsverluste wurden folglich komplett den beiden Kathoden zugeordnet: $ASR_{pol} = 2 \cdot ASR_{Cat}$ [42]. Peters hingegen fand wie in Abbildung 12 gezeigt einen Gasdiffusionsanteil (III), welcher unter Umständen darauf zurückgeführt werden kann, dass ohne Gasströmung entlang der Zelle gemessen wurde. Die gesamten Polarisationsverluste setzen sich also wie folgt zusammen: $ASR_{pol} = 2 \cdot (ASR_{Cat} + ASR_{diff})$ [13;41]. Der Gasdiffusionsanteil weist eine geringe Temperaturabhängigkeit auf und hat daher bei hohen Temperaturen einen immer stärkeren Einfluss. Zudem kann aus den Impedanzspektren abgelesen werden, dass die Relaxationsfrequenz f_R der Gasdiffusion übereinstimmend mit Angaben in der Literatur [43] im Bereich weniger Hz liegt.

Die Auswertung der Messdaten zu anodengestützten Zellen ist im Vergleich zu den bisher diskutierten Auswertungen deutlich schwieriger. Wie in Abbildung 11 dargestellt lassen sich die Polarisationsverluste ASR_{pol} im DRT nach Leonide in fünf Anteile P_{1C}, P_{2C}, P_{1A}, P_{2A} und P_{3A} aufteilen [35;36]. In Tabelle 2 wird für jeden Verlustanteil angegeben, von welchen Betriebsbedingungen (Temperatur und Partialdrücke: Sauerstoff (kathodenseitig), Wasserstoff und Wasserdampf (anodenseitig)) dieser abhängt, welche Relaxationsfrequenzen auftreten und wie groß der Verlustbeitrag ist. Aufgrund dieses Expertenwissens können die Vorgänge der Kathodenseite (P_C) bzw. der Anodenseite (P_A) zugeordnet werden und es sind Aussagen über den physikalischen Ursprung möglich. Die Kathodenseite verursacht zwei durch die Variation des Sauerstoffpartialdrucks stark beeinflusste Prozesse P_{1C} und P_{2C}, wohingegen die anodenseitigen Prozesse P_{1A}, P_{2A} und P_{3A} unbeeinflusst bleiben (vgl. Abbildung 10 und 11). Wie bei den symmetrischen Kathoden wird der niederfrequente Anteil P_{1C} auf die Gasdiffusion und der höherfrequente Anteil P_{2C} auf die elektrochemischen Vorgänge in der Kathodenstruktur zurückgeführt. Die quantitative Auswertung ist jedoch nicht möglich, denn, wie an den DRTs in Abbildung 11 zu sehen, überlagern sich insbesondere für den interessierenden Sauerstoffpartialdruck in Luft mehrere Peaks, weshalb deren Anteile nicht getrennt werden können. Leonide entwickelte daher das in Abbildung 13 gezeigte Ersatzschaltbild, um über einen CNLS[9]-Fit quantitativ belastbare Werte zu ermitteln [35;36].

Tabelle 2: Vorgänge in einer anodengestützten Zelle (FZJ-Typ 2-Kathode) [35;36]

	f_R / Hz	ASR / $m\Omega \cdot cm^2$	Abhängigkeiten	physikalischer Ursprung
P_{1C}	0,3… 10	2…100	$p_{O_2,Cat}$, T (klein)	Gasdiffusion in der Kathodenstruktur
P_{2C}	10…500	8… 50	$p_{O_2,Cat}$, T	O_2-Reduktionsreaktion und O^{2-}-Transport in der Kathode
P_{1A}	4… 20	30…150	$p_{H_2,Ano}$, $p_{H_2O,Ano}$, T (klein)	Gasdiffusion in der Anodenstruktur
P_{2A}	2… $8 \cdot 10^3$	10… 50	$p_{H_2,Ano}$, $p_{H_2O,Ano}$, T	Ladungstransferreaktion und ionischer Transport in der Ni/YSZ-Anodenstruktur
P_{3A}	12…$25 \cdot 10^3$	10…130	$p_{H_2,Ano}$, $p_{H_2O,Ano}$, T	

Aus der Arbeit zum Beispiel von Adler [2] ist bekannt, dass die elektrochemischen Vorgänge in gemischtleitenden Kathoden (P_{2C}: O_2-Reduktionsreaktion und O^{2-}-Transport) durch ein Gerischer-Element[10] (R_{2C}) beschrieben werden können. Zudem können diffusive Vorgänge mit einem generalisierten Finite-Länge-Warburg-Element (R_{1A}) beschrieben werden [44;45]. Das Ersatzschaltbild besteht weiterhin aus einem ohmschen Widerstand (R_{EI}) und drei RQ-Gliedern[11] (R_{3A}, R_{2A} und R_{1C}). Die zur Beschreibung der Gasdiffusion (P_{1C} und P_{1A}) verwendeten Elemente (R_{1C} und R_{1A}) konnten durch den Vergleich der durch den Fit bestimmten Verlustanteile [35] mit nach [46] berechneten Werten auf Plausibilität überprüft werden. Eine Weiterentwicklung des Ersatzschaltbildes lässt sich unter Umständen dadurch

---

[9] CNLS: complex nonlinear least squares
[10] In das Gerischer-Element eingehende Parameter können nach Gleichung (3.31) und (3.36) berechnet werden.
[11] RQ-Glied: Parallelschaltung von Widerstand R und Konstantphasenelement Q [39]

erzielen, dass die zur Beschreibung der elektrochemischen Vorgänge in der Anode (P_{2A} und P_{3A}) verwendeten RQ-Glieder (R_{2A} und R_{3A}) durch ein oder mehrere geeignete physikalisch motivierte Elemente ersetzt werden. Beispielsweise verwendet Sonn ein Leitermodell zur Beschreibung der Ladungstransferreaktion und des ionischen Transports in der Ni/YSZ-Anodenstruktur [47]. Der für diese Arbeit wichtige flächenspezifische Widerstand der LSCF-Kathode in Luft kann schlussendlich aus den gemessenen Impedanzspektren zu anodengestützten Zellen (FZJ-Typ 2-Kathode) separiert werden und lässt sich mit der Elektrodenfläche A durch

$$ASR_{\mathrm{Cat}} = \left(R_{1C} + R_{2C} \right) \cdot A \approx R_{2C} \cdot A \tag{2.14}$$

aus den Fit-Ergebnissen berechnen, denn in Luft ist $R_{1C} \approx 0\ \Omega$.

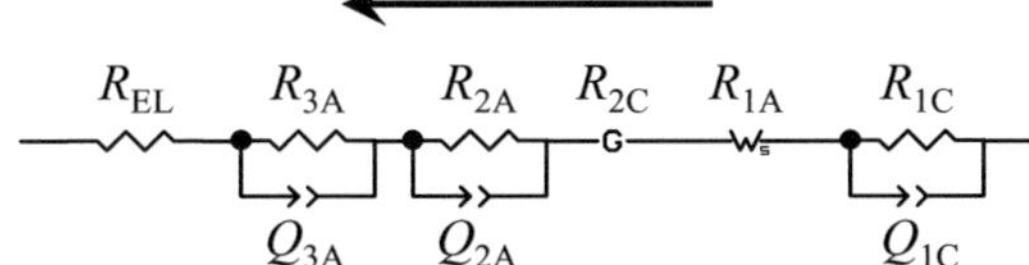

Abbildung 13: Ersatzschaltbild für anodengestützte Zelle (FZJ-Typ 2-Kathode) [35;36]
Serienschaltung aus ohmschem Widerstand (R_{El}), drei RQ-Gliedern[11] (R_{3A}, R_{2A} und R_{1C}), Gerischer-Element (R_{2C}) und generalisierten Finite-Länge-Warburg-Element (R_{1A}). Die Indizes geben die Zuordnung zu den im DRT sichtbaren Vorgängen an (vgl. P_{1C}, P_{2C}, P_{1A}, P_{2A} und P_{3A} in Abbildung 11).

3 Mikrostrukturmodellierung von Elektroden

In der Literatur finden sich zahlreiche Arbeiten zur Modellierung von Brennstoffzellen bzw. von Elektroden. Generell lassen sich diese nach dem Ziel der Modellierung in verschiedene Ebenen einteilen [48]. In Abbildung 14 ist eine mögliche Klassifizierung gezeigt. Diese reicht von Modellen, die das Systemverhalten untersuchen sollen, bis hinunter zur Betrachtung einzelner elektrochemischer Vorgänge in Reaktionskinetikmodellen. Für diese Arbeit sind die Ebenen der Zellmodellierung und Mikrostrukturmodellierung wichtig – untersucht werden soll die Mikrostruktur; Messungen werden jedoch an Zellen durchgeführt. Der Detailgrad der Beschreibung nimmt von der Systemmodellierung hin zur Reaktionskinetikmodellierung zu. Doch gleichzeitig wird ein immer kleinerer Ausschnitt des gesamten Systems betrachtet. Je nach der gewählten Ebene werden unterschiedliche Parameter und Gleichungen zur Beschreibung verwendet.

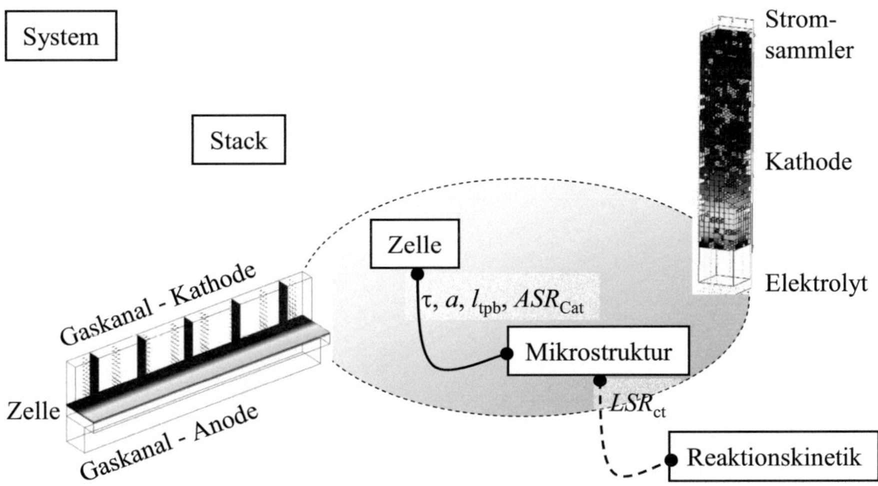

Abbildung 14: Ebenen der Modellierung für Brennstoffzellen

In Abbildung 14 sind mögliche Kopplungen zu den Nachbarebenen der Mikrostruktur-modellierung mit angegeben. Aus Reaktionskinetikmodellen kann beispielsweise der linien-spezifische Ladungstransferwiderstand LSR_{ct} ermittelt und in Mikrostruktursimulationen verwendet werden. Oder die Tortuosität τ, die volumenspezifische Oberfläche a und die volumenspezifische Dreiphasengrenzlänge l_{tpb}, welche in Zellmodellen die Mikrostruktur beschreiben können, werden aus Mikrostrukturmodellen bestimmt. Häufig wird eine Elektrode in Zellmodellen auch nur als flächenspezifischer Widerstand ASR_{Cat} modelliert.

Ziel dieser Arbeit ist es die Leistungsfähigkeit von Elektroden als Funktion der mikro-strukturellen und materialspezifischen Eigenschaften zu bestimmen. Um eine Elektrode erfolgreich simulieren zu können, müssen zuerst die Transportphänomene richtig beschrieben werden. Im ersten Unterkapitel wird daher die Modellierung des Transports in den Elektroden ausführlich anhand von verschiedenen Literaturquellen diskutiert. Im zweiten Unterkapitel wird allgemein auf Modellierungsansätze für Elektroden eingegangen. Die Grundlagen der in dieser Arbeit verwendeten Finite-Elemente-Methode werden in Unterkapitel drei dargelegt. Im vierten Unterkapitel werden bereits vorhandene Modelle speziell für gemischtleitende Kathoden vorgestellt.

3.1 Transportphänomene in Elektroden

In den Elektroden werden drei verschiedene Spezies transportiert: Ionen und Elektronen im Feststoff, sowie Gasmoleküle in den Poren. Wird beispielsweise die Porosität erhöht, erleichtert dies die Gasdiffusion. Gleichzeitig sinkt jedoch der Feststoffanteil und die Verluste aufgrund des Transports der Ionen und Elektronen steigen an. Bei Komposit-Elektroden werden Ionen und Elektronen häufig in unterschiedlichen Feststoffanteilen transportiert, so dass das gesamte Volumen sogar in drei verschiedene Volumenanteile aufgeteilt werden muss.

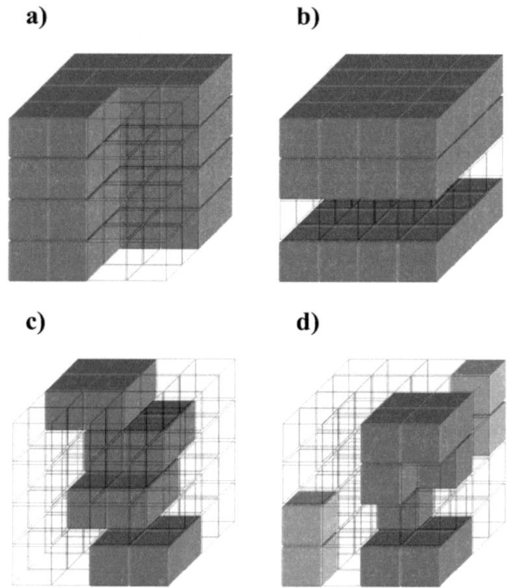

Abbildung 15: Transport in einem porösen Medium
Verluste beim Transport durch die ausgefüllten Würfel von oben nach unten. Extrembeispiele für 25 % Porosität: a) nur Verluste aufgrund der Porosität und b) kein Transport möglich. Darstellung möglicher Transportverluste für 75 % Porosität: c) Umwege und d) Einschnürungen sowie nicht beitragende Bereiche (hellere Kuben)

Die Berücksichtigung der Volumenanteile reicht, wie Abbildung 15 zeigt, nicht aus. Der Transport durch die ausgefüllten Kuben von oben nach unten ist in der Struktur a) bestmöglich und in b) unmöglich. Die vorliegende Mikrostruktur hat also einen entscheidenden Einfluss auf die Transporteigenschaften. Die tatsächlichen Verluste beim Transport durch die Mikrostruktur liegen zwischen den beiden Extremen. Innerhalb der Mikrostruktur kann es wie in Struktur c) zu Umwegen und wie in Struktur d) zu Einschnürungen kommen. Oder es kann sogar Bereiche geben, die überhaupt nicht zum Transport beitragen, wie durch die helleren Kuben in Struktur d) dargestellt wird.

Die Betrachtung einer komplexen Mikrostruktur, beispielsweise von porösen Materialien, als homogenes Material mit effektiven Eigenschaften (vgl. Abbildung 16 [49;50]) vereinfacht deren rechnerische Handhabung erheblich. Der Einfluss der Mikrostruktur wird durch einen Parameter τ beschrieben. Mit diesem kann für einen gegebenen Volumenanteil $(1 - \varepsilon)$ aus der intrinsischen Leitfähigkeit σ_{bulk} des Vollmaterials die resultierende niedrigere effektive Leitfähigkeit

$$\sigma_{eff} = \frac{1-\varepsilon}{\tau} \cdot \sigma_{bulk} \tag{3.1}$$

des porösen Materials berechnet werden [51]. Der Parameter τ wird oft als Wegverlängerung interpretiert und als Tortuosität oder Umwegfaktor bezeichnet[12]. Die Tortuosität kann Werte zwischen denen für die beiden Extremfälle (Abbildung 15 a) und b)) annehmen, folglich gilt $1 \leq \tau < \infty$.

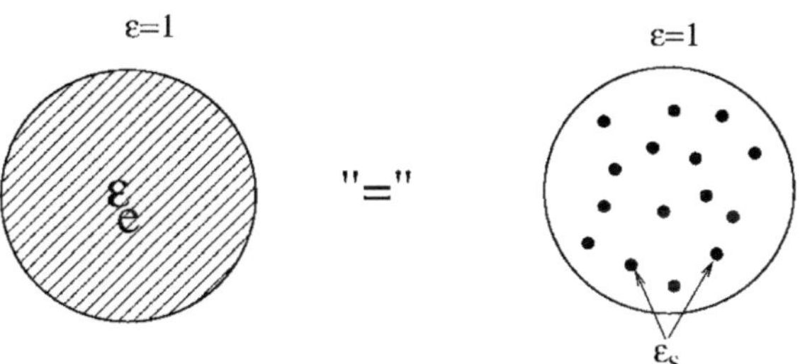

Abbildung 16: Effektives Medium anstelle Medium mit komplexer Mikrostruktur [52]
Ein Medium mit komplexer Mikrostruktur (rechts ε_S) kann häufig als homogenes Medium (links) mit effektiven Eigenschaften ε_e betrachtet werden. Beide Medien müssen im Mittel dieselben Eigenschaften aufweisen.

Die Tortuosität ist nach Kostek [51] invariant gegenüber Skalierungen der Geometrie. Daraus folgt, dass die Leitfähigkeit und damit das Material und die Temperatur ebenfalls keinen Einfluss auf die Tortuosität haben. Die beschreibenden Gleichungen (4.12), (4.7) und (4.3) sind strukturell gleich, falls die geringe Sauerstoffpartialdruckabhängigkeit des Diffusionskoeffizienten in (4.3) vernachlässigt wird. Wenn es also gelingt die Tortuosität als Funktion des Volumenanteils $(1 - \varepsilon)$ für die ionische Leitfähigkeit zu bestimmen, kann dieser Zusammenhang unter der Voraussetzung einer gleichen Mikrostruktur näherungsweise auf die Tortuosität der anderen Transportphänomene übertragen werden:

$$\tau = \tau_{curr} = \tau_{diff,O^{2-}} \approx \tau_{gas,O_2} . \tag{3.2}$$

In der Literatur werden verschiedene Ansätze verwendet, um Gleichungen zur Berechnung der Tortuosität zu erhalten (vgl. Anhang A). Liegen ausreichend viele Messdaten vor, können entsprechende Gleichungen empirisch ermittelt werden [53-55]. Das Ergebnis von Koh und Fortini [53] wird beispielsweise von Yamahara et al. [56] zur Modellierung der ionischen Leitfähigkeit verwendet. Andere Ansätze leiten für vereinfachte geometrische Beschreibungen der komplexen Mikrostruktur Gleichungen ab [49;50;57;58]. Die Resultate von Maxwell-Garnett [49] haben als Clausius-Mossotti-Beziehung Bedeutung für dielektrische Materialien erlangt und die Arbeit von Bruggeman [57] wird häufig als Theorie der effektiven Medien bezeichnet. Fan [59-61] verfolgt die Idee, die komplexe Mikrostruktur auf eine einfachere Geometrie zu transformieren. Die Ergebnisse von Fan werden beispielsweise von Müller [62] zur Modellierung der Anode genutzt. Mit der Perkolationstheorie und den Random-Resistor-Network-Modellen stehen zwei numerische gelöste Ansätze zur Verfügung, welche im Folgenden ausführlicher diskutiert werden.

---

[12] Tatsächlich ist die Tortuosität τ nicht nur ein Umwegfaktor, sondern beinhaltet auch die in Abbildung 15 d) gezeigten Transportverluste: Einschnürungen und nichtbeitragende Bereiche.

3.1.1 Perkolationstheorie

In Abbildung 17 wird der von Kirkpatrick [63] angestellte Vergleich zwischen den Ergebnissen der Theorie der effektiven Medien (EMT) und der Perkolationstheorie ($P \cdot n$) gezeigt. Nach Kirkpatrick können gemessene normierte effektive Leitfähigkeitswerte $\sigma(n) / \sigma_{bulk}$ (Kreise) für niedrige Porositäten (bis zu einer Besetzung $n \approx 50\,\%$) durch die Theorie der effektiven Medien beschrieben werden. Für weiter zunehmende Porositätswerte (geringere Besetzungen) geht die effektive Leitfähigkeit immer stärker zurück, bis oberhalb eines kritischen Porositätswerts ($n = n_c$) keine Leitung mehr möglich ist. In dem Beispiel von Abbildung 17 liegt dieser Wert bei etwa 30\,%. Dieses Verhalten wird von der Theorie der effektiven Medien nicht richtig wiedergegeben, wird jedoch von den Modellen der Perkolationstheorie abgebildet.

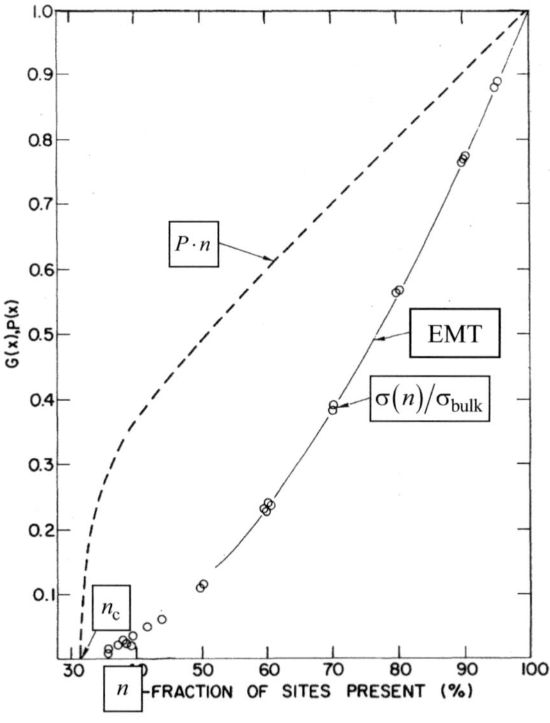

Abbildung 17: Perkolationstheorie, Theorie der effektiven Medien und eff. Leitfähigkeit
Vergleich aus [63] der Ergebnisse der Perkolationstheorie $P \cdot n$ (Perkolationswahrscheinlichkeit P multipliziert mit Besetzung n) und der Theorie der effektiven Medien (EMT) mit gemessenen normierten effektiven Leitfähigkeitswerten $\sigma(n) / \sigma_{bulk}$ als Funktion der Porosität bzw. der Besetzung n der verfügbaren Knoten. Unterhalb einer kritischen Besetzung n_c bzw. oberhalb einer kritischen Porosität ist keine Leitfähigkeit mehr vorhanden.

Eine Einführung in die Perkolationstheorie gibt beispielsweise Stauffer [64], hier werden nur die grundlegenden Ideen und Erkenntnisse skizziert. Aussagen der Perkolationstheorie werden für unendlich große Gebiete mit einer genau definierten Geometrie, welche Knoten und dazwischen liegende Kanten aufweist, getroffen. Ziel der Untersuchungen ist beispielsweise eine Aussage zu treffen, bis zur welchem kritischen Wert n_c der Besetzung der Knoten n noch Perkolation vorliegt. Der kritische Wert wird auch Perkolationsschwelle genannt. Perkolation bedeutet, dass es einen unendlich großen Cluster von besetzten Knoten gibt, welche direkt oder über andere Knoten mittels der Kanten miteinander verbunden sind.

Die Perkolationswahrscheinlichkeit der Knoten P gibt den Anteil der zum perkolierenden Cluster gehörenden Knoten an den insgesamt besetzten Knoten n ($0 \leq n \leq 1$) an.

In der Perkolationstheorie wird nach Abbildung 18 zwischen Knoten- und Kantenperkolation unterschieden. Bei der Knotenperkolation sind automatisch alle Kanten eines besetzten Knotens zu den benachbarten Knoten verfügbar. Bei der Kantenperkolation hingegen wird für jede Kante separat bestimmt, ob diese existiert. Diese Unterscheidung wirkt sich auf das Ergebnis aus. Für dieselbe Geometrie werden bei Kantenperkolation zum Beispiel höhere Perkolationsschwellen n_c und niedrigere Perkolationswahrscheinlichkeiten P bestimmt, da im Vergleich zur Knotenperkolation weniger alternative Wege zur Verfügung stehen. Die Ergebnisse der Perkolationstheorie sind dabei stark von der zugrundeliegenden Geometrie abhängig, wie im Folgenden anhand von Tabelle 3 erläutert wird.

Knotenperkolation   Kantenperkolation

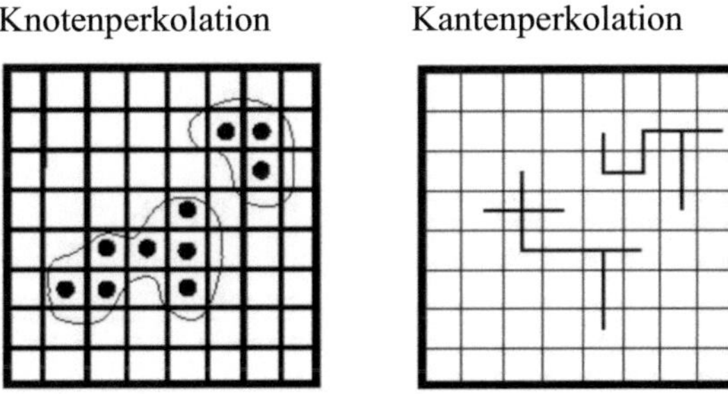

Abbildung 18: Beispiel für Knoten- und Kantenperkolation [65]

In Tabelle 3 werden die Perkolationsschwellwerte für verschiedene Gittertypen angegeben [64;66]. Der Perkolationsschwellwert n_c ist stark von der zugrundeliegenden Geometrie abhängig und kann Werte zwischen 7,87 und 69,62 % aufweisen. Generell nimmt der Perkolationsschwellwert n_c mit der Anzahl der Dimensionen (Raumrichtungen) und der Koordinationszahl ab. Je höher die Dimension und je größer die Koordinationszahl ist, desto mehr alternative Wege stehen für die Perkolation zur Verfügung und folglich sinkt der Perkolationsschwellwert.

Tabelle 3: Perkolationsschwellwerte n_c für verschiedene Geometrien [64;66]
Die Perkolationsschwellwerte bei Knoten- bzw. Kantenperkolation unterscheiden sich. Zur Orientierung ist die Koordinationszahl für drei Geometrien angegeben, welche mit dem FEM-Mikrostrukturmodell aufgrund der Geometrie oder der Koordinationszahl in etwa vergleichbar sind.

Geometrie	Dimension	n_c /% (Knoten-perkolation)	n_c /% (Kanten-perkolation)	Koordinations-zahl
Wabengitter	2D	69,62	65,271	
Quadratgitter	2D	59,2746	50	
Dreiecksgitter	2D	50	34,729	
Diamantgitter	3D	43	38,8	4
einfach kubisches Gitter	3D	31,61	24,88	6
kubisch raumzentriert	3D	24,6	18,03	8
kubisch flächenzentriert	3D	19,8	11,9	12
hyperkubisches Gitter (4d)	4D	19,7	16,01	
hyperkubisches Gitter (5d)	5D	14,1	11,82	
hyperkubisches Gitter (6d)	6D	10,7	9,42	
hyperkubisches Gitter (7d)	7D	8,9	7,87	
FEM-Mikrostrukturmodell	3D			26

Zum Vergleich ist die Koordinationszahl des FEM-Mikrostrukturmodells in Tabelle 3 angegeben. Theoretisch müssten die Ergebnisse des einfach kubischen Gitters auf das FEM-Mikrostrukturmodell übertragbar sein, doch aufgrund der in Abschnitt 5.2.2 erläuterten numerischen Schwierigkeiten ergibt sich mit 26 eine weit höhere Koordinationszahl. Zusätzlich zu den Flüssen über die 6 Flächen sind Flüsse über die 12 Kanten und 8 Ecken eines Kubus möglich. Aufgrund dessen ist ein Perkolationsschwellwert im Bereich von 20 % für das FEM-Mikrostrukturmodell möglich.

Tabelle 4: Exponent γ_σ nach verschiedenen Quellen aus der Literatur

Quelle	γ_σ
Kirkpatrick [63]	1,6
Bruggeman [57]	1,5
Costamagna [67]	2,0
Kawashima [68]	1,725
	2,61

Übertragen auf die Elektroden bedeutet Perkolation, ob beispielsweise ein durchgehend leitfähiger Pfad für die Elektronen vom Stromsammler/Gasverteiler bis zum Ort der Oxidations- bzw. Reduktionsreaktion existiert. Die Perkolation aller Transportpfade ist eine Voraussetzung für die elektrochemischen Reaktionen in den Elektroden. Aus der Anzahl an besetzten Knoten n und der Perkolationswahrscheinlichkeit P kann noch nicht auf die Leitfähigkeit geschlossen werden, da der perkolierende Cluster tote Enden und parallele Transportpfade enthält. Dies kann allerdings durch entsprechende Modifikationen der Perkolationsmodelle berücksichtigt werden.

Die Perkolationstheorie liefert, außer dem Perkolationsschwellwert n_c, zwei weitere wichtige Zusammenhänge [64]. In der Nähe ($n_c < n < n_c + x$, mit $x \approx 0{,}2$) der Perkolationsschwelle n_c gilt für die Perkolationswahrscheinlichkeit und entsprechend für die Leitfähigkeit:

$$P \sim \left(n - n_c\right)^{\beta_P} \text{ und} \tag{3.3}$$

$$\sigma \sim \left(n - n_c\right)^{\gamma_\sigma} . \tag{3.4}$$

Die Werte der Exponenten β_P und γ_σ sind nicht per se bekannt, da die Ergebnisse der Perkolationstheorie, wie bereits gezeigt, stark von der zugrundeliegenden Geometrie abhängig sind. Häufig werden die Exponenten durch Anpassen an entsprechende Messdaten bestimmt. In Tabelle 4 werden Werte für den Exponenten γ_σ aus verschiedenen Quellen angegeben.

3.1.2 Perkolation in Kugelschüttungen

Am interessantesten für die Modellierung von Transportphänomenen in den Elektroden sind die Perkolationsuntersuchungen zu Kugelschüttungen, wie sie beispielsweise von Bouvard [69] und Suzuki [70] durchgeführt wurden. Betrachtet werden Kugeln von zwei (oder mehr) unterschiedlichen Sorten, die sich untereinander berühren und in einem vorgegebenen Volumen zufällig verteilt sind, wobei für jede Kugel eine stabile Position bestimmt wird. Kugelschüttungen werden häufig als Modellvorstellung für reale Elektrodenstrukturen verwendet, da Elektroden durch einen Sinterprozess aus Pulvern mit oft sphärischen Partikeln und einer mittleren Partikelgröße hergestellt werden. Kuo [71] vergleicht die Ergebnisse von Bouvard [69] und Suzuki [70] mit weiteren Modellen und experimentellen Ergebnissen.

Bouvard fand für die Berechnung der Perkolationswahrscheinlichkeit

$$P = \left(1 - \left(\frac{4 - Z_{ii}}{2}\right)^{2.5}\right)^{0.4} \tag{3.5}$$

einen Zusammenhang mit der Koordinationszahl Z_{ii}, welche aus der Besetzung n der Kugeln

$$Z_{ii} = 6 \cdot n, \text{ mit } 0 \le n \le 1, \tag{3.6}$$

berechnet werden kann. Die hier angegebenen Gleichungen gelten für eine Mischung von zwei unterschiedlichen Kugelsorten derselben Größe. Die Besetzung der Kugeln n lässt sich als Funktion der Porosität ε bestimmen. Dabei ist zu berücksichtigen, dass der Raum zwischen den Kugeln selbst bei voller Besetzung eine gewisse Porosität verursacht. Je mehr sich die Kugeln überlappen, desto geringer wird dieser Porositätsanteil ε_{Rest}. Die Koordinationszahl beträgt bei voller Besetzung 6 und für gleich große sich berührende Kugeln ergibt sich eine Packungsdichte von etwa 57 % [69]. Für den Fall sich berührender Kugeln ergibt sich folglich für den gesuchten Zusammenhang

$$n = \begin{cases} \dfrac{1 - \varepsilon}{1 - \varepsilon_{Rest}} & \text{für } \varepsilon \ge \varepsilon_{Rest} \\ 1 & \text{für } \varepsilon < \varepsilon_{Rest} \end{cases}, \text{ mit } \varepsilon_{Rest} = 0,43. \tag{3.7}$$

Mit zunehmender Überlappung sinkt der Porositätsanteil ε_{Rest} und die Porosität ε wirkt sich umso stärker auf die Besetzung n aus.

Die Ergebnisse der Perkolationstheorie verwendet Costamagna [67] für die Berechnung der effektiven Leitfähigkeit eines porösen Materials entsprechend Gleichung (3.4) mit

$$\sigma_{eff} = \sigma_{bulk} \cdot \frac{\alpha}{\left(1 - n_c\right)^{\gamma_\sigma}} \cdot \left(n - n_c\right)^{\gamma_\sigma} \quad \text{für } n > n_c. \tag{3.8}$$

Der Proportionalitätsfaktor wurde so gewählt, dass bei einer Besetzung von $n = 1$ die effektive Leitfähigkeit σ_{eff} um den Faktor α niedriger als die Leitfähigkeit des Vollmaterials σ_{bulk} ist. Der Faktor α, mit $0 < \alpha \le 1$, berücksichtigt den Einfluss der Sinterstellen zwischen den Partikeln. Der Wert von α ist allerdings nicht bekannt und muss durch Anpassen an Messdaten bestimmt werden. Costamagna verwendet einen Wert von $\alpha = 0,5$ für den Partikel-zu-Partikel-Übergang und den von Bouvard [69] angegebenen Perkolationsschwellwert $n_c = 16\,\%$. Für den Exponenten wird $\gamma_\sigma = 2$ angenommen. Der Wert konnte jedoch nicht anhand der angegebenen Quelle [64] verifiziert werden. Vielmehr müsste dieser, nach den vorherigen Ausführungen, ebenfalls durch Anpassen an Messdaten bestimmt werden.

Nam [72] kombiniert das Ergebnis von Bouvard [69], die Berechnung der Perkolations-wahrscheinlichkeit P, mit dem Ergebnis der Theorie der effektiven Medien von Bruggeman [57]. Insgesamt wird die effektive Leitfähigkeit mit

$$\sigma_{eff} = \sigma_{bulk} \cdot \left(\left(1 - \varepsilon\right) \cdot P\right)^{\gamma_\sigma} \tag{3.9}$$

berechnet. Auch hier gilt der Einwand, dass der Exponent γ_σ durch Anpassen an Messdaten bestimmt werden müsste. Nam verwendet für den Exponenten γ_σ, mit Verweis auf die Theorie der effektiven Medien [57], einen Wert von 1,5, mit welchem die effektive Leitfähigkeit leicht überschätzt wird [72]. Daher wird analog zu Costamagna ein Wert von 2 verwendet, welcher zu höheren Tortuositäten und damit kleineren effektiven Leitfähigkeiten führt.

Für die Berechnung der Tortuosität ergeben sich nach Costamagna

$$\tau = \frac{1}{\alpha} \cdot \frac{(1-\varepsilon) \cdot (1-n_{\mathrm{c}})^{\gamma_\sigma}}{(n(\varepsilon)-n_{\mathrm{c}})^{\gamma_\sigma}} \text{ für } n > n_{\mathrm{c}}, \tag{3.10}$$

mit $\alpha = 0{,}5$; $n_{\mathrm{c}} = 0{,}16$ und $\gamma_\sigma = 2$ und nach Nam

$$\tau = \frac{(1-\varepsilon)}{((1-\varepsilon) \cdot P(n(\varepsilon)))^{\gamma_\sigma}} \text{, mit } \gamma_\sigma = 2. \tag{3.11}$$

Die Besetzung n wird jeweils nach Gleichung (3.7) und die Perkolationswahrscheinlichkeit P nach Gleichung (3.5) berechnet. In die letztere Gleichung wird nach Nam [72] 4,236 und 2,472 anstelle von 4 und 2 zur Berechnung eingesetzt.

3.1.3 Random-Resistor-Network

Eine weitere Möglichkeit, die Transporteigenschaften von Elektroden zu untersuchen, ist der Einsatz von zufälligen Widerstandsnetzwerken – Random-Resistor-Networks (RRN). Der Aufwand im Vergleich zum Ansatz der Perkolationstheorie ist nochmals erhöht[13]. Zunächst muss ebenfalls die Geometrie, z.B. mit einer Kugelschüttung, nachgebildet werden. Diese wird dann jedoch in ein Widerstandsnetzwerk überführt. In Abbildung 19 wird das Vorgehen am Beispiel von zwei miteinander verbundenen Partikeln skizziert. Zunächst wird für den Mittelpunkt jedes Partikels ein Knoten im Widerstandsnetzwerk generiert. Dann werden zwischen den Knoten, entsprechend der Konnektivität der Partikel, Verbindungen über Widerstände eingeführt. Zur Berechnung der effektiven Leitfähigkeit werden pro Verbindung zwei Widerstände verwendet. Die Werte der Widerstände werden durch das jeweilige Partikel bestimmt. Mit Hilfe des Widerstandsnetzwerks kann der Gesamtwiderstand und damit die effektive Leitfähigkeit aufgrund des Transports in der Elektrode berechnet werden. Die Berechnung der RRN-Modelle erfolgt numerisch und kann daher nicht kompakt in Form einer Gleichung wiedergegeben werden. RRN-Modelle wurden beispielsweise von Sunde zur Untersuchung der Leitfähigkeit von Ni/YSZ-Komposit-Elektroden eingesetzt [74]. RRN-Modelle können jedoch nicht nur zur Berechnung der effektiven Leitfähigkeit verwendet werden, sondern können auch, wie im nächsten Unterkapitel 3.2 erläutert wird, zur Modellierung von Elektroden genutzt werden.

3.2 Modellierung von Elektroden

Bei der Modellierung von Elektroden müssen zusätzlich zu den Transportvorgängen die Kopplungen zwischen den transportierten Elektronen, Ionen und Molekülen berücksichtigt

---

[13] Zur Berechnung der Leitfähigkeit in dreidimensionalen Strukturen mit Hilfe von RRN-Modellen wurden noch 1996 Hochleistungsrechner eingesetzt [73].

werden. In der Literatur finden mehrere Ansätze Verwendung, welche sich in verschiedene Kategorien einteilen lassen: Bei Dünnfilm- oder Porenmodellen werden Elektrolyt- und Elektrodenmaterial als dichte aneinandergrenzende Schichten mit effektiven Transport- und elektrochemischen Eigenschaften betrachtet [75-77]. Bei der Theorie der porösen Elektroden wird die Mikrostruktur als homogenisiertes Medium betrachtet. Die Mikrostruktur wird beispielsweise durch effektive Leitfähigkeiten σ_{eff} und die volumenspezifische Oberfläche a, bzw. die Dreiphasengrenzlänge l_{tpb} abgebildet. Die Beschreibung erfolgt mittels partieller Differentialgleichungen [67;78] oder mit Kettenleitermodellen [47;79-82].

Bei den bis jetzt genannten Ansätzen werden nur gemittelte mikrostrukturelle Eigenschaften oder regelmäßige Geometrien betrachtet. Im Gegensatz dazu kann die Mikrostruktur bei den im Folgenden besprochenen Ansätzen, den RRN- und FEM-Modellen, genauer abgebildet werden. Modelle speziell für gemischtleitende Kathoden werden in Unterkapitel 3.4 behandelt.

3.2.1 Random-Resistor-Network

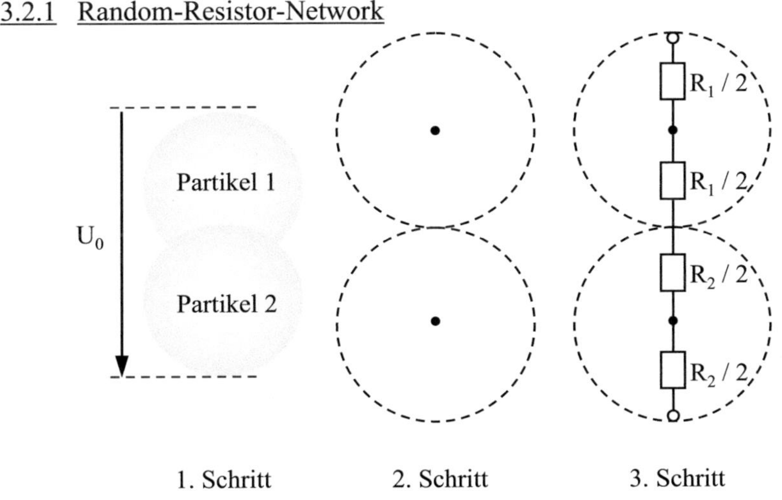

Abbildung 19: Zusammenhang Geometrie und Random-Resistor-Network (RRN)
Beispiel für die Überführung einer Geometrie aus zwei miteinander verbundenen Partikeln in ein Widerstandsnetzwerk: 1. Schritt Generierung der Geometrie; 2. Schritt Ersetzen der Partikel durch Knoten; 3. Schritt Abbildung der Verbindungen durch Widerstandswerte.

RRN-Modelle können, wie im vorherigen Unterkapitel vorgestellt, zur Berechnung der effektiven Transporteigenschaften von Elektroden eingesetzt werden. Erfolgt eine Erweiterung dieser RRN-Modelle um Kopplungen zwischen den verschiedenen Transportvorgängen, entsteht ein Modell für Elektroden, in dem die Mikrostruktur detailliert berücksichtigt wird. In der Arbeit von Sunde wurden 1995 RRN-Modelle für die Berechnung der effektiven Leitfähigkeit einer Ni/YSZ-Komposit-Elektrode verwendet und es wurden erste Ergebnisse zur Berechnung des flächenspezifischen Widerstands gezeigt [74]. In nachfolgenden Arbeiten wurde 1996 der Zusammenhang mit der Perkolationstheorie detaillierter erläutert und es wurden Ergebnisse zu Ni/YSZ- und LSM/YSZ-Komposit-Elektroden gezeigt [78;83]. Die Ergebnisse umfassen dabei:

- flächenspez. Widerstand über dem Anteil des Elektrodenmaterials am Feststoff der Elektrode für unterschiedliche Leitfähigkeiten und Polarisationswiderstände (Kuben-Gitter)

- flächenspez. Widerstand über dem Anteil des Elektrodenmaterials am Feststoff der Elektrode für unterschiedliche Leitfähigkeiten und Polarisationswiderstände (Kugelschüttungen)
- flächenspez. Widerstand als Funktion der Elektrodendicke
- Untersuchung zur Perkolation und den sich ergebenden Grenzflächen:
  - Typ I: Grenzfläche zwischen zwei perkolierenden Phasen
  - Typ II: Grenzfläche zwischen einer perkolierenden und einer nicht perkolierenden Phase
  - Typ III: Grenzfläche zwischen einer perkolierenden Phase und Einschlüssen

Das RRN-Konzept wurde dann 1997 zur Simulation von Impedanzspektren erweitert [84]. In den zwei darauffolgenden Jahren wurden Errata [85;86] und Antworten auf Kommentare [87] zu den bisherigen Veröffentlichungen erstellt. Im Jahr 2000 fasste Sunde [6] die Ergebnisse seiner bisherigen Artikel zusammen und gab eine detaillierte Gegenüberstellung des RRN-Ansatzes zu anderen Modellierungsansätzen [47;67;75-82].

Andere Arbeiten verwenden ebenfalls RRN-Modelle: Jeon [88] untersucht den Einfluss einer Strukturierung der Elektrolytoberfläche auf die Leistungsfähigkeit der Elektrode. Am Forschungszentrum Jülich wurden von Abel ebenfalls RRN-Modelle zur Untersuchung von Ultrakondensatoren und der Ni/YSZ-Komposit-Anode verwendet [89;90]. Interessant sind auch Arbeiten, in denen Kugelschüttungen[14] als Basis für die Geometrie, welche in das Widerstandsnetzwerk überführt wird, verwendet werden [92-96].

3.2.2 Finite-Elemente-Methode

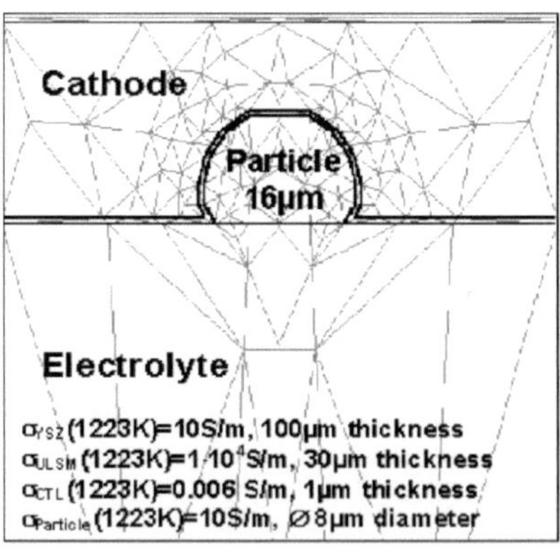

Abbildung 20: Beispiel für ein Finite-Elemente-Methode (FEM)-Modell [97]
Modellierung einer LSM-Kathode auf einer strukturierten Elektrolytoberfläche mit einem rotationssymmetrischen FEM-Modell

Am IWE wurden bereits erste Erfahrungen mit der Finite-Elemente-Methode von Herbstritt [15] gemacht. Das in Abbildung 20 abgebildete, rotationssymmetrische FEM-Modell wurde zur Untersuchung der Leistungsfähigkeit einer LSM-Kathode auf einem strukturierten

---

[14] Ein Code zur Erzeugung der Kugelschüttungen wird in Grenoble am SIMaP-Laboratorium in der (früheren) GPM2-Arbeitsgruppe entwickelt. Mit an der Entwicklung beteiligt ist Christophe Martin, der in seinen Forschungen unter anderen mit Didier Bouvard, von dem Ergebnisse zur Perkolation [69] vorgestellt wurden, zusammenarbeitet. Zum Test, ob eine solche Kugelschüttung für FEM Simulationen verwendet werden kann, wurde von Christophe Martin für die im Rahmen dieser Arbeit betreute Diplomarbeit von Jochen Joos [91] eine Beispielstruktur zur Verfügung gestellt.

Elektrolyten eingesetzt [97]. Die Implementierung des FEM-Modells erfolgte in der Software Maxwell. In dieser Software kann nur ein Potential im gesamten Modell angesetzt werden, daher wurde für die Elektrochemie eine sehr dünne Schicht zwischen der Kathode und dem Elektrolyten eingeführt. Prinzipiell entspricht der verwendete Modellierungsansatz demjenigen bei Dünnfilm- oder Porenmodellen [75-77], die Lösung wird jedoch numerisch und nicht analytisch bestimmt. Nicht nur weil ein FEM-Modell verwendet wird, sondern auch weil die Optimierung der Kathodenstruktur das Ziel war und weil erste Messungen an (gemischtleitenden) MOD-Schichten durchgeführt wurden, ist die Arbeit von Herbstritt [15] als Vorgängerarbeit dieser Dissertation zu sehen.

3.3 Grundlagen der Finite-Elemente-Methode

Die Finite-Elemente-Methode wird kurz eingeführt, um ein grundlegendes Verständnis zu ermöglichen und um die in Unterkapitel 5.2 untersuchten kritische Punkte anzureißen. Die Einführung wird teilweise anhand von Gleichungen, die für das FEM-Mikrostrukturmodell für gemischtleitende Kathoden wichtig sind, gegeben. Eine ausführlichere Betrachtung zu diesen Gleichungen wurde in der Arbeit von Joos angestellt [91]. Allgemeine Einführungen zur Finite-Elemente-Methode geben beispielsweise Braess [98], Großmann und Roos [99], Brenner [100], Ciarlet [101], Ern [102], Johnson [103] sowie Carey [104].

Das FEM-Mikrostrukturmodell wurde in der kommerziellen Software COMSOL Multiphysics® implementiert. Diese Software verwendet die Finite-Elemente-Methode zur Lösung. Dabei müssen vom Anwender nur eine Startlösung, die Gleichungen innerhalb der Gebiete sowie die Randbedingungen vorgegeben werden. Alle weiteren Schritte zur Lösung werden von der Software selbstständig durchgeführt, und sogar die Auswertung der Lösung, das sogenannte Postprocessing, konnte automatisiert werden.

Das mathematische Vorgehen der Finite-Elemente-Methode besteht darin, die zu lösenden Gleichungen zunächst mit Hilfe der variationellen Formulierung umzuformulieren, indem eine Testfunktion φ eingeführt wird. Dann wird das Gebiet in eine Anzahl finiter Elemente zerlegt. Dies führt dazu, dass die Gleichungen diskretisiert werden können, woraus schließlich ein Gleichungssystem resultiert, welches numerisch gelöst werden kann. Die numerische Lösung des FEM-Mikrostrukturmodells ist aufgrund von zwei Eigenschaften sehr anspruchsvoll: Zum einen werden nichtlineare Gleichungen beispielsweise zur Berechnung der Nernstspannung (2.1) oder der Sauerstoffionengleichgewichtskonzentration (4.17) eingesetzt. Zum anderen sind die drei Transportphänomene über Randbedingungen gegenseitig miteinander gekoppelt (Gasdiffusion $\leftrightarrow$ Festkörperdiffusion $\leftrightarrow$ ionische Leitung).

3.3.1 Variationelle Formulierung

Die variationelle Formulierung wird anhand der Poisson-Gleichung gezeigt, da die im FEM-Mikrostrukturmodell auftretenden Laplace-Gleichungen ((4.3)[15], (4.7) und (4.12)), mit $f = 0$, ein Spezialfall der Poisson-Gleichung sind. Zunächst wird die Poisson-Gleichung

$$\begin{aligned} -\Delta u &= f, & \text{in } \Omega \\ Bu &= g, & \text{auf } \Gamma = \partial\Omega \end{aligned} \tag{3.12}$$

---

[15] Die Abhängigkeit des Diffusionskoeffizienten von der Lösung x_{O_2} wird vernachlässigt.

allgemein auf einem konvexen Gebiet Ω betrachtet. Hierbei gilt $f \in V'$ und $u \in V$, wobei V und V' zwei Hilberträume [105] sind, und der Operator B ist definiert durch $B : V \to \mathbb{R}$.

Durch die Multiplikation mit einer Testfunktion φ, nachfolgende Integration und schließlich Anwendung des Satzes von Gauß folgt

$$\int_\Omega \nabla u \nabla \varphi \, d\Omega - \int_\Gamma \nabla u \varphi \bar{n} \, d\Gamma \;\; = \;\; \int_\Omega f \varphi \, d\Omega \qquad \forall \varphi \in V. \tag{3.13}$$

Bei der Herleitung dieser Gleichung wurde genutzt, dass die Testfunktion φ bei der FEM, einem Galerkin-Verfahren, im gleichen Raum V wie die Lösung u liegt [98]. Diese Gleichung kann je nach Typ der Randbedingung noch vereinfacht werden, indem diese in (3.13) eingesetzt wird.

Im FEM-Mikrostrukturmodell für gemischtleitende Kathoden kommen drei verschiedene Typen an Randbedingungen vor:
- Dirichlet: Vorgabe des Potentials an der Gegenelektrode
- Neumann: Elektrische Isolation zwischen Elektrolyt und Poren
- Robin: Kopplungen zwischen den verschiedenen Transportphänomenen (Gasdiffusion $\leftrightarrow$ Festkörperdiffusion $\leftrightarrow$ ionische Leitung)

Insbesondere die Robin-Randbedingungen sind wichtig, da diese die drei Transportphänomene untereinander koppeln. Die Kopplung erfolgt dabei gegenseitig, da in die Gleichungen (4.17) (bzw. (4.4)/(4.5)) und (4.8) jeweils beide, die Transportphänomene beschreibenden, Variablen eingehen. Folglich genügt die Vorgabe von vier Randbedingungen – je ein Partialdruck und ein Potential am Stromsammler/Gasverteiler und an der Unterseite des Elektrolyten (vgl. Abschnitt 4.2.1) – für alle anderen im Modell auftretenden Randbedingungen.

3.3.2 Diskretisierung

Die Diskretisierung des Gebiets ist notwendig, um eine numerische Berechnung der Variationsgleichung (3.13) zu ermöglichen. Dabei wird das kontinuierliche Problem in ein diskretes, numerisch lösbares Problem überführt. Das Gebiet wird hierfür durch ein Rechengitter (Mesh) in eine endliche Anzahl von (finiten) Elementen zerlegt. Damit liegt nicht mehr der unendlich dimensionale Raum V zugrunde, sondern ein endlich-dimensionaler Teilraum $V_h \subset V$ mit $N := \dim(V_h) < \infty$. Durch die Diskretisierung entsteht ein Fehler und die Lösung des diskretisierten Problems ist eine Approximation der Lösung des kontinuierlichen Problems. Der Fehler kann jedoch in manchen Fällen abgeschätzt werden.

Die Wahl des Rechengitters ist entscheidend für den Diskretisierungsfehler. Prinzipiell wird der Fehler mit feiner werdendem Rechengitter kleiner, da die kontinuierliche Lösung besser angenähert wird. Für das FEM-Mikrostrukturmodell werden in den Unterkapiteln 5.2.1 und 5.2.2 Untersuchungen zum verwendeten Rechengitter angestellt.

Die kontinuierliche Poisson-Gleichung (3.13) lautet in der diskretisierten Form

$$\int_\Omega \nabla u_h \nabla \varphi_h \, d\Omega - \int_\Gamma \nabla u_h \varphi_h \bar{n} \, d\Gamma \;\; = \;\; \int_\Omega f \varphi_h \, d\Omega \qquad \forall \varphi_h \in V_h, \tag{3.14}$$

für welche die Lösung $u_h \in V_h$ gesucht wird.

Der Raum V_h besitzt eine endliche Dimension und kann folglich durch eine endliche Basis an Funktionen $\{\varphi_i \in V_h, i = 1, \cdots, N\}$ dargestellt werden. Die Funktionen φ_i werden Ansatz- oder Testfunktionen genannt. Für die Ansatzfunktionen werden meist Polynome eines Grades p verwendet, also $\varphi_i \in \mathbb{Q}_p$. Die diskrete Poisson-Gleichung (3.14) kann durch Einführung der Funktionen φ_i äquivalent zu

$$\int_\Omega \nabla u_h \nabla \varphi_i \, d\Omega - \int_\Gamma \nabla u_h \varphi_i \bar{n} \, d\Gamma \;=\; \int_\Omega f \varphi_i \, d\Omega \qquad i = 1, \cdots, N \tag{3.15}$$

umgeformt werden, da die Operatoren und f linear sind.

Zudem kann die gesuchte Lösung u_h als

$$u_h = \sum_{j=1}^{N} u_j \varphi_j \tag{3.16}$$

dargestellt werden, da die Funktion $u_h \in V_h$ und da die Ansatzfunktionen φ_i eine endliche Basis von V_h bilden. Wird (3.16) in (3.15) eingesetzt, resultiert

$$\sum_{j=1}^{N} u_j \int_\Omega \nabla \varphi_j \nabla \varphi_i \, d\Omega - \sum_{j=1}^{N} u_j \int_\Gamma \nabla \varphi_j \varphi_i \bar{n} \, d\Gamma \;=\; \int_\Omega f \varphi_i \, d\Omega \qquad i = 1, \cdots, N. \tag{3.17}$$

Diese Gleichung lässt sich mit dem Lösungsvektor $u_h = (u_1, \cdots, u_N)$ der rechten Seite $b_h = \left(\int_\Omega f \varphi_i \, d\Omega \right)_{1,\cdots,N}$ und der Steifigkeitsmatrix A_h kompakt als lineares (algebraisches) Gleichungssystem darstellen:

$$A_h \cdot u_h = b_h. \tag{3.18}$$

Die Einträge der Steifigkeitsmatrix A_h werden über $a_{ij} = \int_\Omega \nabla \varphi_j \nabla \varphi_i \, d\Omega - \int_\Gamma \nabla \varphi_j \varphi_i \bar{n} \, d\Gamma$ bestimmt.

Das Gleichungssystem (3.18) wird maßgeblich durch die Wahl des Ansatzraumes V_h und der Basis $\{\varphi_i \in V_h, i = 1, \cdots, N\}$ bestimmt. Diese Punkte werden hier nicht ausführlich behandelt, sondern es soll im nächsten Abschnitt eine anschauliche Darstellung nach Schwarz [106] gegeben werden.

3.3.2.1 Anschauliche Darstellung

Das Gebiet wird durch das Rechengitter vollständig in finite Elemente zerlegt (vgl. Abbildung 21 a)). Als Elemente werden geometrisch einfache Teilgebiete wie Tetraeder im Raum oder Dreiecke in der Fläche gewählt. Der Rand des Gebiets wird ggf. durch die Form der Elemente angenähert. Diese Approximation wird jedoch mit zunehmender Zahl an Elementen besser. Das Rechengitter besteht folglich aus einer Anzahl N an Knoten, welche durch die Elemente erzeugt werden. Die Lösung u_h wird für die Knoten des Rechengitters bestimmt.

Wie in Abbildung 21 b) gezeigt werden N Ansatzfunktionen so gewählt, dass diese jeweils den Wert eins in genau einem der N Knoten annehmen und in allen anderen Knoten gleich Null sind. Die Ansatzfunktionen sind zudem nur innerhalb der finiten Elemente von Null verschieden, die den Knoten gemeinsam haben, an dem die jeweilige Ansatzfunktion den Wert eins aufweist. In Abbildung 21 b) wurden lineare Ansatzfunktionen gewählt. Es können jedoch auch andere Ansatzfunktionen gewählt werden. Diese sollten hinsichtlich beispielsweise der Stetigkeit oder Differenzierbarkeit zu einer gegebenen Problemstellung passende Eigenschaften aufweisen.

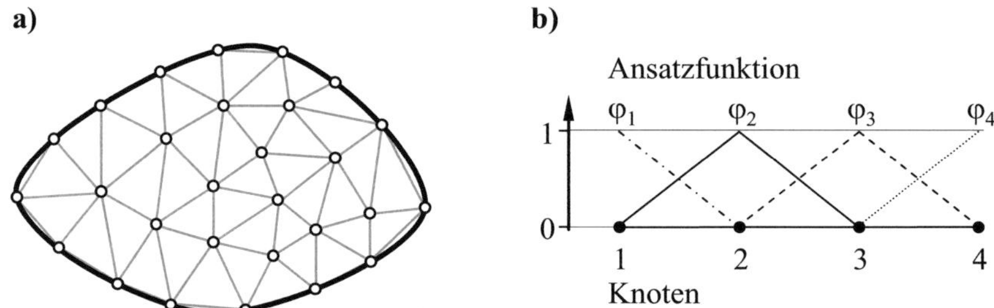

Abbildung 21: Anschauliche Darstellung der Finite-Elemente-Methode (FEM)
a) Diskretisierung des Gebiets b) Wahl der Ansatzfunktionen

Die hier dargestellte Vorgehensweise bei der Diskretisierung des Gebiets und der Wahl der Ansatzfunktionen erfüllt Gleichung (3.16) und führt somit zu Gleichung (3.18). Insgesamt kann damit das ursprüngliche Problem von Gleichung (3.12) approximiert und numerisch gelöst werden.

3.3.3 Numerische Lösung

Im ersten Schritt der numerischen Lösung müssen die Steifigkeitsmatrix A_h und die rechte Seite b_h aufgestellt werden. Die gesuchte Lösung u_h lässt sich dann einfach nach Gleichung (3.18) bestimmen. Falls sowohl die Quellen bzw. Senken f als auch die Randbedingungen mit B und g in Gleichung (3.12) nicht von der Lösung abhängig sind, kann die Lösung direkt in einem Schritt bestimmt werden. Doch gerade dies ist bei dem FEM-Mikrostrukturmodell nicht der Fall.

Für die drei im FEM-Mikrostrukturmodell berücksichtigten Transportphänomene wird jeweils ein Gleichungssystem der Form (3.18) aufgestellt. Hierbei gilt bei gemischtleitenden Kathoden für die gesuchte Lösung $u = x_{\mathrm{O}_2}$ bzw. $u = c_{\mathrm{O}^{2-}}$ oder $u = \Phi_{\mathrm{El}}$. Dementsprechend wird Gleichung (3.12) um einen passenden, im Fall der Gasdiffusion von der Lösung x_{O_2} abhängigen, Transportkoeffizienten erweitert. Die drei Transportprozesse sind jedoch untereinander über Robin-Randbedingungen gekoppelt. Daher gehen beim Aufstellen der Steifigkeitsmatrizen A_h und rechten Seiten b_h die jeweils anderen Lösungen ein. Die Lösung muss folglich ausgehend von einer Startlösung iterativ bestimmt werden. In jedem Lösungsschritt wird die Lösung des vorhergehenden Schrittes eingesetzt, um die Matrizen und Vektoren aufzustellen. Die Startlösung sollte gut gewählt sein, um die Konvergenz der Lösung sicherzustellen. Die Konvergenz ist ein Maß für die Abweichung der aktuellen Lösung zur Lösung des vorhergehenden Iterationsschritts. Für das FEM-Mikrostrukturmodell bietet sich an, die triviale Lösung für $\eta_{\mathrm{Model}} = 0\ \mathrm{V}$ (ohne Strombelastung) einzusetzen. Im Allgemeinen kann es jedoch vorkommen, dass sich keine Konvergenz erzielen lässt.

Die Berechnung der Lösung des FEM-Mikrostrukturmodells ist darüber hinaus numerisch anspruchsvoll, denn die Transportkoeffizienten und Randbedingungen werden durch stark nichtlineare Gleichungen beschrieben. Dies macht eine Linearisierung des Systems im jeweiligen Iterationsschritt notwendig und kann zu verstärkten Konvergenzproblemen führen.

Auf die konkrete Umsetzung der Lösung des FEM-Mikrostrukturmodells wird nicht weiter eingegangen werden, da innerhalb von COMSOL Multiphysics® nur die bereit gestellten Löser verwendet werden können. Grundsätzlich gibt es eine Reihe von direkten und iterativen Lösern, die sich hinsichtlich der Genauigkeit, des Rechenaufwands und des Speicherplatzbedarfs unterscheiden. Für das FEM-Mikrostrukturmodell wurde mit dem direkten UMFPACK-Löser gearbeitet.

3.4 Modelle für gemischtleitende Kathoden

Aus der Literatur können drei verschiedene Modelle für gemischtleitende Kathoden entnommen werden. Im einfachsten Fall wird eine dichte Kathodenschicht betrachtet. Für diese kann mit den Gleichungen von Maier [22] und Søgaard [17] ein analytisches 1D-Modell hergeleitet werden. In dem rotationssymmetrischen 2D-FEM-Modell von Fleig [107] wird eine Säule aus Partikeln mit ungefähr 25 % Porosität betrachtet. Mit dieser Geometrie wird die reale Mikrostruktur stark vereinfacht wiedergegeben. Auf Basis der Berechnungsergebnisse wird dann ein analytisches Modell abgeleitet und angegeben. In Adlers [2;108] analytischem 1D-Modell wird die Mikrostruktur als homogenisiertes Medium betrachtet und durch entsprechende Kenngrößen, wie die Volumenanteile, die volumenspezifische Oberfläche a und die Tortuosität τ, beschrieben. Die Ermittlung dieser Kenngrößen ist jedoch nicht Gegenstand des Adler-Modells.

Die in den drei Modellen verwendeten Gleichungen werden hier wiedergeben. Diese wurden zum Teil so umgeformt, dass die später angegebenen Materialparameter (u.a. k^δ und D^δ) direkt eingesetzt werden können.

3.4.1 Dichte Kathodenschicht

Der flächenspezifische Widerstand einer dichten, gemischtleitenden Kathode kann mit einem, anhand von Maier [22] und Søgaard [17] hergeleiteten, analytischen 1D-Modell berechnet werden. In diesem Fall kann der Gesamtwiderstand ASR_{Cat} als Serienschaltung der durch den Austausch mit der Gasphase (ASR_{surface}), die Festkörperdiffusion (ASR_{bulk}) und den Ladungstransfer (ASR_{ct}) verursachten Verluste beschrieben werden:

$$ASR_{\mathrm{Cat}} = ASR_{\mathrm{surface}} + ASR_{\mathrm{bulk}} + ASR_{\mathrm{ct}} . \tag{3.19}$$

Für die flächenspezifischen Austausch- und Festkörperdiffusions-Widerstände können analytische Ausdrücke hergeleitet werden. Für den Beitrag des Oberflächenaustauschs zu den Gesamtverlusten ergibt sich

$$ASR_{\mathrm{surface}} = \frac{U_{\mathrm{Nernst,surface}}}{2F\cdot\left(-\bar{n}\cdot j_{\mathrm{diff,O^{2-}}}\right)} = \frac{\dfrac{RT}{4F}\cdot\ln\left(\dfrac{p_{\mathrm{O_2,GC}}}{p_{\mathrm{O_2,MIEC,GC}}}\right)}{2F\cdot\left(-k^\delta\cdot\left(c_{\mathrm{O^{2-},GC}} - c_{\mathrm{O^{2-},eq}}\right)\right)} \quad \mathrm{bzw.}$$

$$ASR_{\text{surface}} \;=\; \frac{RT}{8F^2}\cdot\ln(10)\cdot\frac{1}{k^\delta}\cdot\frac{\log(p_{O_2,\text{GC}})-\log(p_{O_2,\text{MIEC,GC}})}{c_{O^{2-},\text{eq}}-c_{O^{2-},\text{GC}}}. \tag{3.20}$$

Der Beitrag der Festkörperdiffusion wird berechnet mit

$$ASR_{\text{bulk}} \;=\; \frac{U_{\text{Nernst,bulk}}}{2F\cdot j_{\text{diff},O^{2-}}} = \frac{\dfrac{RT}{4F}\cdot\ln\!\left(\dfrac{p_{O_2,\text{MIEC,GC}}}{p_{O_2,\text{MIEC,IF}}}\right)}{2F\cdot\left(-D^\delta\cdot\dfrac{\left(c_{O^{2-},\text{GC}}-c_{O^{2-},\text{eq}}\right)}{l_{\text{Cat}}}\right)}$$

$$\;=\; \frac{RT}{8F^2}\cdot\ln(10)\cdot\frac{l_{\text{Cat}}}{D^\delta}\cdot\frac{\log(p_{O_2,\text{MIEC,GC}})-\log(p_{O_2,\text{MIEC,IF}})}{c_{O^{2-},\text{GC}}-c_{O^{2-},\text{IF}}} \tag{3.21}$$

Der Sauerstoffpartialdruck im gemischtleitenden Material $p_{O_2,\text{MIEC}}$ ergibt sich als der Wert, bei dem das gemischtleitende Material entsprechend der lokal vorliegenden Sauerstoffionenkonzentration $c_{O^{2-}}$ im Gleichgewicht wäre [17]. In dieser Arbeit wird zur Modellierung ein linearer Zusammenhang zwischen $c_{O^{2-}}$ und $\log(p_{O_2,\text{MIEC}})$ verwendet, der in Abschnitt 4.5 näher erläutert wird. Dieser kann zu

$$\log(p_{O_2,\text{MIEC}})=\frac{c_{O^{2-}}-y}{g} \tag{3.22}$$

umgestellt werden. Folglich kann

$$ASR_{\text{Cat}}=\frac{RT}{8F^2}\cdot\ln(10)\cdot\frac{1}{g}\cdot\left(\frac{1}{k^\delta}+\frac{l_{\text{Cat}}}{D^\delta}\right)+ASR_{\text{ct}} \tag{3.23}$$

zur Berechnung des flächenspezifischen Widerstands einer dichten Kathodenschicht aus gemischtleitendem Material hergeleitet werden.

Der Anteil der flächenspezifischen Widerstände ASR_{surface} und ASR_{bulk} hängt mit der Kathodendicke l_{Cat} zusammen. Entsprechend der Herleitung für Sauerstoffmembranen [1] kann eine charakteristische Dicke

$$l_{\text{c}}=\frac{D^\delta}{k^\delta} \tag{3.24}$$

bestimmt werden, für welche die Verlustanteile gleich groß sind. Wie bei den Sauerstoffmembranen, können für die dichte gemischtleitende Kathodenschicht zwei Bereiche angegeben werden: (i) für $l_{\text{Cat}}<l_{\text{c}}$ gilt näherungsweise $ASR_{\text{Cat}}=ASR_{\text{surface}}$. Der Wert von ASR_{Cat} wird allein von k^δ bestimmt und ist somit austauschkontrolliert; (ii) für $l_{\text{Cat}}>l_{\text{c}}$ gilt näherungsweise $ASR_{\text{Cat}}=ASR_{\text{bulk}}$. Der Wert von ASR_{Cat} wird allein von D^δ bestimmt und ist damit diffusionskontrolliert.

3.4.2 Rotationssymmetrisches 2D-FEM-Modell

Der flächenspezifische Widerstand für eine Kathode mit etwa 25 % Porosität wurde mit einem rotationssymmetrischen 2D-FEM-Modell von Fleig [107] berechnet. Dabei setzt sich die Geometrie aus einzelnen Partikeln der Größe ps zusammen. Die Berechnungsergebnisse können mit Hilfe von analytischen Gleichungen beschrieben werden. Für $ps > l_c$ kann der flächenspezifische Widerstand nach

$$ASR_{Cat} = \frac{ps}{4 \cdot \alpha \cdot \sigma_{MIEC}} + \frac{8}{\pi} \cdot \sqrt{\frac{R_k \cdot ps}{\sigma_{MIEC}}} \tag{3.25}$$

berechnet werden (entspricht Gleichung (1) in [107]). Für $ps < l_c$ lässt sich der flächenspezifische Widerstand mit

$$ASR_{Cat} = \frac{8}{\pi} \cdot \sqrt{\frac{R_k \cdot ps}{\sigma_{MIEC}}} \cdot \coth\left(l_{Cat} \cdot \sqrt{\frac{4}{R_k \cdot ps \cdot \sigma_{MIEC}}} \right) \tag{3.26}$$

angeben (entspricht der Gleichung (2) in [107]). Die nach den Gleichungen (3.25) und (3.26) berechneten Werte sind für $ps = l_c$ gleich.

Der flächenspezifische Widerstand R_k beschreibt die Verluste aufgrund des Austauschs zwischen der gemischtleitenden Kathode und der Gasphase. Die ionische Leitfähigkeit σ_{MIEC} gibt die mit der Festkörperdiffusion im gemischtleitenden Material einhergehenden Verluste wieder. Beide Parameter müssen bestimmt werden, um die Berechnung der flächenspezifischen Widerstände mit den Gleichungen (3.25) und (3.26) zu ermöglichen. Die Parameter lassen sich mit

$$R_k = \frac{\gamma \cdot k \cdot T}{k^\delta \cdot 4 \cdot e^2 \cdot c_{mc} \cdot N_A} \tag{3.27}$$

und

$$\sigma_{MIEC} = \frac{D^\delta \cdot 4 \cdot e^2 \cdot c_{mc} \cdot N_A}{\gamma \cdot k \cdot T} \tag{3.28}$$

aus den Materialparametern von gemischtleitenden Materialien berechnen. Anhand der Gleichungen können für eine gemischtleitende Kathode mit etwa 25 % Porosität drei verschiedene Kontrollmechanismen unterschieden werden: Für $ps \ll l_c$ gilt näherungsweise

$$ASR_{Cat} = \frac{8}{\pi} \cdot \frac{R_k \cdot ps}{l_{Cat}}, \text{ mit } R_k \sim \frac{1}{k^\delta} \tag{3.29}$$

und der Wert des flächenspezifischen Kathodenwiderstands ist austauschkontrolliert; Für $ps \gg l_c$ gilt näherungsweise

$$ASR_{Cat} = \frac{ps}{4 \cdot \alpha \cdot \sigma_{MIEC}}, \text{ mit } \sigma_{MIEC} \sim D^\delta \tag{3.30}$$

und der Wert des flächenspezifischen Kathodenwiderstands ist diffusionskontrolliert; Dazwischen wird der Wert des flächenspezifischen Kathodenwiderstands nach den Gleichungen (3.25) und (3.26) vom Wert beider Parameter k^δ und D^δ bestimmt und ist somit gemischtkontrolliert.

3.4.3 Betrachtung als homogenes Medium

Der Widerstand einer gemischtleitenden Kathode kann nach Adler [2;108] mit

$$ASR_{\text{Cat}} = \left(\frac{RT}{2F^2}\right) \cdot \sqrt{\frac{\tau \cdot \gamma^2}{(1-\varepsilon) \cdot a \cdot c_{\text{mc}}^2 \cdot k^\delta \cdot D^\delta}} \cdot \tanh\left(\frac{l_{\text{Cat}}}{\delta}\right)^{-1} \tag{3.31}$$

berechnet werden[16]. Diese Gleichung wurde unter Verwendung der Gleichungen (23) und (24) (in [2]) aus den Gleichungen (3) und (9) (in [108]) hergeleitet, wobei für den Faktor $f = 1$ angenommen wurde. Die in [108] verwendeten Materialparameter k^* und D^* wurden mit den Gleichungen (2.9) und (2.10) durch k^δ und D^δ ersetzt. Die Eindringtiefe δ ist ein Maß für die ionische Stromdichte $j_{\text{diff,z}}$ in der Kathode [2]. Der ionische Strom hat den größten Wert an der Kathoden/Elektrolyt-Grenzfläche und zeigt innerhalb der Kathodenstruktur einen mit zunehmendem Abstand zur Grenzfläche exponentiell abfallenden Verlauf. Dabei nimmt die ionische Stromdichte in einem Abstand von δ einen Wert von ungefähr 36 % des Maximal-Werts an. Die Eindringtiefe für die unendlich dicke Kathode

$$\delta = \sqrt{\frac{(1-\varepsilon)}{\tau} \cdot \frac{l_{\text{c}}}{a}} \tag{3.32}$$

kann direkt aus den Mikrostruktur- und den Materialparametern berechnet werden. Die kritische Dicke l_{c} wird mit der Porosität ε, der Tortuosität τ und der volumenspezifischen Oberfläche a gewichtet.

Für den flächenspezifischen Widerstand können zwei Näherungen abgeleitet werden. Für $l_{\text{Cat}} < \delta$ ergibt sich ein austauschkontrollierter Bereich, in dem der Wert des flächenspezifischen Widerstands

$$ASR_{\text{Cat}} = \left(\frac{RT}{2F^2}\right) \cdot \frac{\gamma}{l_{\text{Cat}} \cdot a \cdot c_{\text{mc}} \cdot k^\delta} \tag{3.33}$$

nur vom Wert des Parameters k^δ bestimmt wird. Und für $l_{\text{Cat}} > \delta$ ergibt sich ein gemischtkontrollierter Bereich, in dem der Wert des flächenspezifischen Widerstands

$$ASR_{\text{Cat}} = \left(\frac{RT}{2F^2}\right) \cdot \sqrt{\frac{\tau \cdot \gamma^2}{(1-\varepsilon) \cdot a \cdot c_{\text{mc}}^2 \cdot k^\delta \cdot D^\delta}} \tag{3.34}$$

vom Wert beider Parameter k^δ und D^δ bestimmt wird.

---

[16] Die Gleichung gilt für den Gleichstromfall. Der tanh-Term ist nach Gleichung (9) in [108] frequenzabhängig.

Bei den später durchgeführten Untersuchungen ergibt sich die Frage nach der minimalen Schichtdicke, bei der die zwei Widerstände gleich groß werden. Durch Gleichsetzen erhält man aus (3.33) und (3.34) die minimale Kathodendicke

$$l_{\text{Cat,min}} = \sqrt{\frac{(1-\varepsilon)\cdot l_{\text{c}}}{\tau \cdot a}} = \delta. \tag{3.35}$$

Der Vollständigkeit halber soll die für eine Simulation der Impedanzspektren notwendige Zeitkonstante t_{chem} nach Gleichung (4) (in [108]) ebenfalls übertragen werden. Es ergibt sich

$$t_{\text{chem}} = \frac{(1-\varepsilon)}{a} \cdot \frac{c_{\text{O}^{2-}}}{c_{\text{mc}}} \cdot \frac{1}{k^{\delta}}. \tag{3.36}$$

Zur Berechnung ist die Konzentration der Plätze für die Sauerstoffionen im Gitter c_{mc} notwendig (vgl. Gleichung (2.8) und Anhang G). Zur Herleitung von Gleichung (3.36) wurde ein Zusammenhang zwischen den thermodynamischen Faktoren γ – für die Sauerstoffionen-konzentration nach Gleichung (2.11) – und $\gamma_{V_{\text{O}}^{\bullet\bullet}}$ – für die Leerstellen – verwendet. Dieser lässt sich, wenn von einer konstanten Anzahl an Gitterplätzen c_{mc} ausgegangen wird, näher-ungsweise mit

$$\gamma_{V_{\text{O}}^{\bullet\bullet}}(p_{\text{O}_2}) = \frac{c_{\text{mc}} - c_{\text{O}^{2-}}(p_{\text{O}_2})}{c_{\text{O}^{2-}}(p_{\text{O}_2})} \cdot \gamma(p_{\text{O}_2}) \tag{3.37}$$

angeben. Im Gegensatz zu γ weist $\gamma_{V_{\text{O}}^{\bullet\bullet}}$ eine starke Abhängigkeit vom Sauerstoffpartialdruck auf.

4 FEM-Mikrostrukturmodell für Elektroden

In diesem Kapitel wird das in dieser Arbeit entwickelte FEM-Mikrostrukturmodell[17] ausführlich vorgestellt. Im ersten Unterkapitel 4.1 wird der Modellansatz anhand von Random-Resistor-Network-Modellen motiviert. Dann wird im Unterkapitel 4.2 die Implementierung des FEM-Mikrostrukturmodells erläutert. In Unterkapitel 4.3 wird gezeigt, wie für das Modell mikrostrukturelle Kenngrößen – volumenspezifische Dreiphasengrenzlänge bzw. Oberfläche und die Tortuosität – bestimmt werden können. In den Unterkapiteln 4.4 und 4.5 wird dann dargestellt, wie die physikalischen Vorgänge in verschiedenen Elektrodentypen modelliert werden beziehungsweise welche materialspezifischen Parameter verwendet werden. In Unterkapitel 4.6 folgt abschließend eine Zusammenfassung dieses Kapitels.

4.1 Modellansatz

Die Arbeiten von Sunde [6;74;78;83-87] zu Random-Resistor-Network-Modellen zeigen, dass die Mikrostruktur der Elektrode mit einer vereinfachten Geometrie (Dünnfilm- oder Porenmodellen [75-77]) oder homogenisierten Ansätzen (Theorie der porösen Elektroden [67;78] oder Kettenleitermodelle [47;79-82]) nicht ausreichend berücksichtigt wird. In RRN-Modellen wird ein Widerstandsnetzwerk verwendet, um die Geometrie einer zufällig erzeugten Mikrostruktur abzubilden. Hierbei treten jedoch zwei Schwierigkeiten auf: (i) die Mikrostruktur muss durch die Konnektivität des Netzwerks und die Werte der Widerstände abgebildet werden; (ii) die ablaufenden physikalischen Vorgänge – Transportphänomene und Elektrochemie – müssen durch Widerstände repräsentiert werden. In dieser Arbeit wird die Finite-Elemente-Methode (FEM) verwendet, bei der diese Schwierigkeiten nicht auftreten. In den folgenden Abschnitten (4.1.1 bis 4.1.3) werden die angesprochenen Punkte näher betrachtet und dann wird auf die Umsetzung mittels FEM-Modellen eingegangen (4.4.1).

4.1.1 Abbildung der Mikrostruktur

Bei der Abbildung der zufälligen Mikrostruktur mit Hilfe des Widerstandsnetzwerks kann es Schwierigkeiten geben. In Abbildung 22 ist die Berechnung mit einem Widerstandsnetzwerk und mit einem FEM-Modell für zwei verschiedene Fälle dargestellt. Betrachtet werden zwei Partikel, die sich übereinander bzw. nebeneinander befinden. Werden die zwei Geometrien in ein Widerstandsnetzwerk überführt, dann liefern diese in beiden Fällen den gleichen Strom bzw. den gleichen Gesamtwiderstand. Werden die Partikel jedoch in einem FEM-Modell nachgebildet und wird dann die Stromdichteverteilung innerhalb der Partikel berechnet, resultieren unterschiedliche Gesamtströme I_1 und I_2. Der Widerstand der nebeneinander angeordneten Partikel ist geringer und für die Ströme gilt ungefähr $I_2 = 1{,}27 \cdot I_1$. Der Widerstand von zwei Partikeln hängt also nicht nur von der Verbindung zwischen den zwei Partikeln, sondern auch von den Randbedingungen ab.

Eine weitere Herausforderung ist die Bestimmung der Widerstandswerte. Dabei spielt die konkrete Ausprägung des Sinterhalses zwischen zwei Partikeln eine Rolle. Wird das am Übergang zur Verfügung stehende Material vollständig und gleichmäßig zum Transport ausgenutzt oder gibt es Stromeinschnürungen und Bereiche mit geringerer Stromdichte? Meist wird bei der Transformation in das Widerstandsnetzwerk ein abgeschätzter, konstanter Wert für alle Widerstände verwendet. Im Gegensatz dazu können mit Hilfe von FEM-

---

[17] FEM-Mikrostrukturmodell – Das Modell enthält eine Mikrostruktur und die Lösung erfolgt numerisch (FEM)

Modellen genauere Werte für Widerstände zwischen den Partikeln berechnet werden. Die Abbildung der Geometrie mit einem Widerstandsnetzwerk ist folglich eine Näherung.

Trotzdem bleibt der Ansatz der RRN-Modelle interessant, da am Anfang eine zufällige Mikrostruktur steht. Zudem ist fraglich, ob der viel größere Aufwand einer FEM-Berechnung gerechtfertigt ist, um einen möglicherweise kleinen Zugewinn an Genauigkeit zu erzielen. Darüber hinaus sind mit den RRN-Modellen im Allgemeinen größere Volumina berechenbar als in FEM-Modellen. Dies kann dazu führen, dass nur noch RRN-Modelle für die Berechnung ausreichend großer Modelle einsetzbar sind.

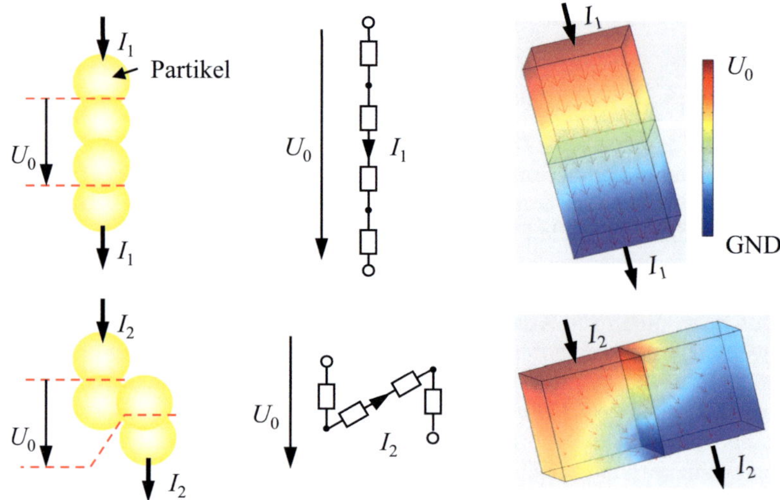

Abbildung 22: Random-Resistor-Network (RRN) und Finite-Elemente-Methode (FEM)
Vergleich RRN- und FEM-Berechnungsergebnis für zwei verschiedene mikrostrukturelle Konfigurationen.

4.1.2 Erweiterung der RRN-Modelle

Das Ergebnis der Berechnung mit einem Widerstandsnetzwerk lässt sich verbessern, indem die Partikel wie bei FEM-Modellen besser aufgelöst werden und nicht nur ein Knoten pro Partikel betrachtet wird. In Abbildung 23 wird gezeigt, wie das Widerstandsnetzwerk aussehen kann, wenn ein bzw. acht Knoten in einem Partikel verwendet werden. Für die zweite Geometrie aus Abbildung 22 ergibt sich mit jeweils acht Knoten pro Partikel das rechts dargestellte Widerstandsnetzwerk. Zur Berechnung lässt sich dieses Widerstandsnetzwerk zu dem in Abbildung 24 gezeigten vereinfachen.

Bei Verwendung von acht Knoten pro Partikel wird für die zwei nebeneinander angeordneten Partikel ein 1,4-fach größerer Strom bzw. kleinerer Widerstand als für die übereinander angeordneten Partikel berechnet. Dieses Ergebnis stimmt viel besser mit dem durch das FEM-Modell zu 1,27 bestimmten Faktor überein. Durch eine Verfeinerung wird das Ergebnis des RRN-Modells also ähnlicher zu dem des FEM-Modells.

Bei beiden Verfahren, den RRN- und den FEM-Modellen, hängt die Genauigkeit mit der Anzahl der Knoten bzw. der finiten Elemente zusammen. Doch während sich die Verfeinerung des Rechengitters (Meshs) in einem FEM-Modell unabhängig von der Geometrie automatisiert darstellt und eine Vorgehensweise zur Bestimmung des optimalen Rechengitters, welche in Abschnitt 5.2.1 erläutert wird, zur Verfügung steht, muss für die Verfeinerung des RRN eine geeignete Transformationsvorschrift für den Übergang von der Geometrie zum Widerstandsnetzwerk gefunden werden. Bei Verwendung von einem Knoten pro Partikel stellt sich die Transformation einfach dar. Das gezeigte Beispiel, mit acht Knoten pro Partikel, funktioniert nur deshalb (so gut), da genau zwei Partikel, die zusätzlich genau nebeneinander liegen, miteinander verbunden sind. Für mehrere Knoten pro Partikel wurde bis jetzt im Zusammenhang mit Brennstoffzellen kein Algorithmus zur Transformation der Geometrie in ein Widerstandsnetzwerk veröffentlicht.

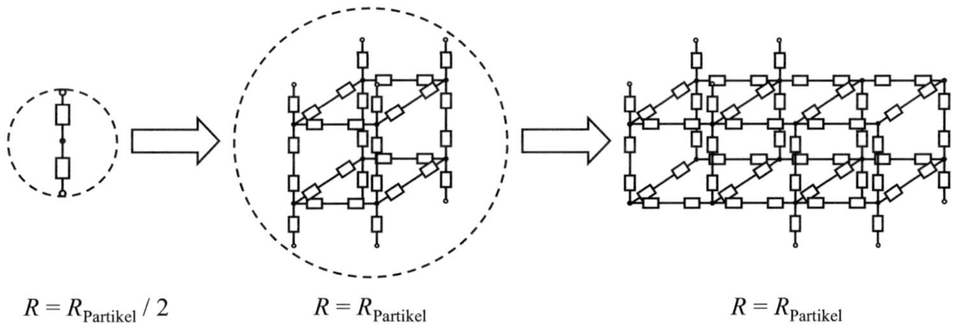

Abbildung 23: RRN-Modelle unterschiedlicher Auflösung
Die Auflösung der Geometrie kann verbessert werden, indem anstelle eines Knotens im Mittelpunkt eines Partikels (links) acht Knoten in einem Partikel (Mitte) verwendet werden. Daraus folgt das Widerstandsnetzwerk für zwei nebeneinander angeordnete Partikel mit jeweils acht Knoten (rechts).

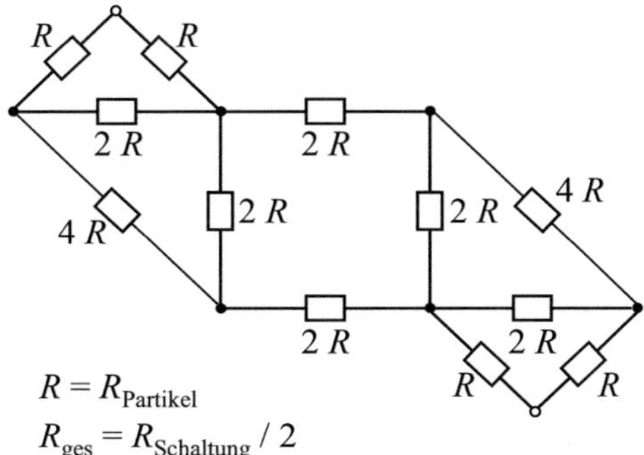

Abbildung 24: Zur Berechnung vereinfachtes, besser aufgelöstes Widerstandsnetzwerk

4.1.3 Physikalische Vorgänge

Die in Elektroden ablaufenden physikalischen Vorgänge werden in RRN-Modellen durch Widerstände beschrieben. Dies bedeutet, dass die Vorgänge nicht mehr mit den Originalgleichungen beschrieben werden und insbesondere, dass eventuell auftretende nichtlineare Vorgänge durch das Widerstandsnetzwerk linearisiert dargestellt werden. Folglich ist das Berechnungsergebnis eine Näherung und die beschreibenden materialspezifischen und mikrostrukturellen Parameter müssen in Widerstandswerte umgerechnet werden. Für diesen Umrechnungsschritt sind bei einer Änderung des physikalischen Modells neue Gleichungen herzuleiten. Zudem sind die Umrechnungen bei jeder Berechnung zu einem neuen Parametersatz erforderlich.

Eine besondere Herausforderung bedeutet die Transformation von parallel ablaufenden miteinander verkoppelten Transportphänomenen in ein Widerstandsnetzwerk. Dadurch stellt sich die Ergänzung von RRN-Modellen um weitere physikalische Phänomene, wie beispielsweise die Gasdiffusion, schwierig dar. Und nicht zuletzt ist es bei der Transformation in ein Widerstandsnetzwerk möglich, dass Perkolationsphänomene nur unzureichend berücksichtigt werden, denn im Widerstandsnetzwerk kann nicht mehr unterschieden werden, welche Spezies (Elektronen, Gasmoleküle oder Ionen) transportiert werden und wie diese miteinander wechselwirken (Kontinuität – Teilchenerhaltung). Im Gegensatz dazu können die physikalischen Vorgänge in FEM-Modellen so wie diese sind berücksichtigt werden, denn die Gleichungen können direkt verwendet werden.

4.1.4   Finite-Elemente-Methode

Der erste Schritt bei der Erstellung eines FEM-Modells ist normalerweise die Festlegung der Geometrie. Die zugrundeliegende Idee dieser Arbeit ist jedoch die Mikrostruktur, wie bei den RRN-Modellen, innerhalb eines repräsentativen Volumenelements (RVE) nachzubilden. Realisierungen für die Mikrostruktur werden zufällig generiert und die in der Elektrode ablaufenden physikalischen Vorgänge werden ortsaufgelöst berechnet.

Das RVE muss ausreichend groß sein, um als Ergebnis der Berechnung für beliebige Realisierungen dieselbe mittlere Eigenschaft aufzuweisen, denn die Mikrostruktur wird auf Basis von stochastischen Größen generiert [109]. Dieses Konzept wurde, für Fälle in denen die Berechnung eines ausreichend großen RVE nicht möglich ist, auf stochastisch äquivalente repräsentative Volumenelemente (SERVE) erweitert. Die Ergebnisse von mehreren Realisierungen des SERVE werden berechnet, um die mittlere Eigenschaft zu bestimmen. Mit zunehmender Größe des berücksichtigten Volumens geht das SERVE in das RVE über [110]. In dieser Arbeit wird das Konzept des SERVE verwendet, welches jedoch wie in anderen Publikationen als RVE bezeichnet wird [111].

Das Konzept des RVE ist im Rahmen von FEM-Modellen bereits bekannt. Dabei werden meist jedoch nur Materialeigenschaften entsprechend der Mikrostruktur ortsaufgelöst zugewiesen. Für die Berechnung von Elektroden ist die Zuweisung von Materialeigenschaften allein ungenügend. Vielmehr müssen die zu berechnenden Gleichungen und die Kopplungen zwischen den Transportphänomenen über Randbedingungen ortsaufgelöst angesetzt werden. Genau dies ist der entscheidende Punkt – eine reale Mikrostruktur besteht innerhalb eines ausreichend großen Volumens aus mehreren hundert Partikeln, folglich muss eine geeignete Beschreibung der Mikrostruktur gefunden werden, die es erlaubt, die Gleichungen und Randbedingungen innerhalb des RVE automatisch entsprechend der Realisierung anzusetzen.

Eine Nebenbedingung für die Mikrostrukturoptimierung ist, dass sich beliebige Mikrostrukturen mit dem FEM-Mikrostrukturmodell umsetzen lassen sollen. In dieser Arbeit wird das komplette Volumen des RVE in symmetrisch angeordnete gleichgroße Kuben zerlegt (vgl. Abbildung 26), um eine Automatisierung zu ermöglichen. Kuben weisen dabei im Vergleich zu anderen Space-Fillern die einfachste Geometrie auf und es gibt außer der Orientierung des Gitters keine Vorzugsrichtung im Raum. Mit steigender Anzahl an Kuben lässt sich die im RVE vorliegende Mikrostruktur immer besser beschreiben. Somit können durch Kuben beliebige und sehr komplexe Mikrostrukturen beschrieben werden. Mit COMSOL Multiphysics® konnte jedoch nur eine Maximalzahl an Kuben von etwa 2500 realisiert werden, so dass die Mikrostruktur innerhalb des RVE approximiert werden muss, wodurch sich – später untersuchte – Einschränkungen ergeben. Prinzipiell jedoch lässt sich der Ansatz einfach für mehr Kuben umsetzen, wenn eine bessere Software (und Hardware) zur Verfügung steht.

4.2 Implementierung

Das in dieser Arbeit entwickelte FEM-Mikrostrukturmodell besteht aus den vier in Abbildung 25 dargestellten Teilen. Das Ergebnis jedes Teilschritts wird abgespeichert und steht somit ohne Rechenzeit für die nachfolgenden Schritte zur Verfügung. Die Teile spiegeln die aufeinanderfolgenden Schritte der Finite-Elemente-Methode wider:

1. Geometrieerstellung
2. Generierung des Rechengitters
3. Festlegung zufälliger Materialverteilungen
   (entsprechend der die Gleichungen und Randbedingungen angesetzt werden)
4. Berechnung der Lösung

Die Aufteilung in diese Teilschritte erlaubt zum einen die zur Lösung notwendige Zeit, durch das Laden des Rechengitters, deutlich zu verkürzen und zum anderen, durch das Laden der Materialverteilung, eine Zuordnung der berechneten Ergebnisse zu den zufällig generierten Materialverteilungen.

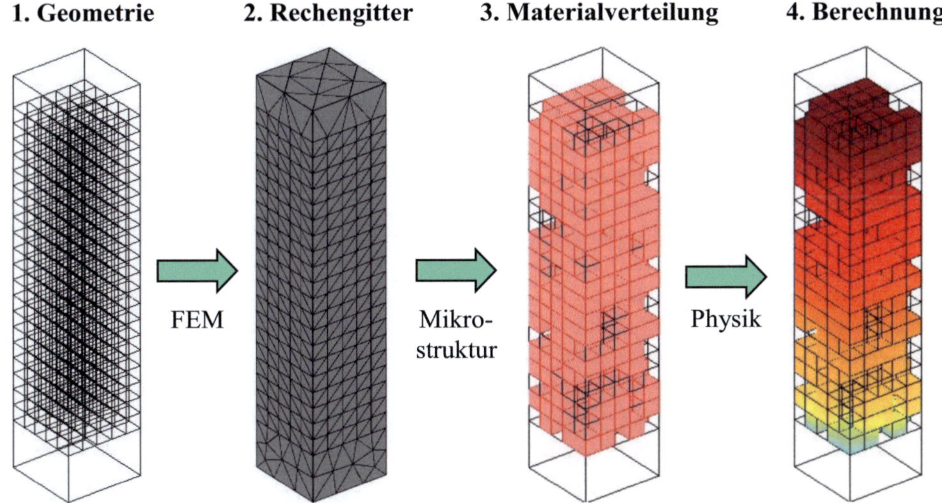

Abbildung 25: Die vier Teilschritte des FEM-Mikrostrukturmodells
(Geometrieerstellung, Generierung des Rechengitters, Festlegung der Materialverteilung und Berechnung der Lösung)

In den folgenden Abschnitten und Unterkapiteln wird das FEM-Mikrostrukturmodell im Detail besprochen. Dieses Unterkapitel umfasst die Implementierung[18]. In Abschnitt 4.2.1 wird die Geometrie des FEM-Mikrostrukturmodells erläutert und in Abschnitt 4.2.2 wird kurz auf das Rechengitter, die Materialverteilung und die Berechnung eingegangen. Auf Basis der Geometrie des FEM-Mikrostrukturmodells lassen sich geometrische Kenngrößen ermitteln, und mit der Geometrie werden die effektiven Transporteigenschaften festgelegt. Diese Eigenschaften lassen sich, wie in Unterkapitel 4.3 erläutert wird, bestimmen. Innerhalb des FEM-Mikrostrukturmodells können unterschiedliche physikalische Modelle für die Vorgänge in den Elektroden implementiert werden. Somit können, wie in Unterkapitel 4.4 dargestellt, unterschiedliche Elektrodentypen mit dem FEM-Mikrostrukturmodell berechnet werden. Je

---

[18] Die Implementierung wird allgemein beschrieben, da das FEM-Mikrostrukturmodell auf verschiedene Elektrodentypen anwendbar ist. Die Umsetzung erfolgte in dieser Arbeit in COMSOL Multiphysics® (woraus sich gewisse Einschränkungen ergeben), könnte jedoch auch in anderen Programm- oder Softwarepaketen erfolgen.

nach Elektrodentyp werden andere Materialparameter benötigt, welche in Unterkapitel 4.5 diskutiert werden bzw. für welche Werte dort zusammengestellt sind. Weitere Details zum FEM-Mikrostrukturmodell werden in Anhang E gegeben.

4.2.1 Geometrie

In Abbildung 26 wird das im FEM-Mikrostrukturmodell verwendete repräsentative Volumenelement (RVE) dargestellt. Die Mikrostruktur einer typischerweise porösen Elektrode wird durch gleichgroße, symmetrisch angeordnete Kuben approximiert. Die Kuben sind entweder gefüllt oder leer und repräsentieren dementsprechend das Elektrodenmaterial oder Poren. Die Kantenlänge der Kuben entspricht der mittleren Größe ps der Partikel/Poren, aus denen die Mikrostruktur der Elektrode zusammengesetzt ist. Oberhalb der Elektroden-struktur befindet sich ein Stromsammler/Gasverteiler ($l_{CC} = 0{,}5\,ps$) und unterhalb der Elek-trolyt. Beide dienen dazu, Strom und ggf. Gasmoleküle auf die poröse Elektrodenstruktur zu verteilen, bzw. von dieser einzusammeln. Für das FEM-Mikrostrukturmodell konnte gezeigt werden, dass eine relative kleine Elektrolytdicke von etwa $l_{El} = 5 \cdot ps$ ausreicht, um die Ein-schnürungseffekte im Elektrolyten zu berücksichtigen.

Der Stromsammler/Gasverteiler – existiert in der Realität so nicht – wird aber vereinfachend verwendet, da Querleitungsverluste aufgrund der Gasdiffusion und des Elektronentransports bei den darstellbaren Modellgrößen nicht abbildbar sind. Sind ausreichend große Modell-flächen realisierbar, kann dies, wie in Abschnitt 4.4.3 erläutert, mit einbezogen werden. Die Gegenelektrode wird im FEM-Mikrostrukturmodell idealisiert an der Unterseite des Elektrolyten angesetzt. Daher ist diese in der Geometrie selbst nicht sichtbar.

Realisierungen des RVE werden in Übereinstimmung mit den Feststoffanteilen im Elektrodenmaterial und der Porosität generiert. D.h. es wird zwischen drei verschiedenen Kubentypen unterschieden und diese repräsentieren entweder das elektrochemisch aktive Material[19] (i) oder – im Fall von Komposit-Elektroden – auch Elektrolytpartikel (ii) oder sind Teil einer Pore (iii). Bei allen Realisierungen wird der Typ für jeden einzelnen Kubus festgelegt. Für die meisten Realisierungen wird die Zuordnung zu den Typen durch einen Zufallsgenerator mit gleichverteilten Zufallszahlen generiert. Jedoch können auch speziell an-gefertigte Mikrostrukturen wie beispielsweise strukturierte Elektrolyte [97] abgebildet werden.

Im FEM-Mikrostrukturmodell hat jeder Kubus die mittlere Größe eines Partikels bzw. einer Pore und entspricht damit jeweils einem Partikel. Prinzipiell wäre es möglich ein sphärisches Partikel mit mehreren Kuben besser abzubilden, wenn es nicht Einschränkungen in Bezug auf die verwendete Software, den Hauptspeicherverbrauch oder die Rechenzeit gäbe. Das FEM-Mikrostrukturmodell ist gegenwärtig in COMSOL Multiphysics® implementiert und erlaubt es, ungefähr 2500 Kuben in die Berechnung einzubeziehen. Der Einfluss der Modellgröße wird in Abschnitt 5.2.3 näher untersucht.

4.2.2 Rechengitter, Materialverteilung und Berechnung

Die Genauigkeit der mit einem Finite-Elemente-Methode-Modell berechneten Ergebnisse wird durch das zur Berechnung verwendete Rechengitter, auch Mesh genannt, beeinflusst. In Abbildung 26 werden die finiten Elemente innerhalb eines Kubus des Modells gezeigt. Auf-grund der großen Anzahl der Kuben entspricht die Kantenlänge der finiten Elemente in etwa der Kubengröße ($l_{FE} \approx ps$). Die zur Berechnung verwendeten Rechengitter wurden

---

[19] gemischtleitendes (LSCF, LSC, BSCF) oder elektronenleitendes (LSM, Nickel) Material

automatisch von COMSOL Multiphysics® generiert. In Abschnitt 5.2.1 wird kurz auf die Generierung eingegangen und der Einfluss des Rechengitters auf die Ergebnisse untersucht.

Die Mikrostruktur der Elektrode wird im FEM-Mikrostrukturmodell durch gleichgroße, symmetrisch angeordnete Kuben repräsentiert. Die Materialverteilung beschreibt, wie das Volumen der jeweiligen Kuben ausgefüllt ist. Die Materialverteilung kann kompakt in Form einer Matrix verwaltet und gespeichert werden. Die Materialverteilungen wurden für fast alle numerischen Berechnungen über einen Zufallszahlengenerator erzeugt. Dabei werden die Volumenanteile von Poren, Elektrolytmaterial und Elektrodenmaterial berücksichtigt, und jeder Kubus hat die gleichen Wahrscheinlichkeiten für die drei Typen. Jedoch können auch spezielle Materialverteilungen erzeugt und zur Berechnung verwendet werden, wie an dem Beispiel in Anhang E und an den Ergebnissen zu strukturierten Elektrolytoberflächen zu sehen ist [112].

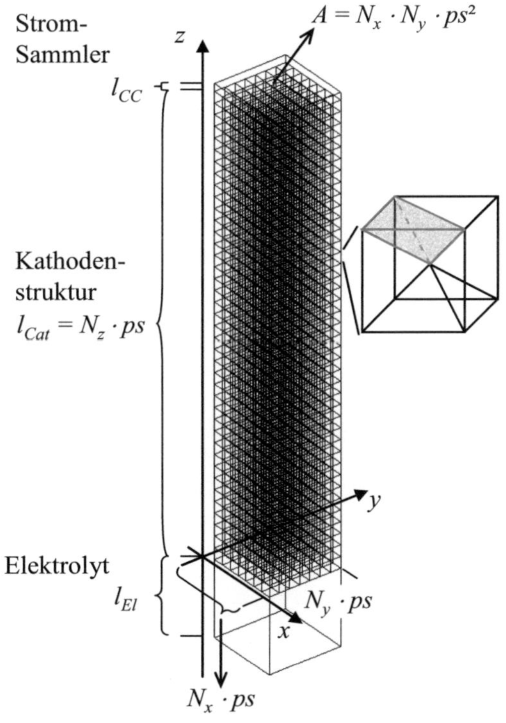

Abbildung 26: Geometrie des FEM-Mikrostrukturmodells
Geometrie des im FEM-Mikrostrukturmodell verwendeten repräsentativen Volumenelements. Oberhalb der Kathodenstruktur wird ein Teil des Stromsammlers/Gasverteilers und unterhalb ein Teil des Elektrolyten abgebildet. Rechts neben der Struktur sind für einen Kubus beispielhaft die verwendeten finiten Elemente dargestellt.

Bevor die Berechnung erfolgen kann müssen, für alle Gebiete und Ränder in der Geometrie des FEM-Mikrostrukturmodells die jeweiligen Gleichungen und Randbedingungen angesetzt werden. Ein 7x7x40-Modell enthält inklusive Elektrolyt und Stromsammler/Gasverteiler 1962 Gebiete und 6499 Ränder. Welche Gleichungen und Randbedingungen verwendet werden müssen, ist nicht von vorneherein klar, da dies von der konkret vorliegenden Material-verteilungsmatrix abhängt. Für eine effektive Berechnung vieler unterschiedlicher Materialverteilungen ist es daher unerlässlich, die Gleichungen und Randbedingungen in der Geometrie automatisch ansetzen zu können. Wie dies umgesetzt werden kann, ist weder Gegenstand der Dokumentation von COMSOL Multiphysics® noch innerhalb der graphischen Benutzeroberfläche möglich. Die Automatisierung konnte im Rahmen dieser Arbeit durch eigene Funktionen ermöglicht werden. Details hierzu werden in Anhang E erläutert.

4.3 Kenngrößen des FEM-Mikrostrukturmodells

4.3.1 Geometrische Kenngrößen

Anhand von geometrischen Kenngrößen kann die Leistungsfähigkeit von Elektroden abgeschätzt werden. Bei dreiphasengrenzdominierten Vorgängen ist die Länge der Dreiphasengrenze und bei oberflächendominierten Vorgängen die Größe der Fläche entscheidend. Grundsätzlich steigt die Leistungsfähigkeit einer Elektrode mit ansteigendem Wert der jeweiligen volumenspezifischen Größe an, wenn die Elektrochemie die Verluste maßgeblich bestimmt. Jedoch können bei dicken Elektroden (> 100 μm) oder kleinen Strukturgrößen beispielsweise die Gasdiffusion und damit Transportverluste überwiegen. In diesen Fällen haben weiter steigende Größen keinen Einfluss mehr.

Die Geometrie des FEM-Mikrostrukturmodells lässt sich ähnlich zur Vorgehensweise von Martinez [113] durch einfaches Auszählen analysieren[20]. Zum einen wird die Anzahl der Flächen zwischen Kuben, die das Elektrodenmaterial und eine Pore repräsentieren, gezählt. Zum anderen werden alle Kanten, an denen die zwei Materialien und die Gasphase angrenzen, gezählt. Von der jeweiligen Gesamtzahl werden die Flächen bzw. Kanten wieder abgezogen, welche nicht elektrochemisch aktiv sind. Um elektrochemisch aktiv zu sein, müssen jeweils durchgehende Pfade für die Sauerstoffionen zum Elektrolyten, die Elektronen zum Stromsammler und die Gasmoleküle zum Stromsammler/Gasverteiler vorhanden sein. Ein durchgehender Pfad setzt sich aus benachbarten Kuben desselben Typs zusammen (benachbarte Kuben weisen eine gemeinsame Fläche, Kante oder auch nur eine gemeinsame Ecke auf). Das Auszählen unter Berücksichtigung der Transportpfade ist mit der Vorgehensweise der Perkolationstheorie vergleichbar. Aus der Anzahl der Flächen bzw. Kanten können mit der Größe der Matrix und einer vorgegebenen Partikelgröße die volumenspezifischen Größen berechnet werden.

4.3.2 Effektive Leitfähigkeit

Zur Untersuchung der Transporteigenschaften der porösen Elektroden wurde das FEM-Mikrostrukturmodell stark vereinfacht. Anstelle der Betrachtung mehrerer miteinander verkoppelter Prozesse wird nur die ionische Leitfähigkeit betrachtet. Aus der effektiven Leitfähigkeit kann nach Gleichung (3.2) auf die effektiven Eigenschaften anderer Transportphänomene geschlossen werden. Die Geometrie des FEM-Mikrostrukturmodells in Abbildung 26 wurde weitestgehend beibehalten, nur wurden der Stromsammler/Gasverteiler und der Elektrolyt durch sehr gut leitfähige Schichten mit einer Dicke von jeweils $ps/2$ ersetzt. Die Aufgabe der Schichten bleibt dabei gleich und besteht darin, den Strom an die poröse Struktur zu verteilen bzw. von dieser einzusammeln. Die Kuben in der porösen Struktur werden entsprechend einer vorgegebenen Porosität ε zufällig als leitfähig oder porös festgelegt.

---

[20] Die hier angestellten Untersuchungen für die 3D-Geometrie des FEM-Mikrostrukturmodells zeigen im Vergleich zu [113] geringere Perkolationsprobleme und mehr aktive Oberflächen bzw. Kanten. Denn im Gegensatz zu 2D-Betrachtungen werden Transportpfade in der dritten Raumrichtung mit berücksichtigt.

Die Leitfähigkeit σ_{bulk} der leitfähigen Kuben wird vorgegeben und entspricht der des Vollmaterials. Zwischen den sehr gut leitfähigen Schichten wird ein Potentialunterschied η_{Model} vorgegeben, alle anderen Randbedingungen sind elektrische Isolation. Der Strom I durch das Modell wird wie beim FEM-Mikrostrukturmodell durch Integration bestimmt. Aus der Stromdichte, der Spannung und der Geometrie kann die effektive Leitfähigkeit

$$\sigma_{\text{eff}} = \frac{I}{\eta_{\text{Model}}} \cdot \frac{N_{\text{x}} \cdot N_{\text{y}}}{N_{\text{z}}} \cdot ps \tag{4.1}$$

und damit die Tortuosität

$$\tau = \left(1 - \varepsilon\right) \cdot \frac{\sigma_{\text{bulk}}}{\sigma_{\text{eff}}}, \tag{4.2}$$

berechnet werden.

4.4 Physikalische Beschreibung der Elektrodentypen

Die im Modell berücksichtigten Vorgänge und die materialspezifischen Parameter unterscheiden sich je nach Elektrodentyp (Abbildung 5). In den folgenden Abschnitten werden die Gleichungen und Randbedingungen für verschiedene Elektrodentypen angegeben und die in die Berechnung eingehenden Parameter werden eingeführt. Werte für die Parameter sind im folgenden Unterkapitel 4.5 zusammengestellt und werden ebenfalls dort diskutiert.

4.4.1 Gemischtleitende Kathoden

Im Modell für gemischtleitende Kathoden werden innerhalb der Mikrostruktur die in Abbildung 27 dargestellten Vorgänge berücksichtigt (vgl. auch Abbildung 5):
  (i)   Gasdiffusion von Sauerstoffmolekülen in der Gasphase (in den Poren)
  (ii)   Austausch über die Oberfläche zwischen Gasphase und gemischtleitenden Material
  (iii)   Festkörperdiffusion von Sauerstoffionen im gemischtleitendem Material
  (iv)   Ladungstransfer zwischen gemischtleitendem Material und Elektrolyt
  (v)   Ionische Leitung im Elektrolyten.
Bei der Berechnung wird von einer konstanten Temperatur T und einem konstanten Druck p ausgegangen.

Zur Berechnung des flächenspezifischen Kathodenwiderstands müssen vier Randbedingungen angegeben werden: die Sauerstoffpartialdrücke auf der Anoden- und Kathodenseite (oberste Grenzfläche des Gaskanals $p_{\text{O}_2,\text{GC}}$, unterste Grenzfläche des Elektrolyten $p_{\text{O}_2,\text{CE}}$) sowie die zugehörigen Potentiale der Elektroden (in jedem Kubus aus gemischtleitendem Material $\Phi_{\text{MIEC,GC}} = \Phi_{\text{GC}}$[21], unterste Grenzfläche des Elektrolyten $\Phi_{\text{El,CE}} = \Phi_{\text{CE}}$). Die gesamten im Modell auftretenden Spannungsverluste η_{Model} gehen nach Gleichung (4.8) in die Berechnung des Potentials der Kathode $\Phi_{\text{MIEC,GC}}$ ein. Bei einer Spannung η_{Model} von 0 V beträgt der Strom I durch das Modell 0 A, und mit zunehmender Verlustspannung η_{Model} steigt der Strom I an.

---

[21] Das Modell wurde zur Untersuchung von Komposit-Elektroden um die Betrachtung der elektronischen Leitung im gemischtleitenden Material erweitert. Für die meisten Untersuchungen ist diese jedoch unerheblich.

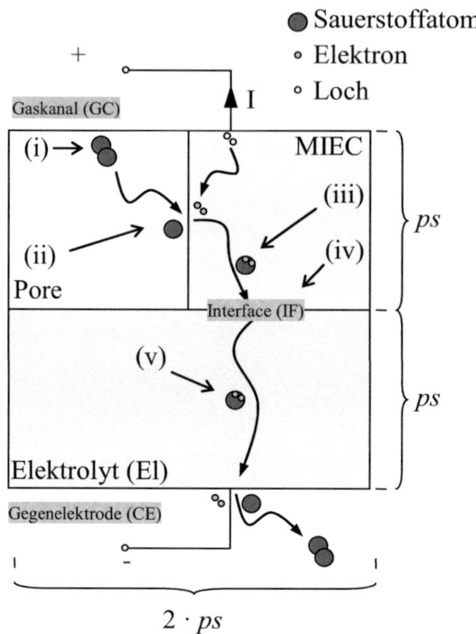

Abbildung 27: Funktionsprinzip des Modells für gemischtleitende Kathoden

Der flächenspezifische Kathodenwiderstand ASR_{Cat} wird als Maß für die Leistungsfähigkeit der Kathode berechnet. Zunächst wird der Strom I durch das Modell durch die Integration der Stromdichte über die gesamte Gegenelektrode bestimmt. Damit kann dann der flächenspezifische Widerstand des gesamten Modells $ASR_{Model} = \eta_{Model} / I \cdot A$ berechnet werden. Der Beitrag des Elektrolyten kann nach Gleichung (2.4) aus dessen Dicke l_{El} und der Leitfähigkeit σ_{El} berechnet und damit vom Gesamtwiderstand getrennt werden. Die Differenz zum Gesamtwiderstand ergibt den flächenspezifischen Kathodenwiderstand $ASR_{Cat} = ASR_{Model} - ASR_{El}$. Der Beitrag von der Stromeinschnürung im Elektrolyten und innerhalb der Kathodenstruktur wird im Gegensatz zu früheren Modellen [2;17;22;107;108] im FEM-Mikrostrukturmodell mit berücksichtigt. Diese zusätzlichen Verluste werden dem ASR_{Cat} zugeschlagen, da sie auf die Mikrostruktur der Kathode zurückzuführen sind.

(i) Gasdiffusion: Die Gasphase wird als binäres Gemisch von Sauerstoff und Stickstoff betrachtet. Im Gaskanal wird durch den Sauerstoffpartialdruck $p_{O_2,GC}$ ein konstanter molarer Anteil $x_{O_2,GC}$ an Sauerstoff vorgegeben. Die Diffusion der Sauerstoffmoleküle in den Poren zu den elektrochemisch aktiven Oberflächen in der Kathode wird nach [114] mit dem Dusty-Gas-Modell beschrieben. Für die Flussdichte der Sauerstoffmoleküle muss gelten:

$$\nabla \cdot j_{\text{gas},O_2} = \nabla \cdot \left[-\frac{p}{RT} \cdot \left(\frac{1-\left(1-\sqrt{M_{O_2}/M_{N_2}}\right)x_{O_2}}{D_{O_2N_2}} + \frac{1}{D_{O_2}^{K}(d_P)} \right)^{-1} \nabla x_{O_2} \right] = 0. \qquad (4.3)$$

Dieser Ansatz berücksichtigt die Wechselwirkung der Sauerstoffmoleküle mit den Porenwänden durch den Knudsen-Diffusionskoeffizienten $D_{O_2}^{K}$. Dieser ist vom Porendurchmesser d_P abhängig, wobei hier $d_P = ps$ angesetzt wird. Der Diffusionskoeffizient von Sauerstoff in

Stickstoff $D_{O_2N_2}$ wird nach Fuller [115] berechnet. T, R, und M_i haben die jeweils übliche Bedeutung: Temperatur, ideale Gaskonstante und molare Massen.

(ii) Oberflächenaustausch: Sauerstoff wird zwischen der Gasphase und dem gemischtleitenden Material der Kathode durch die Porenwände ausgetauscht. Im Leerlauf ($I = 0$ A) erreicht die Sauerstoffionenkonzentration in der Kathode $c_{O^{2-}}$ den Gleichgewichtswert $c_{O^{2-},eq}$, welcher vom Sauerstoffpartialdruck und der Temperatur abhängt [17]. Die Sauerstoffionenkonzentration im Gleichgewicht wird mit Gleichung (4.17) und den Werten in Tabelle 5 aus dem lokal vorliegenden Sauerstoffpartialdruck berechnet.

Wenn Strom durch die Kathode fließt ($I > 0$ A), dann sinkt die Sauerstoffionenkonzentration $c_{O^{2-}}$ unter den Gleichgewichtswert $c_{O^{2-},eq}$. Dieser Unterschied verursacht einen Austausch zwischen der Gasphase und dem gemischtleitenden Material:

$$-\vec{n} \cdot j_{\text{gas},O_2} = -k^{\delta} \cdot \left(c_{O^{2-},eq} - c_{O^{2-}} \right)/2 \tag{4.4}$$

$$-\vec{n} \cdot j_{\text{diff},O^{2-}} = k^{\delta} \cdot \left(c_{O^{2-},eq} - c_{O^{2-}} \right) \tag{4.5}$$

Die erste Gleichung ist die Randbedingung für die Flussdichte der Sauerstoffmoleküle in der Gasphase und die letztere die Randbedingung für die Flussdichte der Sauerstoffionen im gemischtleitenden Material, welche im folgenden Abschnitt beschrieben wird. Wie an der Multiplikation mit dem Einheitsvektor $\vec{n}$ normal zur Oberfläche abgelesen werden kann, sind die Flussdichten normal zur Oberfläche. Der Austauschkoeffizient k^{δ} ist eine Funktion des Sauerstoffpartialdrucks und der Temperatur. In den Berechnungen mit dem FEM-Mikrostrukturmodell werden konstante temperaturabhängige Werte verwendet, da eine konstante Temperatur angenommen wird und da der Sauerstoffpartialdruck in den Poren nahezu konstant ist.

(iii) Festkörperdiffusion: Aufgrund der hohen elektrischen Leitfähigkeit gemischtleitender Kathodenwerkstoffe darf ein konstantes elektrisches Potential

$$\Phi_{\text{MIEC}} = U_{\text{Nernst}} \left(p_{O_2,\text{GC}}, p_{O_2,\text{CE}} \right) + \Phi_{\text{CE}} - \eta_{\text{Model}} \tag{4.6}$$

innerhalb des gemischtleitenden Materials angenommen werden[22]. Daher diffundieren die Sauerstoffionen im gemischtleitenden Material aufgrund von Unterschieden in der Sauerstoffionenkonzentration:

$$\nabla \cdot j_{\text{diff},O^{2-}} = \nabla \cdot \left(-D^{\delta} \cdot \nabla c_{O^{2-}} \right) = 0 \tag{4.7}$$

Der chemische Festkörperdiffusionskoeffizient D^{δ} ist ebenfalls vom Sauerstoffpartialdruck und der Temperatur abhängig. In den Berechnungen wird ein zwar temperaturabhängiger, aber konstanter Wert verwendet, da die Temperatur im Modell konstant ist und da die Abhängigkeit vom Sauerstoffpartialdruck klein ist [17].

---

[22] Die Nernstspannung U_{Nernst} wird nach Gleichung (2.1) berechnet.

(iv) Ladungstransfer: An der Grenzfläche (IF) werden Sauerstoffionen zwischen dem gemischtleitenden Material und dem Elektrolyten ausgetauscht. Die lokale Triebkraft an den jeweiligen Stellen, wo das gemischtleitende Material und der Elektrolyt zusammentreffen, wird Ladungstransferspannung

$$\eta_{ct} = U_{Nernst}\left(p_{O_2,MIEC,IF}, p_{O_2,El,IF}\right) - \left(\Phi_{MIEC} - \Phi_{El,IF}\right) = \eta_{Model} - \eta_{MIEC} - \eta_{El} \qquad (4.8)$$

genannt. Diese Spannung ist abhängig von dem lokalen Unterschied zwischen der Nernstspannung[22] und dem Potentialsprung zwischen dem ionischen Potential des Elektrolyten $\Phi_{El,IF}$ und dem elektronischen Potential des gemischtleitenden Materials Φ_{MIEC}.

Innerhalb des Elektrolyten wird von einem vorgegebenen konstanten Sauerstoffpartialdruck $p_{O_2,El}$ ausgegangen, wohingegen der lokale Sauerstoffpartialdruck innerhalb des gemischtleitenden Materials $p_{O_2,MIEC,IF}$ berechnet wird. Der Partialdruck $p_{O_2,MIEC,IF}$ wird aus der Sauerstoffionenkonzentration an der Grenzfläche $c_{O^{2-},IF}$ berechnet und entspricht dem Partialdruck, mit welchem das gemischtleitende Material im Gleichgewicht wäre [17]. Folglich wird die Umkehrfunktion von Gleichung (4.17) zur Berechnung verwendet.

Mit der Ladungstransferspannung kann die lokale vorliegende Flussdichte der ausgetauschten Sauerstoffionen

$$j_{ct} = \frac{\eta_{ct}}{ASR_{ct}}. \qquad (4.9)$$

berechnet werden. Für die entsprechenden Randbedingungen gilt

$$-\vec{n} \cdot j_{diff,O^{2-}} = -\frac{j_{ct}}{2 \cdot F} \quad \text{und} \qquad (4.10)$$

$$-\vec{n} \cdot j_{curr} = -j_{ct}. \qquad (4.11)$$

Der flächenspezifische Ladungstransferwiderstand ASR_{ct} ist der einzige Parameter, für den keine Werte in der Literatur gefunden wurden. Wird ein LSCF/GCO-Kathoden/Elektrolyt-System betrachtet, kann nach [17;18] von einem nahezu verlustlosen Austausch ausgegangen werden. Jedoch kann der Ladungstransferwiderstand für andere Materialkombinationen, wie LSCF/YSZ, beispielsweise aufgrund von isolierenden Zweitphasen (Zirconate) substantiell höher sein. In den hier vorgestellten Berechnungen wird eine stabile Materialkombination vorausgesetzt. Daher wurde ein sehr kleiner Wert von $ASR_{ct} = 0{,}1$ mΩ·cm² verwendet. Im Modell besteht aber die Möglichkeit, größere Werte zu verwenden. Der Ladungstransfer-widerstand entspricht, im Fall einer porösen Kathode ohne Elektrolytanteil, einem Widerstand, der zu allen anderen Verlusten in der Kathode seriell geschaltet ist. Daher ist der Beitrag zu ASR_{Cat} etwa $ASR_{ct} / (1 - \varepsilon)$. Abhängig von den Werten des Austausch- und des chemischen Festkörperdiffusionskoeffizienten, wird der Einfluss des ASR_{ct} für Werte kleiner als 1 mΩ·cm² sichtbar (vgl. Abbildung 42).

(v) Ionische Leitung: Die Sauerstoffionenkonzentration im Elektrolyten ist annähernd konstant und unabhängig vom Sauerstoffpartialdruck. Daher wird ein konstantes chemisches Potential innerhalb des Elektrolyten angenommen, welches durch $p_{O_2,El}$ beschrieben wird.

Die Sauerstoffionen im Elektrolyten bewegen sich daher nur aufgrund eines Gradienten im Potential, und für die Flussdichte gilt

$$\nabla \cdot j_{\mathrm{curr}} = \nabla \cdot \left(-\sigma_{\mathrm{El}} \cdot \nabla \Phi_{\mathrm{El}}\right) = 0 , \qquad (4.12)$$

wobei σ_{El} die Leitfähigkeit des Elektrolyten beschreibt.

<u>Gegenelektrode:</u> Im FEM-Mikrostrukturmodell wird von einer idealen, reversiblen Gegenelektrode ausgegangen. Folglich gilt $\Phi_{\mathrm{El,CE}} = \Phi_{\mathrm{CE}}$ und $p_{\mathrm{O_2,El,CE}} = p_{\mathrm{O_2,CE}}$. Für das Potential an der Gegenelektrode Φ_{CE} wird 0 V gewählt.

4.4.2 Elektronenleitende Kathoden

Bei rein elektronenleitenden Elektrodenmaterialien, wie LSM in der Kathode, laufen die elektrochemischen Reaktionen, wie in Abbildung 5 skizziert, in der Nähe der Dreiphasengrenze ab. Die Verluste aufgrund der elektrochemischen Vorgänge sind meist weit höher als die Transportverluste im Elektrodenmaterial, im Elektrolyten und in der Gasphase. Deshalb werden diese Elektroden hier als dreiphasengrenzdominierte Elektroden bezeichnet. Die Vorgänge in dreiphasengrenzdominierte Elektroden sind nicht ebenso gesichert geklärt wie diejenigen in gemischtleitenden Kathoden. Folglich wurden stark vereinfachte Modelle für deren elektrochemischen Vorgänge im FEM-Mikrostrukturmodell implementiert. In der gegenwärtigen Entwicklungsstufe werden die elektronische Leitung im elektrochemisch aktiven Material und die ionische Leitung im Elektrolytmaterial sowie Kopplung über die elektrochemische Reaktion an der Dreiphasengrenze berücksichtigt. Die Gasdiffusion kann nach Gleichung (4.3) mit berechnet werden.

Die elektrochemischen Reaktionen an den Dreiphasengrenzen werden stark vereinfacht betrachtet. Die gesamten mit diesen einhergehenden Verluste werden durch linienspezifische Ladungstransferwiderstände berücksichtigt, denn die einzelnen Prozesse sind nicht bekannt bzw. werden in der Literatur unterschiedlich modelliert. Die in der Nähe der Dreiphasengrenze ablaufenden Vorgänge werden folglich als auf eine Linie zusammengezogen betrachtet. Voraussetzung hierfür ist, dass die Ausdehnung der Reaktionszone viel kleiner als die Strukturgröße der Mikrostruktur ist. Mehr Erläuterungen hierzu und zu den Abhängigkeiten dieser Größen von den Betriebsbedingungen bzw. lokal vorliegenden Größen (z.B. η_{ct}) werden in Abschnitt 4.5.2 diskutiert. Bei den Berechnungen werden jeweils entsprechend der Betriebsbedingungen (Temperatur, Gaszusammensetzung) konstante Werte verwendet, da in den Modellen wieder eine konstante Temperatur angenommen wird und die Gasdiffusion vernachlässigbar ist. Abhängigkeiten von lokalen Größen wie der Ladungstransferspannung werden somit nicht berücksichtigt.

Im Gegensatz zur gemischtleitenden Kathode finden die drei Transportprozesse für Elektronen, Ionen und Gasmoleküle bei dreiphasengrenzdominierten Elektroden in unterschiedlichen Phasen statt und werden nicht über die Randflächen, sondern über die Kanten der Kuben gekoppelt. Um zu entscheiden, ob eine Kante elektrochemisch aktiv[23] ist, wird gegenwärtig nur geprüft, ob die angrenzenden Kuben alle drei Typen (Elektrodenmaterial, Elektrolytmaterial und Pore) umfassen.

---

[23] Wünschenswert ist die Implementierung einer erweiterten Prüfung, ob alle drei Transportpfade (Elektronen, Ionen und Gasmoleküle) perkolieren, also durchgängig sind. Wichtig ist diese Prüfung, wenn die Gasdiffusion nicht berechnet wird und geschlossene Poren (Kuben) auftreten können → Vermeidung von „Gasquellen".

Im Modell für elektronenleitende Kathoden werden innerhalb der Mikrostruktur die in Abbildung 5 dargestellten Vorgänge berücksichtigt:
  (ia) Gasdiffusion von Sauerstoffmolekülen in der Gasphase (in den Poren)
  (ib) Elektronische Leitung im Elektrodenmaterial
  (ii)   Elektrochemische Reaktion an der Dreiphasengrenze
  (iii) Ionische Leitung im Elektrolyten.
Bei der Berechnung wird von einer konstanten Temperatur T und einem konstanten Druck p ausgegangen.

Ansonsten gleicht das Funktionsprinzip dem für gemischtleitende Kathoden:
  o Vier Randbedingungen müssen angegeben werden:
     Sauerstoffpartialdrücke auf der Anoden- und Kathodenseite (oberste Grenzfläche des Gaskanals $p_{O_2,GC}$, unterste Grenzfläche des Elektrolyten $p_{O_2,CE}$)

     Potentiale der Elektroden (oberste Grenzfläche Stromsammler/Gasverteiler $\Phi_{Cat,GC}$, unterste Grenzfläche des Elektrolyten $\Phi_{El,CE} = \Phi_{CE}$).
  o Die gesamten Spannungsverluste η_{Model} gehen nach Gleichung (4.12) in die Berechnung des Potentials der Kathode $\Phi_{Cat,GC}$ ein.
  o Der flächenspezifische Kathodenwiderstand ASR_{Cat} wird als Maß für die Leistungsfähigkeit der Kathode berechnet.

(ia) Gasdiffusion: Die Beschreibung der Gasdiffusion in den Poren ist identisch zu der Beschreibung bei gemischtleitenden Kathoden durch Gleichung (4.3).

(ib) Elektronische Leitung: Der Transport von Sauerstoffionen in elektronenleitenden Kathodenmaterialien wie beispielsweise LSM ist aufgrund der geringen Werte des Festkörperdiffusionkoeffizienten kaum möglich. Daher muss nur der Transport von Elektronen

$$\nabla \cdot j_{curr,e^-} = \nabla \cdot \left(-\sigma_{Cat} \cdot \nabla \Phi_{Cat} \right) = 0 , \qquad (4.13)$$

berücksichtigt werden, wobei σ_{Cat} die Leitfähigkeit des Kathodenmaterials beschreibt.

(iii) Ionische Leitung: Die Beschreibung der ionischen Leitung im Elektrolytmaterial ist identisch zu der Beschreibung durch Gleichung (4.12) bei gemischtleitenden Kathoden.

(ii) Reaktion an der Dreiphasengrenze: Die drei Transportprozesse werden an aktiven Kanten, den Dreiphasengrenzen (tpb), gekoppelt. Die lokale Ladungstransferspannung

$$\eta_{ct,Cat} = U_{Nernst}\left(p_{O_2,Cat,tpb}, p_{O_2,El,tpb} \right) - \left(\Phi_{Cat,tpb} - \Phi_{El,tpb} \right) \qquad (4.14)$$

ist abhängig von dem Unterschied zwischen der Nernstspannung und dem Potentialsprung zwischen dem ionischen Potential des Elektrolyten $\Phi_{El,tpb}$ und dem elektronischen Potential des Kathodenmaterials $\Phi_{Cat,tpb}$. Innerhalb des Elektrolyten wird wieder von einem vorgegebenen konstanten Sauerstoffpartialdruck $p_{O_2,El}$ ausgegangen, wohingegen der lokale Sauerstoffpartialdruck $p_{O_2,Cat,tpb}$ direkt dem Partialdruck in der Pore entspricht. Mit der Ladungstransferspannung kann die lokal vorliegende linienspezifische Ladungstransferstromdichte

$$LSI_{ct} = \frac{\eta_{ct,Cat}}{LSR_{ct}} \qquad (4.15)$$

berechnet werden. Der linienspezifische Ladungstransferwiderstand LSR_{ct} repräsentiert die gesamten lokalen Verluste aufgrund der elektrochemischen Reaktion an der Dreiphasengrenze von LSM und dem Elektrolytmaterial. Die linienspezifische Ladungstransferstromdichte LSI_{ct} beschreibt den Umsatz des Elektronenstroms in einen Sauerstoffionenstrom. Daher wird an der Dreiphasengrenze eine linienspezifische Teilchenflussdichte

$$LSN_{O_2} = \frac{LSI_{ct}}{4 \cdot F} \qquad (4.16)$$

von Sauerstoffmolekülen umgesetzt.

<u>Gegenelektrode:</u> Wie bei gemischtleitenden Kathoden wird von einer idealen, reversiblen Gegenelektrode ausgegangen. Folglich gilt $\Phi_{El,CE} = \Phi_{CE}$ und $p_{O_2,El,CE} = p_{O_2,CE}$. Für das Potential an der Gegenelektrode Φ_{CE} wird 0 V gewählt.

4.4.3 Querleitfähigkeitsmodell

Falls die Kathodenschicht sehr dünn und die elektrische Leitfähigkeit des gemischtleitenden Materials niedrig ist, kann es vorkommen, dass Teile der Kathode nicht mehr zur Sauerstoffreduktionsreaktion beitragen. Dabei kommt es auf den Abstand zum elektrischen Kontakt an. Je weiter weg, desto geringer der Beitrag. Dieser Effekt und dass die Kathode unterhalb der elektrischen Kontaktierung nicht zur Reduktionsreaktion beiträgt (falls Sauerstoff nicht unter die kontaktierte Stelle diffundieren kann), wird im FEM-Mikrostrukturmodell für gemischtleitende Kathoden nicht berücksichtigt. Das Querleitfähigkeitsmodell basiert auf dem FEM-Mikrostrukturmodell für gemischtleitende Kathoden und ermöglicht die Untersuchung dieser Effekte. Der einzige Unterschied ist, dass die Randbedingungen zum Stromsammler/Gasverteiler modifiziert wurden. Zusätzlich zur Materialverteilungsmatrix wird eine Matrix zur Beschreibung, ob sich oberhalb der obersten Kubenlage eine Elektrode oder der Gasraum befindet, verwendet. Die Einträge der zweidimensionalen Matrix zeigen an, ob sich oberhalb des entsprechenden Kubus in der obersten Lage der Kathodenstruktur ein elektrischer Kontakt befindet oder der Zugang zur Gasphase vorliegt. Dementsprechend werden isolierende Randbedingungen oder ein Potential bzw. ein Sauerstoffpartialdruck vorgegeben. Ein Beispiel für das Ergebnis des Querleitfähigkeitsmodells wird in Anhang E gezeigt. Weitere Ergebnisse werden im Rahmen dieser Arbeit nicht vorgestellt.

4.5 Materialparameter

In diesem Unterkapitel werden in Abschnitt 4.5.1 Werte für die materialspezifischen Parameter von gemischtleitenden Materialien, welche verschiedenen Literaturquellen entnommen wurden, dargestellt und die bei der Zusammenstellung der Parameter zum Teil durchgeführten Umrechnungen diskutiert. Für das elektronenleitende Kathodenmaterial LSM werden in Abschnitt 4.5.2 anhand von Messdaten ermittelte Werte für den linienspezifischen Ladungstransferwiderstand angegeben.

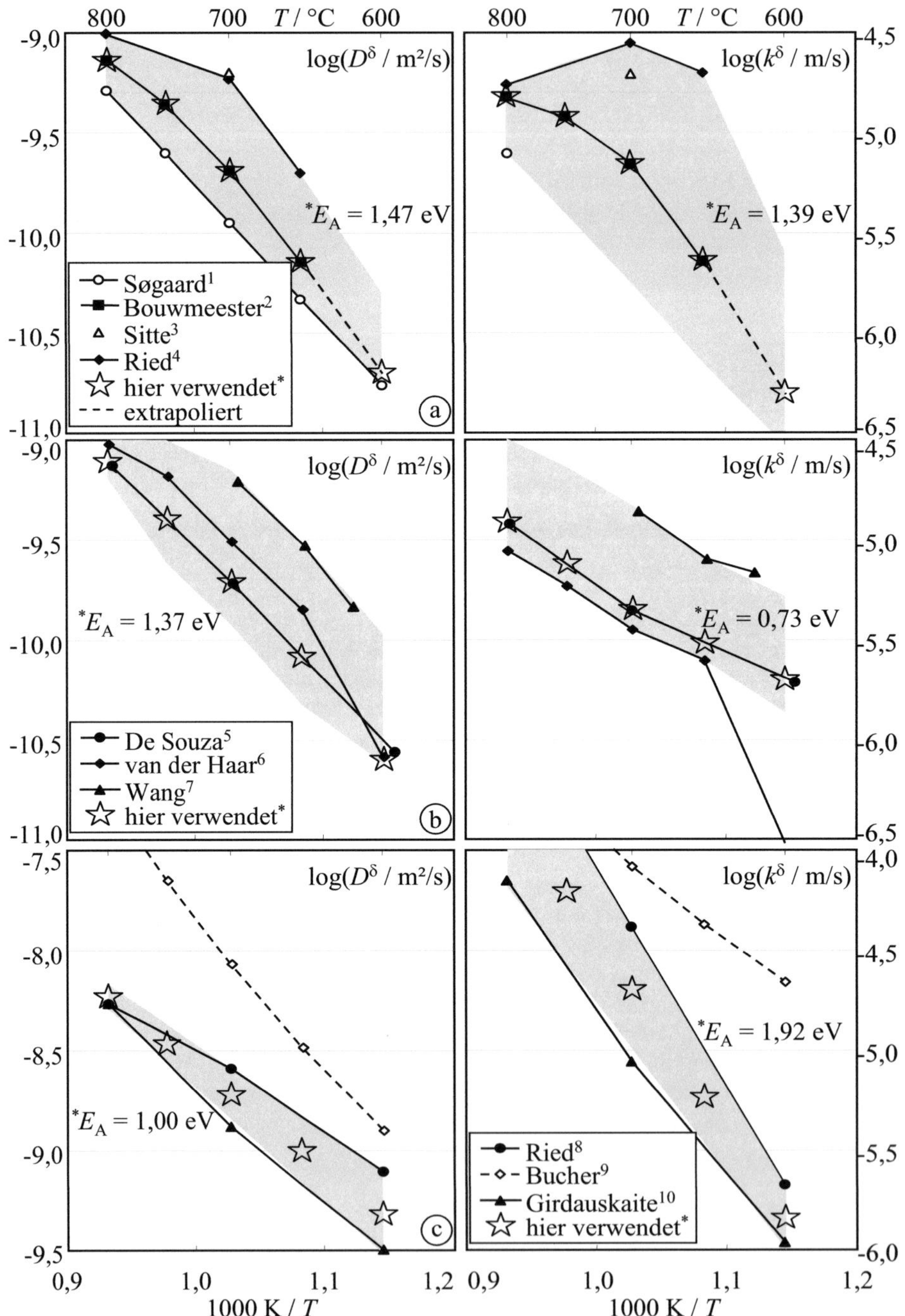

Abbildung 28: Festkörperdiffusionskoeffizient D^δ und Austauschkoeffizient k^δ

Chemischer Festkörperdiffusionskoeffizient D^δ und Austauschkoeffizient k^δ als Funktion der Temperatur in Luft. Die dargestellten Werte wurden anhand verschiedener Literaturquellen zusammengestellt. Für die Berechnung werden die markierten Daten verwendet und Fehlerbalken werden mit den Grenzen der schraffierten Bereiche ermittelt. a: $La_{0,58/0,6}Sr_{0,4}Co_{0,2}Fe_{0,8}O_{3-\delta}$ b: $La_{0,5}Sr_{0,5}CoO_{3-\delta}$ c: $Ba_{0,5}Sr_{0,5}Co_{0,8}Fe_{0,2}O_{3-\delta}$
([1] [17], [2] [116], [3] [117], [4] [118], [5] [119], [6] [120], [7] [23], [8] [118], [9] [121] und [10] [122]; Werte s. Anhang G)

4.5.1 Gemischtleitende Materialien

Zur Berechnung der Leistungsfähigkeit einer Kathode aus gemischtleitenden Materialien sind der chemische Festkörperdiffusionskoeffizient D^δ, der Austauschkoeffizient k^δ und die Sauerstoffionenkonzentration im Gleichgewicht notwendig. Jeder dieser Parameter ist temperatur- und sauerstoffpartialdruckabhängig. In den Berechnungen mit dem FEM-Mikrostrukturmodell wird von einer homogenen Temperatur ausgegangen, daher wurden Werte für die Parameter zwischen 600 und 800 °C in 50-K-Schritten aus der Literatur ermittelt. Bei der Zusammenstellung der Daten für den chemischen Diffusionskoeffizienten D^δ und den Austauschkoeffizienten k^δ ist die Bestimmung der Werte für Luft ausreichend. Zwar zeigt der Austauschkoeffizient k^δ eine Abhängigkeit vom Sauerstoffpartialdruck, doch zum einen ist die Gasdiffusion vernachlässigbar gering[24] und zum anderen werden die Kathoden in einem SOFC-System häufig zur Kühlung mit einem hohen Luftüberschuss beaufschlagt, so dass der Gasumsatz auf der Kathodenseite vernachlässigt werden kann. Folglich kann von einem annähernd konstanten Sauerstoffpartialdruck in den Poren ausgegangen werden. Der chemische Diffusionskoeffizient D^δ hingegen weist nur eine geringe Sauerstoffpartialdruckabhängigkeit auf [17]. Im Gegensatz dazu ist es entscheidend für die Modellierung gemischtleitender Kathoden, dass eine geeignete Funktion zur Beschreibung der Sauerstoffionenkonzentration im Gleichgewicht gefunden wird. Diese Funktion ist notwendig zur Beschreibung des Austauschs zwischen dem Kathodenmaterial und der Gasphase (Gleichungen (4.4) und (4.5)), sowie zur Berechnung der Spannung, welche für den Ladungstransfer zwischen Kathode und Elektrolyt zur Verfügung steht (Gleichung (4.8)).

Werte für den chemischen Festkörperdiffusionskoeffizienten D^δ und den Austauschkoeffizienten k^δ in Luft werden in Abbildung 28 a), b) und c) für LSCF, LSC und BSCF als Funktion der Temperatur dargestellt. Die markierten Daten (Sterne) werden zur Berechnung des flächenspezifischen Widerstands verwendet. Zusätzlich werden die Grenzen der hinterlegten Bereiche zur Bestimmung von Fehlerbalken herangezogen (Werte s. Anhang G). Die Werte für den chemischen Festkörperdiffusionskoeffizienten D^δ und den Austauschkoeffizienten k^δ nehmen mit steigenden Temperaturen, von rechts nach links in den Abbildungen, zu. Zwischen 600 und 700 °C ist ein annähernd lineares Verhalten sichtbar, wohingegen für LSCF bei höheren Temperaturen der Zuwachs pro 50 K geringer wird. Dies weicht von dem für die Materialparameter erwarteten Arrhenius-Verhalten ab, welches Geraden ergeben sollte.

<u>LSCF</u> ($La_{0,58/0,6}Sr_{0,4}Co_{0,2}Fe_{0,8}O_{3-\delta}$): Leistungsfähige anodengestützte Zellen, welche am Forschungszentrum Jülich entwickelt und hergestellt werden, besitzen eine gemischtleitende Kathode aus $La_{0,58}Sr_{0,4}Co_{0,2}Fe_{0,8}O_{3-\delta}$. Für diese Zusammensetzung finden sich nur wenige Daten für k^δ und D^δ in der Literatur, so dass ersatzweise auf Werte für $La_{0,6}Sr_{0,4}Co_{0,2}Fe_{0,8}O_{3-\delta}$ zurückgegriffen wird. Der etwas höhere Lanthananteil, 0,6 anstele 0,58, hat einen Einfluss auf die Materialparameter. Dieser Einfluss wird jedoch im Vergleich zu den sich zeigenden Unterschieden zwischen den von verschiedenen Gruppen ermittelten Materialparametern (vgl. Abbildung 28) als vernachlässigbar bewertet. Daten von Søgaard [17], Bouwmeester [116], Sitte [117] und Ried [118] werden in Abbildung 28 a) miteinander verglichen.

<u>LSC</u> ($La_{0,5}Sr_{0,5}CoO_{3-\delta}$): Daten von De Souza [119], van der Haar [120] und Wang [23] werden in Abbildung 28 b) miteinander verglichen. Die D^*- und k^*-Daten aus dem Tracer-

---

[24] Zumindest ist diese der Fall bei den Simulationen mit dem FEM-Mikrostrukturmodell, wie durch einen Vergleich von Simulationen mit und ohne Gasdiffusion gezeigt werden kann. Dabei ist zu beachten, dass die Kathodendicke, welche im FEM-Mikrostrukturmodell berücksichtigt werden kann, beschränkt ist. Für dickere Elektroden hat die Gasdiffusion einen stärkeren Einfluss.

Diffusionsexperiment von De Souza wurden entsprechend Gleichung (2.10) mit Hilfe des thermodynamischen Faktors aus [123] in D^δ- und k^δ-Werte umgerechnet.

<u>BSCF ($Ba_{0,5}Sr_{0,5}Co_{0,8}Fe_{0,2}O_{3-\delta}$)</u>: Daten von Ried [118], Girdauskaite [122] und Bucher [121] werden in Abbildung 28 c) miteinander verglichen (Achtung: andere Skalierung). Die Daten von Bucher sind nur zur Orientierung angegeben, da diese für Luft aus den Daten für niedrigere Sauerstoffpartialdrücke extrapoliert werden mussten. Diese Extrapolation ist mit gewissen Unsicherheiten verbundenen. Daher wurden diese Daten bei der Bestimmung der zur Berechnung des flächenspezifischen Widerstands verwendeten, markierten Werte und schraffierten Bereiche nicht berücksichtigt.

4.5.1.1 Sauerstoffionengleichgewichtskonzentration

In Abbildung 29 sind die Sauerstoffgleichgewichtskonzentration von LSCF (links) und LSC (rechts) als Funktion des Sauerstoffpartialdrucks für verschiedene Temperaturen dargestellt. Wie eingangs erwähnt muss eine geeignete Funktion zur Beschreibung der Sauerstoffionenkonzentration im Gleichgewicht gefunden und im FEM-Mikrostrukturmodell implementiert werden. Die Werte weisen annähernd lineare Verläufe auf, daher wurde für die Berechnungen

$$c_{O^{2-},eq}(T, p_{O_2}) = g(T) \cdot \log(p_{O_2}) + y(T) \tag{4.17}$$

als Funktion zwischen der Sauerstoffionengleichgewichtskonzentration und dem Logarithmus des Sauerstoffpartialdrucks des umgebenden Gases verwendet. Somit ergibt sich für den thermodynamischen Faktor nach Gleichung (2.11)

$$\gamma(T, p_{O_2}) = \frac{1}{2} \cdot \frac{\ln(10)}{g(T)} \cdot c_{O^{2-},eq}(T, p_{O_2}) = \frac{1}{2} \cdot \ln(10) \cdot \left(\log\left(p_{O_2}\right) + \frac{y(T)}{g(T)} \right). \tag{4.18}$$

Tabelle 5 zeigt die Steigungen g und die Achsenabschnitte y für LSCF, LSC und BSCF für verschiedene Temperaturen. Die Parameter für die Geraden wurden anhand der Literaturwerte ermittelt und können diese, wie in Abbildung 29 für LSCF (links) und LSC (rechts) zu sehen ist, gut beschreiben. Bei der Zusammenstellung der Sauerstoffionengleichgewichtskonzentrationen waren einige Umrechnungen notwendig, die im Folgenden erläutert werden.

<u>LSCF ($La_{0,58/0,6}Sr_{0,4}Co_{0,2}Fe_{0,8}O_{3-\delta}$)</u>: Nur Søgaard gibt direkt Werte für die Sauerstoffgleichgewichtskonzentration an [17]. Die in Abbildung 29 (links) dargestellten Werte wurden mit Hilfe von Gleichung (2.8) aus Nichtstöchiometriedaten von Bouwmeester [116], Sitte [117] und Mantzavinos [124] berechnet. Hierfür wurden Daten zur Gitterkonstanten und Nichtstöchiometrie aus Veröffentlichungen von Tai [125] und Wang [126] herangezogen. Aus [125] wurden die Gitterkonstanten zur Berechnung des Volumens der Einheitszelle von $La_{0,6}Sr_{0,4}Co_{0,8}Fe_{0,2}O_{3-\delta}$ entnommen. Die Werte wurden jedoch nur als Funktion der Temperatur in Luft angegeben. Nach [126] besteht jedoch auch eine Abhängigkeit vom Partialdruck, welche für $La_{0,6}Sr_{0,4}Co_{0,2}Fe_{0,8}O_{3-\delta}$ bei verschiedenen Temperaturen ermittelt wurde. Diese Zusammensetzung weicht zwar stark von der hier betrachteten Zusammensetzung ab, dennoch wurden die Werte von [126] verwendet, da die Partialdruckabhängigkeit berücksichtigt werden sollte und da der Unterschied zwischen den Werten von [125] und [126] in Luft für alle Temperaturen kleiner als 1 % ist. Daten zur Nichtstöchiometrie δ von Sauerstoff sind ebenfalls von der Temperatur und dem Sauerstoffpartialdruck abhängig [116;117;124]. Die zur Bestimmung von δ verwendeten Messmethoden (Thermogravimetrie

und Festkörper-Coulometrie) liefern nur Änderungen relativ zu einer Referenz. Da diese Referenz unterschiedlich gewählt sein kann, können sich in einer Zusammenstellung parallel verschobene Kurven ergeben. Sinnvollerweise wird ein konstanter Wert zu den Daten addiert werden, um den Versatz auszugleichen, denn für die Nichtstöchiometrie eines Materials wird ein kontinuierlicher Verlauf erwartet. Die Werte für die Sauerstoffionenkonzentration bei 800 °C, welche mit Gleichung (2.8) aus den Daten von [116] berechnet wurden, stimmen einigermaßen mit den Werten von [17] überein. Bei den Daten von [117] und [124] wurde vor der Berechnung der Sauerstoffionenkonzentration ein konstanter Wert von 0,01 bzw. 0,029 hinzuaddiert.

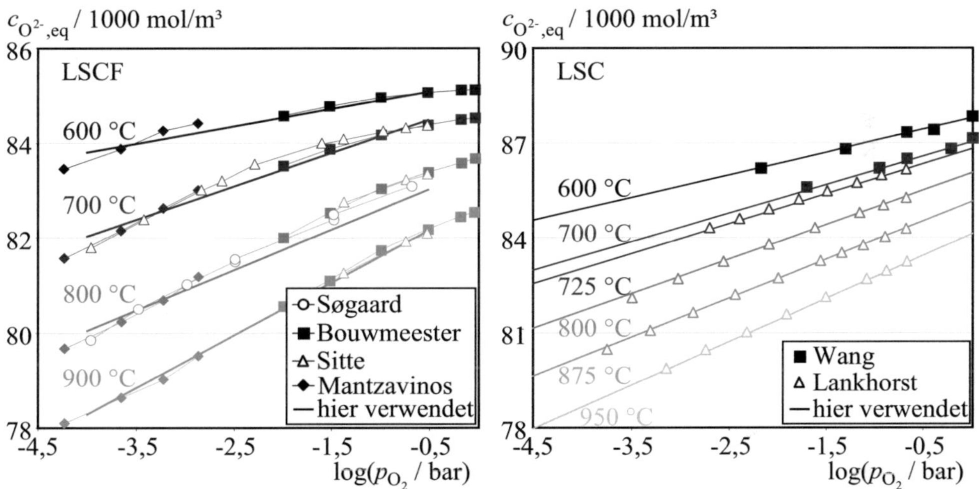

Abbildung 29: Sauerstoffionengleichgewichtskonzentration (LSCF und LSC)
Sauerstoffionenkonzentration als Funktion des Sauerstoffpartialdrucks bei verschiedenen Temperaturen für $La_{0,58/0,6}Sr_{0,4}Co_{0,2}Fe_{0,8}O_{3-\delta}$ (LSCF) und $La_{0,5}Sr_{0,5}CoO_{3-\delta}$ (LSC). Die dargestellten Werte wurden anhand verschiedener Literaturquellen ermittelt. Zusätzlich sind die für die Simulation verwendeten Geraden angegeben (Søgaard [17], Bouwmeester [116], Sitte [117], Mantzavinos [124], Wang [23] und Lankhorst [127]).

LSC ($La_{0,5}Sr_{0,5}CoO_{3-\delta}$): Die Werte von Wang [23] lagen direkt als Sauerstoffionenkonzentrationen vor. Ähnlich zu dem Vorgehen für LSCF mussten die Daten von Lankhorst [127] mit Hilfe von Gleichung (2.8) umgerechnet werden. Dazu ist die Ermittlung der Gitterkonstanten von LSC notwendig. Die Temperaturabhängigkeit der Gitterkonstanten wurde aus [128] entnommen. Mit Hilfe der Werte der Sauerstoffkonzentration von Wang [23] und der Nichtstöchiometrie-Werte von Lankhorst [127] wurde auf die Sauerstoffpartialdruckabhängigkeit zurückgeschlossen. Mittels der so bestimmten Gitterkonstanten konnten die Nichtstöchiometrie-Werte von Lankhorst [127] in Sauerstoffionenkonzentrationen umgerechnet werden.

BSCF ($Ba_{0,5}Sr_{0,5}Co_{0,8}Fe_{0,2}O_{3-\delta}$): Die Sauerstoffionenkonzentration von BSCF wurde ebenfalls als Funktion des Sauerstoffpartialdrucks für verschiedene Temperaturen ermittelt. Hier wurden die über Neutronen-Diffraktometrie bestimmten Werte von McIntosh [129] verwendet. Diese Messmethode liefert zusätzlich zu den Nichtstöchiometrie-Werten die Gitterkonstante, so dass die Sauerstoffionenkonzentration direkt berechnet werden kann. Die mittels Thermogravimetrie gemessenen Daten von Bucher [121] wurden mit den Daten von McIntosh verglichen und wegen eines zu großen Offsets der δ-Werte nicht berücksichtigt.

Tabelle 5: Parameter für die Berechnung der Sauerstoffionengleichgewichtskonzentration
Die Berechnung erfolgt mit den jeweiligen für LSCF, LSC und BSCF angegebenen Steigungen und Achsenabschnitten nach Gleichung (4.17). (* Werte wurden interpoliert; ** alte Werte, siehe Anhang G)

T / °C	g_{LSCF} / mol/m³	y_{LSCF} / mol/m³	g_{LSC} / mol/m³	y_{LSC} / mol/m³	g_{BSCF} / mol/m³	y_{BSCF} / mol/m³
600	365	85263	719	87793	864	59225
650	550[*]	85083[*]	812	87449	830	58725
700	700	84836	905	87046	796	58228
750	851[*]	84410[*]	997	86584	762	57735
800	852,53[**]	83457[**]	1090	86063	728	57244

4.5.1.2 Fehlerbetrachtung

Aufgrund der vorgenommenen Umrechnungen stellt sich die Frage, welchen Einfluss dabei auftretende Ungenauigkeiten haben. Es ist bemerkenswert, dass der Wert des Achsenabschnitts y, wie im Folgenden abgeschätzt wird, keinen Einfluss auf den mit dem FEM-Mikrostrukturmodell berechneten flächenspezifischen Widerstand ASR_{Cat} hat. Zudem bestimmt die Partialdruckabhängigkeit der Nichtstöchiometrie δ mehr als 90 % des Werts der Steigung g. Die Addition eines konstanten Wertes zum Ausgleich des Versatzes hat daher keinen Einfluss auf diese Abhängigkeit und sollte somit unkritisch sein. Zudem kann angemerkt werden, dass eine Änderung der Gitterkonstanten von 1 % eine Änderung der Steigung g von etwa 3 % verursacht, wohingegen der viel stärkere Einfluss auf den Achsenabschnitt y keine Auswirkung auf das Ergebnis der Berechnung hat.

<u>Abschätzung:</u> Der Spannungsverlust in der Kathode wird durch die Nernstgleichung (2.1) beschrieben und der Strom durch die Kathode hängt, wie anhand der Gleichungen (4.7) und (4.12) abgelesen werden kann, linear mit der Sauerstoffionenkonzentration zusammen. Zusammengenommen folgt daraus

$$ASR_{\text{Cat}} = \frac{U_{\text{Nernst}}}{j} = C \cdot \frac{\ln\left(p_{O_2,1}\big/ p_{O_2,2}\right)}{\left(c_{O^{2-},\text{eq},1} - c_{O^{2-},\text{eq},2}\right)} = C' \cdot \frac{\log\left(p_{O_2,1}\right) - \log\left(p_{O_2,2}\right)}{\left(c_{O^{2-},\text{eq},1} - c_{O^{2-},\text{eq},2}\right)} = C' \cdot \frac{1}{g}. \quad (4.19)$$

Durch Berechnungen für zwei Parametersätze, mit um den Faktor 10 unterschiedlichen Achsenabschnitten y aber ansonsten identischen Werten, konnte für das FEM-Mikrostrukturmodell verifiziert werden, dass der Achsenabschnitt y keinen Einfluss auf den berechneten flächenspezifischen Widerstand ASR_{Cat} hat.

4.5.2 Elektronenleitende Kathoden

Die elektrochemischen Reaktionen in dreiphasengrenzdominierten Elektroden können, wie bereits in 4.4.2 ausgeführt, stark vereinfacht durch linienspezifische Ladungstransferwiderstände beschrieben werden. Voraussetzung hierfür ist, dass die an der Dreiphasengrenze ablaufenden Vorgänge als auf eine Linie zusammengezogen betrachtet werden können. Somit muss die Ausdehnung der Reaktionszone viel kleiner als die Strukturgröße der Mikrostruktur sein. Die Ausdehnung der Reaktionszone wird für LSM-Kathoden mit 100 – 1000 nm [130] abgeschätzt[25]. Berechnungen mit zu den Ausdehnungen vergleichbaren oder kleineren Strukturgrößen erlauben nur Näherungslösungen, welche die tatsächliche Leistungsfähigkeit über-

---

[25] Die Ausdehnungen wurden anhand von Modellen geschätzt und können von den real vorliegenden abweichen.

schätzen. Werte für den linienspezifischen Ladungstransferwiderstand sind prinzipiell temperatur-, Gaszusammensetzungs- und Ladungstransferspannungsabhängig zu ermitteln. Abhängigkeiten von lokalen Größen wie der Ladungstransferspannung werden hier nicht berücksichtigt. Daher können in den Berechnungen mit dem FEM-Mikrostrukturmodell konstante Werte verwendet werden, denn es wird eine konstante Temperatur angenommen und die Gasdiffusion ist bei den hier betrachteten Mikrostrukturen vernachlässigbar.

4.5.2.1 LSM ($La_{0,75}Sr_{0,2}MnO_{3-\delta}$)

Die in dieser Arbeit verwendeten Werte für den linienspezifischen Ladungstransferwiderstand von LSM-Kathoden in Luft werden temperaturabhängig anhand von Messdaten ermittelt. Die Abhängigkeit von der Gaszusammensetzung braucht aus demselben Grund wie bei gemischt-leitenden Kathoden – Betrieb mit hohem Luftüberschuss – nicht berücksichtigt zu werden. Zwei Messdatensätze zu zwei Elektroden mit sehr unterschiedlicher Mikrostruktur sind verfügbar. Anhand des Datensatzes für eine einphasige LSM-Kathode wurden die temperaturabhängigen Werte bestimmt. Anhand des zweiten Messdatensatzes für eine LSM/8YSZ-Komposit-Elektrode werden in Abschnitt 5.5.2 die Parameter und das Modell überprüft. Kann der zweite Messdatensatz mit den zuvor bestimmten Werten reproduziert werden, kann davon ausgegangen werden, dass das Modell und die Werte verwendbar sind, denn bei diesen Elektroden liegt eine sehr unterschiedliche Mikrostruktur vor.

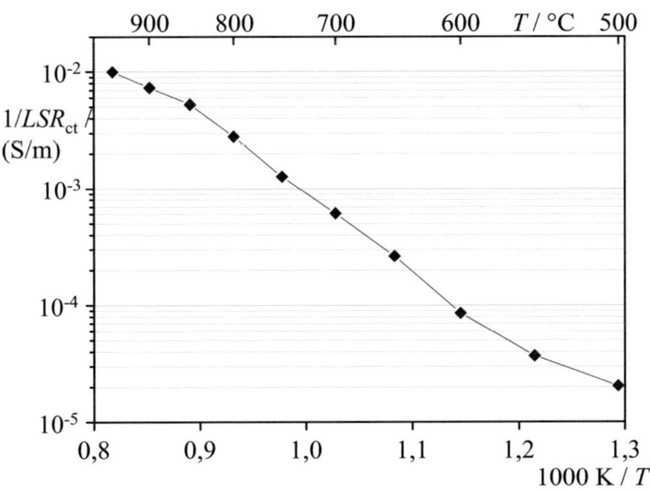

Abbildung 30: LSM/8YSZ – linienspezifischer Ladungstransferwiderstand
Linienspezifischer Ladungstransferwiderstand von $La_{0,75}Sr_{0,2}MnO_{3-\delta}/(Y_2O_3)_{0,08}(ZrO_2)_{0,92}$ (LSM/8YSZ) bei verschiedenen Temperaturen in Luft (Messdaten IWE).

Der temperaturabhängige linienspezifische Ladungstransferwiderstand LSR_{ct} von LSM-Kathoden kann aus Messdaten einer einphasigen Kathode bestimmt werden. Näherungsweise können die gesamten gemessenen Kathodenverluste ASR_{Cat} dem Ladungstransferwiderstand zugeordnet werden. Zur Berechnung des Ladungstransferwiderstands

$$LSR_{ct} = \frac{ASR_{Cat}}{l_{tpb} \cdot A} \tag{4.20}$$

ist die Länge der Dreiphasengrenze l_{tpb} notwendig. Bei einphasigen Elektroden ist diese auf die Grenzfläche zwischen Elektrode und Elektrolyt beschränkt. Die Länge der Dreiphasengrenze kann daher, wie in Anhang B beschrieben, experimentell bestimmt werden.

In Abbildung 30 sind die aus den experimentellen Daten bestimmten Werte des linienspezifischen Ladungstransferwiderstands LSR_{ct} über der Temperatur aufgetragen. Der LSR_{ct} für LSM zeigt ein arrheniusförmiges Temperaturverhalten. Der Verlauf entspricht somit den experimentellen Beobachtungen, dass die Kathodenverluste mit zunehmender Temperatur geringer werden. Der linienspezifische Ladungstransferwiderstand gilt streng genommen für die Dreiphasengrenze von LSM und dem 8YSZ-Elektrolyten, denn das Elektrolytmaterial kann den Wert des Ladungstransferwiderstands beeinflussen. Dies wird bei Abschätzungen beispielsweise für LSM/GCO vernachlässigt werden.

4.6 Zusammenfassung FEM-Mikrostrukturmodell

Mit dem FEM-Mikrostrukturmodell wurde ein Modell entwickelt, welches im Gegensatz zu den bereits verfügbaren Modellen die Mikrostruktur der Elektrode innerhalb eines repräsentativen Volumenelements nachbildet und alle physikalischen Prozesse in dieser berücksichtigt. Mit dem FEM-Mikrostrukturmodell kann der flächenspezifische Widerstand von verschiedenen Elektrodentypen berechnet werden. Die Nachbildung der Mikrostruktur basiert auf gleichgroßen Kuben, deren Größe frei gewählt werden kann. Somit können technisch relevante nm-skalige (Partikelgröße ~ 10 nm), meso-skalige (~ 100 nm) und µm-skalige (~ 1 µm) Elektroden untersucht werden.

Die Berechnung des Modells kann wegen der komplexen Geometrie nicht mehr analytisch erfolgen. Daher wird mit COMSOL Multiphysics® auf eine kommerzielle Software zurückgegriffen, die das numerische Verfahren der Finite-Elemente-Methode zur Berechnung einsetzt. Die Software ist für die Umsetzung des FEM-Mikrostrukturmodells aus mehreren Gründen besonders geeignet. Erstens konnten ohne großen Aufwand die notwendigen Transportprozesse der Sauerstoffmoleküle, Elektronen und Sauerstoffionen miteinander verkoppelt berechnet werden. Zweitens konnte die Berechnung und das Postprocessing über Batchfiles, Skripte und Funktionen vollständig automatisiert werden. Und drittens konnte die in dieser Arbeit entwickelte Beschreibung für die Mikrostruktur durch Matrizen, welche die Belegung der Kuben beinhalten, mit der geometrischen Beschreibung innerhalb von COMSOL Multiphysics® verknüpft werden, so dass verschiedene Materialverteilungen effektiv berechnet werden können.

Zur Validierung sind einige Punkte zu klären, da zur Berechnung die Finite-Elemente-Methode verwendet wird und da die Größe des Modells in COMSOL Multiphysics® beschränkt ist. Aus numerischer Sicht ist zu klären: 1. ob das Rechengitter ausreichend fein ist; 2. wie das Berechnungsergebnis durch die vielen Ecken und Kanten beeinflusst wird und 3. ob das repräsentative Volumenelement groß genug ist. Aus werkstoffwissenschaftlicher Sicht ist zu klären: 1. ob wichtige geometrische Kenngrößen der Elektroden wie die volumenspezifische Dreiphasengrenzlänge und Oberfläche richtig abgebildet werden; 2. ob die Transportvorgänge richtig beschrieben werden und 3. ob das Modell anhand experimenteller Daten verifiziert werden kann. Zur Beantwortung dieser Punkte wird das FEM-Mikrostrukturmodell im nächsten Kapitel analysiert.

5 Analyse FEM-Mikrostrukturmodell

In der Zusammenfassung des letzten Kapitels wurden einige Fragen aus numerischer und werkstoffwissenschaftlicher Sicht aufgeworfen, welche zur Validierung des FEM-Mikrostrukturmodells geklärt werden müssen. Daher erfolgt in diesem Kapitel eine detaillierte Analyse des Modells. Geometrische Kenngrößen werden ermittelt und soweit möglich mit Experimenten verglichen (Unterkapitel 5.1). Umfangreiche numerische Untersuchungen (5.2) werden durchgeführt: Diskutiert wird der Einfluss des Rechengitters, der Flüsse über Ecken und Kanten und der Modellgröße. Durch Modelle mit einer viel größeren Zahl an Kuben ($> 10^5$) werden diese kritischen Punkte, wenn ein Partikel durch mehrere Kuben approximiert werden kann, deutlich weniger wichtig oder entfallen sogar ganz. In diesem Zusammenhang wird in Abschnitt 5.2.4 kurz auf die Entwicklung eines Modells für die High-Performance-Computing-Anwendung eingegangen, denn in COMSOL Multiphysics® ist die Implementierung von solch großen Modellen nicht absehbar. Anschließend wird der Transport im FEM-Mikrostrukturmodell im Vergleich zu anderen Modellen anhand der Tortuosität bewertet (5.3). Zusätzlich zu all diesen Untersuchungen erfolgt in Unterkapitel 5.4 eine Vorbetrachtung zu Parametern, welche zwar in das Modell für gemischtleitende Kathoden eingehen jedoch, im nächsten Kapitel nicht mehr im Vordergrund stehen, da deren Einfluss auf das Berechnungsergebnis gering ist. Am Schluss der Untersuchungen steht die experimentelle Verifikation des FEM-Mikrostrukturmodells in Unterkapitel 5.5. Die Ergebnisse der Analyse des FEM-Mikrostrukturmodells werden am Ende des Kapitels in 5.6 zusammengefasst.

5.1 Geometrische Kenngrößen

Die Leistungsfähigkeit von Elektroden kann vereinfacht anhand der volumenspezifischen Oberfläche a bzw. der Dreiphasengrenzlänge l_{tpb} abgeschätzt werden, welche für die Geometrie des FEM-Mikrostrukturmodells, wie in Abschnitt 4.3.1 beschrieben, ermittelt werden können. Die volumenspezifische Oberfläche a einer einphasigen Elektrode aus gemischtleitendem Material wird in Abbildung 31 (links) für zwei verschiedene Modellflächen (7x7 und 20x20 Kuben) jeweils mit und ohne Berücksichtigung der Transportpfade als Funktion der Porosität ε dargestellt. Analog dazu wird in Abbildung 31 (rechts) die volumenspezifische Dreiphasengrenzlänge l_{tpb} einer zweiphasigen Elektrode aus elektronen- und ionenleitendem Material (Mischung 50 zu 50) als Funktion der Porosität ε dargestellt.

Die maximal erreichbaren Werte der Kenngrößen ohne Berücksichtigung der Transportpfade verlaufen in allen vier Fällen vergleichbar und steigen von 0 % Porosität zunächst stark an und weisen bei einer Porosität von 50 % bzw. ~ 30 % ein Maximum auf. Oberhalb des Maximums nehmen die Kenngrößen wieder ab. Für die kleinere Modellfläche (7x7) wird im Maximum eine 6 % niedrigere Oberfläche a bzw. 13 % geringere Dreiphasengrenzlänge l_{tpb} bestimmt. Die Unterschiede erklären sich mit dem stärkeren Einfluss der Ränder bei der kleineren Fläche, denn Flächen oder Kanten am Rand werden nicht mit berücksichtigt. Zudem weisen die für die kleinere Modellfläche berechneten Werte eine größere Streuung auf, weshalb bei der Berechnung der Dreiphasengrenzlänge l_{tpb} für 7x7 Kuben 60 anstelle von 15 Berechnungen gemittelt wurden. Aufgrund der Abweichungen zwischen den für eine Fläche von 7x7 und 20x20 Kuben bestimmten Kenngrößen ist eine möglichst große Modellfläche wünschenswert. Jedoch werden die Randeffekte zunehmend kleiner (vgl. Abschnitt 5.2.3), weswegen eine Fläche von 20x20 Kuben brauchbare Ergebnisse liefern sollte. Die Werte für die kleinere Modellfläche von 7x7 Kuben werden gezeigt, da die Größe der mit dem FEM-Mikrostrukturmodell berechenbaren Geometrien beschränkt ist und diese Fläche häufig für Berechnungen verwendet wurde. Der Unterschied der Kenngrößen für 7x7 und 20x20 Kuben wirkt sich jedoch nicht voll auf die berechneten Leistungsfähigkeiten von Elektroden aus, da nur ein Teil des Elektrodenvolumens elektrochemisch aktiv ist (Bsp. 7x7x8 und 20x20x8).

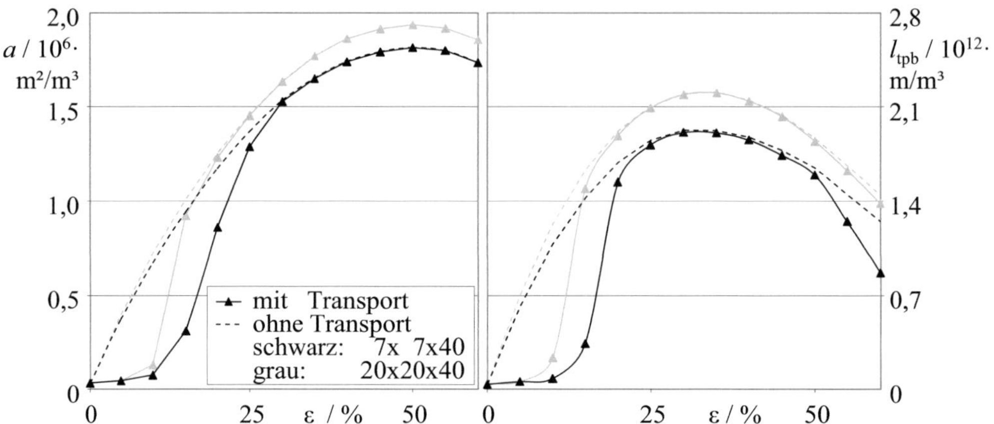

Abbildung 31: Oberfläche a und Dreiphasengrenzlänge l_{tpb} als Funktion der Porosität ε
<u>Links:</u> Volumenspezifische Oberfläche a einer einphasigen Elektrode aus gemischtleitendem Material als Funktion der Porosität ε. <u>Rechts:</u> Volumenspezifische Dreiphasengrenzlänge l_{tpb} einer zweiphasigen Elektrode aus elektronenleitendem und ionenleitendem Material (Feststoffanteile: 50/50) als Funktion der Porosität ε. Die Berechnung erfolgte für zwei verschiedene Größen der Geometrie 7x7x40 und 20x20x40 mit und ohne Berücksichtigung der Transportpfade (Kathodendicke 30 μm, Partikelgröße 750 nm, 15 bzw. 60 Simulationen).

Die unter Berücksichtigung der Transportpfade bestimmten Kenngrößen liegen für Porositätswerte kleiner als 30 bzw. 20 % deutlich unterhalb der maximal erreichbaren Werte. Im Gegensatz zu den ohne Berücksichtigung der Transportpfade berechneten Kenngrößen ist der Anstieg für Porositäten unterhalb 10 % zunächst sehr gering. Dann erfolgt ein viel stärkerer Anstieg, bis mit und ohne Berücksichtigung der Transportpfade annähernd dieselben Kenngrößen berechnet werden. Für Porositäten größer als 30 % sind beide im Fall der Oberfläche a identisch. Im Fall der Dreiphasengrenzlänge l_{tpb} sind beide nur bei Porositäten zwischen 20 und 50 % nahezu identisch. Darüber werden wieder zunehmende Abweichungen festgestellt. Die Ursache ist der Transport von Gas in der Elektrode. Für kleine Porositäten, unterhalb der Perkolationsschwelle, bildet sich kein durchgängiger Porencluster mehr aus. Folglich werden nicht alle auftretenden Oberflächen bzw. Dreiphasengrenzen mit Gas versorgt und sind elektrochemisch inaktiv. Die zunehmenden Abweichungen im Fall der Dreiphasengrenzlänge für Porositäten oberhalb von 50 % sind ebenfalls durch die Perkolation erklärbar. In diesem Fall liegen für die Feststoffanteile keine durchgängigen Transportpfade mehr vor und die Elektronen bzw. Ionen können nicht mehr zu- bzw. abgeführt werden.

5.1.1 Bewertung und Anwendung der geometrischen Kenngrößen

Die Bewertung, ob mit den für das FEM-Mikrostrukturmodell berechneten geometrischen Kenngrößen reale Elektrodenstrukturen richtig beschrieben werden, kann nur eingeschränkt vorgenommen werden, da diese Daten experimentell schwierig zu ermitteln sind und folglich nur wenige Werte vorliegen. Für die Dreiphasengrenzlänge l_{tpb} kann ein Vergleich zur Arbeit von Wilson et al. erfolgen [131]. Durch Abbildung, Rekonstruktion und Analyse der Mikrostruktur einer Elektrode wurde deren Dreiphasengrenzlänge l_{tpb} bestimmt ($ps \approx 1$ μm, $ε = 19,5$ % und Feststoffanteile: 32/68). Die berechneten Werte stimmen im Rahmen der Vergleichbarkeit gut mit dem experimentell ermittelten Wert von $4,28 \cdot 10^{12}$ m/m³ überein.

Berechnete Werte für die volumenspezifische Oberfläche a wurden von Peters [132] verwendet um experimentelle Daten zu nm-skaligen gemischtleitenden Kathoden (vgl. Abschnitt 5.5.1 und Abbildung 59) mit dem Modell von Adler [2;108] zu vergleichen. Für diese dünnen Kathodenschichten kann der flächenspezifische Widerstand ASR_{Cat} mit Hilfe des Modells von Adler analytisch berechnet werden. Der Wert von ASR_{Cat} wird nach Gleichung (3.33) maßgeblich von der Kathodendicke l_{Cat} und der volumenspezifischen Oberfläche a bestimmt, weitere geometrische Parameter gehen nicht ein. Die volumenspezifische Oberfläche a kann experimentell nur sehr schwierig ermittelt werden, daher wurde auf die berechneten Werte zurückgegriffen. Für die Berechnung der volumenspezifische Oberfläche a nach Abschnitt 4.3.1 sind drei geometrische Größen notwendig: Kathodendicke l_{Cat}, mittlere Partikelgröße ps und Porosität ε. Werte für die ersten beiden Größen können relativ gut anhand von Rasterelektronenmikroskopie-Aufnahmen bestimmt werden. Die Ermittlung der Porosität nanoskaliger Dünnschichten ist mit Verfahren wie der Quecksilber-Porosimetrie aufgrund des zu geringen Probenvolumens nicht möglich und wurde daher aus REM-Aufnahmen abgeschätzt. Um den experimentellen Schwierigkeiten Rechnung zu tragen, wurden bei der Berechnung der volumenspezifischen Oberfläche a, unter Berücksichtigung der Unsicherheit der Größen, für jede Probe die maximale, die minimale und die mittlere volumenspezifische Oberfläche bestimmt. Mit Hilfe dieser volumenspezifischen Oberflächen konnte Peters einen plausiblen Zusammenhang zwischen den gemessenen und nach Adler berechneten Werten des flächenspezifischen Widerstands nanometerskaliger, gemischtleitender Kathoden herstellen (vgl. Abbildungen 64, 65 und 74 in [132]). Weil die berechneten Werte für die volumenspezifischen Oberflächen a anwendbar sind und weil experimentell bestimmte und berechnete volumenspezifische Dreiphasengrenzlängen l_{tpb} vergleichbar sind, wird die im FEM-Mikrostrukturmodell verwendete Beschreibung der Mikrostruktur durch Kuben als ausreichend bewertet.

5.2 Numerische Untersuchungen zum FEM-Mikrostrukturmodell

Für die Berechnung mit dem FEM-Mikrostrukturmodell wird ein repräsentatives Volumenelement (RVE) verwendet, in dem die Mikrostruktur durch gleich große, symmetrisch angeordnete Kuben approximiert wird, wobei jeder Kubus einem Partikel entspricht. Die numerische Lösung erfolgt nach der Finite-Elemente-Methode durch die Software COMSOL Multiphysics®. Aus der gewählten Vorgehensweise ergeben sich verschiedene Fragestellungen, welche im Folgenden für gemischtleitende Kathoden untersucht werden:

- Wie fein muss das zur Berechnung verwendete Gitter sein, um eine korrektes Berechnungsergebnis zu gewährleisten?
- Was passiert an den Ecken und Kanten der Kuben mit dem durch das Modell fließenden Strom?
- Welchen Einfluss hat die Größe des repräsentativen Volumenelements auf das Ergebnis?

5.2.1 Untersuchung zum Rechengitter

Die Genauigkeit der mit einem Finite-Elemente-Methode-Modell berechneten Ergebnisse hängt von der Größe der finiten Elemente, welche durch das Rechengitter gegeben ist, ab. Deshalb muss ein optimiertes Rechengitter verwendet werden, das den für korrekte numerische Ergebnisse notwendigen Detaillierungsgrad aufweist und das die Berechenbarkeit erlaubt bzw. die verfügbare Rechenzeit berücksichtigt. Um ein passendes Rechengitter zu bestimmen, wird mit einem groben Rechengitter begonnen, welches schrittweise verfeinert wird, um eine größere Genauigkeit zu erzielen. Zu Beginn ändern sich die berechneten Werte mit jedem Verfeinerungsschritt am deutlichsten. Falls eine globale Konvergenz vorliegt, nehmen die Veränderungen (irgendwann) mit weiteren Verfeinerungsschritten ab. Das Rechengitter wird so lange verfeinert, bis die Veränderungen zwischen den einzelnen Verfeinerungsschritten kleiner als ein gegebenes Toleranzlevel (z.B. $< 0{,}1\,\%$) werden und die Ergebnisse als global konvergiert angesehen werden. Die Rechenzeit für dieses Rechengitter kann sehr groß sein, weshalb meist ein gröberes Rechengitter gewählt wird, das akzeptable Rechenzeiten und eine ausreichende Genauigkeit erlaubt. Die Genauigkeit wird als der Unterschied zwischen den Ergebnissen für das gröbere Rechengitter und für das Rechengitter mit globaler Konvergenz bestimmt.

Die Rechengitter, welche für die Berechnungen mit dem FEM-Mikrostrukturmodell verwendet werden, werden automatisch von COMSOL Multiphysics® generiert. Die Initialisierung des Rechengitters erfolgt anhand eines voreingestellten Parametersatzes. Der hier verwendete Parametersatz wird „Normal" genannt, weshalb das damit initialisierte Rechengitter auch als „Normal-Rechengitter" bezeichnet wird. Nach der Initialisierung kann das Rechengitter automatisch global verfeinert werden. Der verwendete Name gibt die Anzahl der Verfeinerungen an. Beispielsweise wird das „Normal+2-Rechengitter" durch Initialisierung mit dem Voreinstellungssatz „Normal" und darauf folgender zweimaliger globaler Verfeinerung erzeugt.

Für die dreidimensionalen Finite-Elemente-Simulationen mit dem FEM-Mikrostrukturmodell ist eine ausreichende Verfeinerung nicht in allen Fällen möglich, da die Berechnung aufgrund von Softwarebeschränkungen, Hauptspeicherbedarf oder Rechenzeitanforderungen fehlschlägt. Deshalb wurde eine Voruntersuchung anhand eines vereinfachten Modells mit zweidimensionaler Geometrie durchgeführt. Es besteht wie in der Abbildung 27 dargestellt aus einem gemischtleitenden Partikel auf einem Elektrolytblock. Weitere Vereinfachungen wurden getroffen, indem der Sauerstoffaustausch über die Oberfläche nur an der Kante zwischen dem Partikel und der Pore erlaubt ist und indem die Gasdiffusion mit der Annahme eines konstanten Sauerstoffpartialdrucks in der Pore vernachlässigt wurde. Das erste Ziel ist die Untersuchung des Konvergenzverhaltens für einen weiten Bereich von 10^{-12} bis 10^{-6} m für die Kantenlänge der finiten Elemente. Da die Berechnung mit COMSOL Multiphysics® nur für eine maximale Anzahl von finiten Elemente möglich ist, konnten bei einer gegebenen Partikelgröße nur fünf Verfeinerungen des Rechengitters berücksichtigt werden. Jedes der Rechengitter (Normal, Normal+1, Normal+2 … Normal+5) besteht aus dreiecksförmigen finiten Elementen, für welche die Kantenlänge – unter der Annahme, dass die Dreiecke gleich groß sind – aus der Anzahl und der Fläche (ps^2) berechnet wurde. Daher wurden, um die Untersuchung des Konvergenzverhaltens in dem gewählten weiten Bereich für die Größe der Kantenlängen zu ermöglichen, sechs verschiedene Partikelgrößen ps (0,1, 1, 10, 100, 1000 nm und 10 µm) verwendet.

In Abbildung 32 wird der mit dem vereinfachten, zweidimensionalen Modell berechnete flächenspezifische Widerstand der Kathode als Funktion der Kantenlänge der finiten Elemente dargestellt. Die Symbole kennzeichnen, für welche Partikelgröße der jeweilige Wert berechnet wurde. Für alle flächenspezifischen Widerstände, welche für die gleichen Austauschkoeffizienten k^δ und chem. Festkörperdiffusionskoeffizienten D^δ berechnet wurden, wird dieselbe Graustufe verwendet. Anhand der Abbildung kann die globale Konvergenz ermittelt werden. Diese liegt vor, wenn sich die berechneten flächenspezifischen Widerstandswerte nicht mehr mit kleiner werdenden Kantenlängen ändern. Folglich kann für jede Wertekombination von k^δ und D^δ eine optimale Kantenlänge $l_{\text{FE,opt}}$ bestimmt werden. Diese entspricht dem größtmöglichen Wert, für den Konvergenz erzielt wurde. Der Wert wird dabei von den Werten beider Materialparameter k^δ und D^δ beeinflusst. Darüber hinaus entspricht die optimale Kantenlänge ziemlich genau der kritischen Dicke $l_{\text{FE,opt}} \approx l_c = D^\delta / k^\delta$.

Dies gilt nicht nur für die in Abbildung 32 gezeigten Wertekombinationen der Material-parameter k^δ und D^δ, sondern auch für weitere, der Übersichtlichkeit halber nicht dargestellte Ergebnisse. Folglich liegt es nahe anzunehmen, dass die berechneten Ergebnisse generell einen akzeptablen numerischen Fehler aufweisen, wenn die Kantenlänge der finiten Elemente kleiner als die kritische Dicke ($l_{FE} < l_c = D^\delta / k^\delta$) ist. Der für das vereinfachte, zweidimen-sionale Modell gefundene Zusammenhang zwischen der Genauigkeit der Berechnungen und der Bedingung für die Kantenlänge der finiten Elemente sollte wie im Folgenden gezeigt wird auf das dreidimensionale FEM-Mikrostrukturmodell übertragbar sein. Denn räumlichen Effekte, die das Ergebnis ändern könnten, sind nicht zu erwarten.

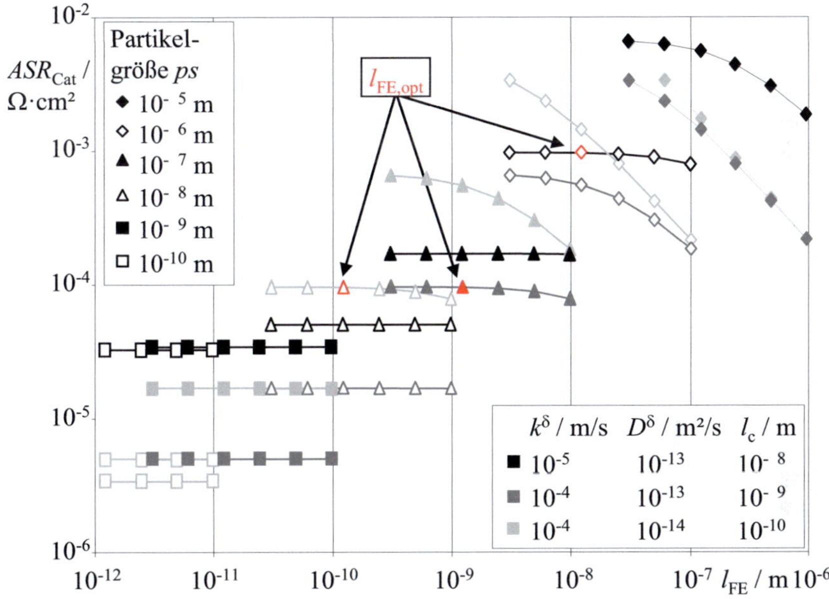

Abbildung 32: Untersuchung zum Rechengitter des FEM-Mikrostrukturmodells
Flächenspezifischer Widerstand der Kathode nach dem vereinfachten zweidimensionalen Modell als Funktion der Kantenlänge der finiten Elemente. Die Symbole kennzeichnen die Partikelgröße und die Graustufen stehen für verschiedene Kombinationen der Materialparameter.

In Tabelle 6 werden die Veränderungen der mit dem FEM-Mikrostrukturmodell für das Normal+2-Rechengitter berechneten Werte des flächenspezifischen Widerstands zu denen für das Normal+1-Rechengitter dargestellt. Für die Berechnungen wurde eine Realisierung des RVE für eine 30 µm dicke, poröse Kathode mit einer Partikelgröße von 750 nm und einer Porosität von 35 % als Beispiel verwendet. Die Wertekombinationen für die Materialparameter k^δ und D^δ, welche dieselbe kritische Dicke l_c aufweisen, liegen auf einer Diagonalen von der oberen linken zur unteren rechten Ecke. Entlang der beispielhaft hervorgehobenen Linie weist die kritische Dicke l_c einen Wert von 10^{-6} m auf, der ungefähr der Kantenlänge der finiten Elemente und der Partikelgröße entspricht ($l_{FE} \approx ps = 750$ nm). Die Werte für die Veränderung entlang der Diagonalen – außer in dem rechten unteren Bereich der Tabelle, der später betrachtet wird – sind annähernd konstant. Diese Abhängigkeit der Veränderungen von der kritischen Dicke l_c deckt sich qualitativ mit den Ergebnissen für das vereinfachte, zweidimensionale Modell. Weiter zeigt die Tabelle, dass die Veränderungen rechts oberhalb der hervorgehobenen Linie, wo $l_{FE} < l_c$ gilt, kleiner als 2 % sind, wohingegen die Veränderungen der Werte links unterhalb der hervorgehobenen Line, wo $l_{FE} > l_c$ gilt, einen nicht-akzeptablen hohen numerischen Fehler größer als 2 % anzeigen. Folglich werden die Ergebnisse in diesem Bereich als falsch angesehen. Insgesamt folgt, dass die für das vereinfachte, zweidimensionale Modell gemachten Beobachtungen auf das FEM-Mikrostrukturmodell übertragbar sind.

Tabelle 6: Untersuchung zum Rechengitter – Abhängigkeit von den Materialparametern
Veränderung in Prozent der numerisch berechneten Ergebnisse des FEM-Mikrostrukturmodells für ein Normal+2-Rechengitter im Vergleich zu dem Normal+1-Rechengitter in Abhängigkeit von den Materialparametern k^δ und D^δ. Die Veränderungen wurden anhand des Beispiels einer Realisierung für eine 30 µm dicke Kathode mit einer Partikelgröße von 750 nm und einer Porosität von 35 % ermittelt.

	10^{-15}	10^{-14}	10^{-13}	10^{-12}	10^{-11}	10^{-10}	10^{-9}	10^{-8}	10^{-7}	10^{-6}	D^δ / m²/s
10^{-10}	- 1,29	- 1,76	- 1,43	- 0,34	- 0,04	- 0,01	0,00	0,00	0,00	0,00	
10^{-9}	- 0,87	- 1,29	- 1,76	- 1,43	- 0,34	- 0,04	- 0,01	0,00	0,00	0,00	
10^{-8}	- 8,58	- 0,87	- 1,29	- 1,76	- 1,43	- 0,34	- 0,04	0,00	0,00	0,00	
10^{-7}	- 33,07	- 8,58	- 0,87	- 1,29	- 1,77	- 1,43	- 0,34	- 0,05	- 0,01	- 0,01	
10^{-6}	- 43,07	- 33,07	- 8,58	- 0,87	- 1,29	- 1,78	- 1,47	- 0,41	- 0,13	- 0,09	
10^{-5}	- 44,37	- 43,06	- 33,06	- 8,57	- 0,88	- 1,33	- 1,91	- 1,83	- 1,05	- 0,84	
10^{-4}	- 44,42	- 44,29	- 42,97	- 32,96	- 8,54	- 1,02	- 1,76	- 3,05	- 4,08	- 4,30	
10^{-3}	- 43,64	- 43,62	- 43,49	- 42,15	- 32,06	- 8,29	- 2,26	- 4,41	- 6,38	- 7,11	
k^δ / m/s											

Nun wird der Einfluss der Porosität auf den von einem zu groben Rechengitter verursachten numerischen Fehler untersucht. Als Beispiel werden die Wertekombinationen für die Materialparameter k^δ und D^δ betrachtet, welche die rechte obere ($k^\delta = 10^{-10}$ m/s, $D^\delta = 10^{-6}$ m²/s) und die linke untere ($k^\delta = 10^{-3}$ m/s, $D^\delta = 10^{-15}$ m²/s) Ecke in Tabelle 6 bilden. Denn für diese Kombinationen ergeben sich die größten bzw. die kleinsten Veränderungen. Für die Wertekombinationen werden die Veränderungen des berechneten flächenspezifischen Widerstands ASR_{Cat} zwischen fünf sukzessive verfeinerten Rechengittern bei verschiedenen Porositäten bestimmt.

In Tabelle 7 werden die Ergebnisse für den Fall mit dem kleinsten Fehler ($k^\delta = 10^{-10}$ m/s, $D^\delta = 10^{-6}$ m²/s) gezeigt. Der Fehler ist, wie erwartet, da $l_{FE} < l_c$, praktisch Null und ist unabhängig von der Feinheit des Rechengitters oder der Porosität. In Tabelle 8 hingegen werden die Ergebnisse für den Fall mit dem größten Fehler ($k^\delta = 10^{-3}$ m/s, $D^\delta = 10^{-15}$ m²/s) gezeigt. Während die Veränderungen unterhalb von 25 % Porosität wiederum klein sind, treten für Porositäten größer und gleich 25 % drastische Veränderungen auf. Dies kann damit erklärt werden, dass unterhalb einer Porosität von 25 % in der Mikrostruktur (bei den Ergebnissen für die Realisierungen aus Tabelle 8) keine aktiven Dreiphasengrenzen (für die die Perkolation aller drei Phasen Voraussetzung ist) existieren. Das Fehlen aktiver Dreiphasengrenzen wurde durch (hier nicht ausgeführte) Analysen der Geometrie nachgewiesen. Weitere (hier nicht gezeigte) Berechnungen für andere Realisierungen der Mikrostruktur zeigen ebenfalls, dass die Existenz einer aktiven Dreiphasengrenze eine Voraussetzung dafür ist, dass falsche numerische Ergebnisse berechnet werden, wenn $l_{FE} > l_c$ gilt. Deshalb wird angenommen, dass die für Porositäten unterhalb der Perkolationsschwelle der Poren berechneten Werte richtig sind.

Es ist interessant, dass die Veränderungen der für das Normal+1-Rechengitter berechneten Werte zu denen für das Normal-Rechengitter berechneten vergleichsweise klein sind, wohingegen die Veränderungen zwischen den weiter verfeinerten Rechengittern deutlich größer sind. Dies kann, wie in dem hier vorliegenden Fall, vorkommen, wenn das Rechengitter weit gröber ist als für die globale Konvergenz notwendig. Zudem nimmt die Anzahl der finiten Elemente, welche bei einer Verfeinerung generiert werden, exponentiell zu, weshalb sich der Zuwachs an Elementen zwischen dem Normal- und dem Normal+1-Rechengitter als zu klein herausstellt, um signifikante Veränderungen des berechneten flächenspezifischen Widerstands zu ermöglichen. Dagegen machen weitere Verfeinerungsschritte die tatsächlichen, viel größeren Abweichungen sichtbar.

Tabelle 7: Untersuchung zum Rechengitter – Abhängigkeit von der Porosität I
Veränderung in Prozent der für verschiedene Rechengitter berechneten Ergebnisse des FEM-Mikrostrukturmodells für verschiedene Porositäten bei $k^\delta = 10^{-10}$ m/s, $D^\delta = 10^{-6}$ m²/s. Die Veränderungen wurden anhand des Beispiels einer Realisierung für eine 30 µm dicke Kathode mit einer Partikelgröße von 750 nm ermittelt.

Porosität / %	Normal zu Normal+1 / %	Normal+1 zu Normal+2 / %	Normal+2 zu Normal+3 / %	Normal+3 zu Normal+4 / %
5	0,00	0,00	0,00	-
10	0,00	0,00	0,00	-
15	0,00	0,00	0,00	-
20	0,00	0,00	0,00	-
25	0,00	0,00	0,00	-
30	0,00	0,00	0,00	-
35	0,00	0,00	0,00	-
40	0,00	0,00	0,00	-
45	0,00	0,00	0,00	-
50	0,00	0,00	0,00	-
55	- 0,01	0,00	0,00	-
60	0,00	0,00	0,00	-

Tabelle 8: Untersuchung zum Rechengitter – Abhängigkeit von der Porosität II
Veränderung in Prozent der für verschiedene Rechengitter berechneten Ergebnisse des FEM-Mikrostrukturmodells für verschiedene Porositäten bei $k^\delta = 10^{-3}$ m/s, $D^\delta = 10^{-15}$ m²/s. Die Veränderungen wurden anhand des Beispiels einer Realisierung für eine 30 µm dicke Kathode mit einer Partikelgröße von 750 nm ermittelt.

Porosität / %	Normal zu Normal+1 / %	Normal+1 zu Normal+2 / %	Normal+2 zu Normal+3 / %	Normal+3 zu Normal+4 / %
5	- 0,63	- 0,83	- 0,36	- 0,28
10	- 1,09	- 1,50	- 0,67	- 0,52
15	- 1,43	- 2,03	- 0,89	- 0,70
20	- 1,36	- 2,02	- 0,89	- 0,67
25	- 0,69	- 42,49	- 12,69	- 13,48
30	- 0,89	- 43,25	- 12,89	- 18,06
35	- 0,94	- 43,64	- 13,17	- 14,76
40	- 0,77	- 43,91	- 12,76	- 17,44
45	- 0,84	- 43,66	- 13,04	- 16,49
50	- 0,72	- 44,04	- 12,89	- 18,07
55	- 0,97	- 44,15	- 12,71	- 17,44
60	- 1,12	- 43,64	- 13,02	- 16,39

Alle weiteren Ergebnisse, die im Rahmen dieser Arbeit für das FEM-Mikrostrukturmodell präsentiert werden, wurden mit dem Normal+1-Rechengitter berechnet, welches eine ausreichend schnelle Berechnung erlaubt. Der Zuwachs an Genauigkeit, der sich durch die Verwendung feinerer Rechengitter erzielen lässt, ist relativ gering und der damit verbundene viel höhere Rechenaufwand ist für die hier angestellten Untersuchungen nicht gerechtfertigt. Darüber hinaus sind die für häufig eingesetzte gemischtleitende Materialien wie LSCF und LSC berechneten Werte der kritischen Dicke größer als 10^{-6} m. Folglich ist das Normal+1-Rechengitter ausreichend genau, um die Bedingung $l_{FE} < l_c$ für eine numerische Berechnung mit einem kleinen Fehler zu erfüllen.

5.2.2 Flüsse über Ecken und Kanten

Die im FEM-Mikrostrukturmodell verwendete Approximation für die reale Mikrostruktur der Elektroden besteht aus gleich großen, symmetrisch angeordneten Kuben. Folglich existieren innerhalb des Modells viele Ecken und Kanten. Theoretisch gesehen dürfte über diese kein Strom fließen, da keine Kontaktfläche zur Verfügung steht. Bei der Berechnung mit der Finite-Elemente-Methode existieren an den Ecken und Kanten Knotenpunkte, an denen das Potential einen Wert annehmen muss. Für diese Knotenpunkte werden Gradienten zu den benachbarten Knoten berechnet, aus denen dann ein Stromfluss resultiert. Der Stromfluss kann bei einem genügend feinen Rechengitter vernachlässigbar klein sein. Dieser wird zunächst anhand eines zweidimensionalen Modells am Stromfluss über eine Ecke betrachtet. Dann wird eine Abschätzung für das FEM-Mikrostrukturmodell herausgearbeitet.

5.2.2.1 2D-Modell

In Abbildung 33 wird der Strom durch das zweidimensionale Modell in Abhängigkeit von der Verfeinerung des verwendeten Rechengitters dargestellt. Die Geometrie des Modells besteht, wie in Abbildung 33 skizziert, aus zwei gleichgroßen Quadraten mit einer Kantenlänge von $l_{cu} = 100$ nm und einer gemeinsamen Ecke. An der obersten und untersten Kante werden Potentiale vorgegeben, alle anderen Randbedingungen sind elektrische Isolation. Der Stromfluss durch die Geometrie wurde für verschiedene Leitfähigkeiten berechnet.

Die Initialisierung des Rechengitters wurde mit der Voreinstellung Normal automatisch durchgeführt. Im Gegensatz zur bisher vorgestellten automatischen globalen Verfeinerung des Rechengitters wurde nur die Ecke lokal besser aufgelöst. Hierzu wurde in jedem Schritt n ein quadratischer Bereich mit der Ecke als Mittelpunkt und einer Kantenlänge von $l_{cu} / 2^{n-1}$ in die Verfeinerung des Rechengitters mit einbezogen. Nach der dreißigsten lokalen Verfeinerung erfolgte dann ein globaler Verfeinerungsschritt. Bis zur vierundzwanzigsten lokalen Verfeinerung nimmt der Strom durch das Modell mit jedem Verfeinerungsschritt ab. Die Abnahme ist hierbei in der logarithmischen Darstellung annähernd linear. Folglich liegt selbst nach der vierundzwanzigsten lokalen Verfeinerung keine Konvergenz vor. Ab der fünfundzwanzigsten Verfeinerung kommt es zu Berechnungsproblemen, und eine Warnmeldung wird angezeigt. Deshalb werden die Ergebnisse im hinterlegten Bereich nicht berücksichtigt. Die Leitfähigkeit hat keinen Einfluss auf den Verlauf des Stromes in Abhängigkeit von der Verfeinerung des Rechengitters. Die naheliegende Vermutung, dass die Kantenlänge der Quadrate ebenfalls keinen Einfluss hat, wurde durch weitere hier nicht gezeigte Ergebnisse für Kantenlängen von 1 µm, 10 µm, 100 µm, 1 mm und 10 mm bestätigt.

Aus den Untersuchungen zu dem zweidimensionalen Modell folgt, dass selbst für lokal sehr feine Rechengitter der Stromfluss über die Ecke nicht vernachlässigbar ist. In dreidimensionalen Modellen können in COMSOL Multiphysics® keine lokalen Verfeinerungen verwendet werden und zudem kann nur eine sehr beschränkte Anzahl an globalen Verfeinerungen vorgenommen werden. Folglich sind die Ströme über Ecken und Kanten im FEM-Mikrostrukturmodell vorhanden und nicht vernachlässigbar. Das Ausmaß dieser Ströme soll anhand des 2D-Modells und vereinfachter 3D-Modelle von zwei Kuben mit einer gemeinsamen Ecke bzw. Kante untersucht werden. Dazu wird in diesen Modellen eine Kontaktfläche zwischen den Quadraten bzw. Kuben erlaubt, welche schrittweise verkleinert wird. Mit diesen Ergebnissen soll dann eine effektive Kontaktfläche für die Geometrie des FEM-Mikrostrukturmodells abgeschätzt werden.

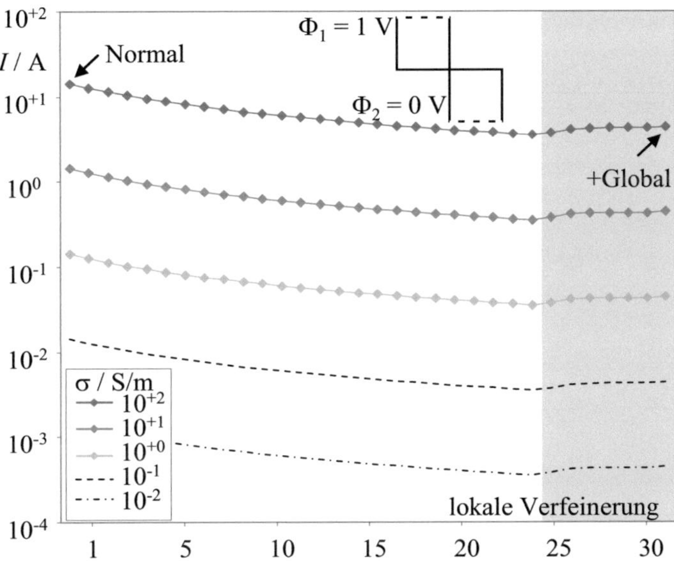

Abbildung 33: Untersuchung zum Strom über eine Ecke in einem 2D-Modell
Strom durch ein zweidimensionales Modell aus zwei gleichgroßen Quadraten mit einer Kantenlänge von 100 nm und einer gemeinsamen Ecke für verschiedene Leitfähigkeiten. Zur Berechnung des Stromes wurden unterschiedlich feine Rechengitter verwendet.

5.2.2.2 Effektive Kontaktfläche

Im FEM-Mikrostrukturmodell werden Stromflüsse über Ecken und Kanten erwartet. Am Beispiel eines 7x7x30-Modells mit einer Partikelgröße von 1 µm und Normal+1-Rechengitter wurde für 1 V Potentialunterschied zwischen zwei Kuben für den Stromfluss über eine gemeinsame Kante ein Wert von $2{,}34587 \cdot 10^{-9}$ A bzw. über eine gemeinsame Ecke ein Wert von $1{,}04706 \cdot 10^{-9}$ A bestimmt. Die Frage ist, ob dieser Stromfluss vernachlässigbar klein ist oder ob der Wert in einem vertretbaren Rahmen liegt. Zur Bewertung werden drei verschiedene Modelle, mit den in Abbildung 34 skizzierten Geometrien, herangezogen: Das eben verwendete zweidimensionale Modell, bei dem anstelle der Ecke eine Kontaktlinie zwischen den zwei Quadraten erlaubt wird, und zwei dreidimensionale Modelle mit je zwei Kuben, die analog zum 2D-Modell entlang einer Kante bzw. an einer Ecke eine Kontaktfläche aufweisen. Die Ausdehnung der Kontaktlinie bzw. -flächen wird gezielt variiert. Für das erste Modell beträgt diese $l_{cu} / 2$. Die Ausdehnung wird schrittweise verkleinert und für das n-te Modell beträgt diese $l_{cu} / 2^{n+1}$.

Der Bereich der Kontaktlinie wurde im 2D-Modell lokal verfeinert, um die Konvergenz zu untersuchen. In Tabelle 9 sind die Veränderungen der berechneten Ströme für verschiedene lokale Verfeinerungen angegeben. Die Veränderungen sind nahezu Null, vor allem, wenn diese mit den für eine gemeinsame Ecke ohne Kontaktfläche bestimmten Änderungen, welche zusätzlich angegeben sind, verglichen werden. Folglich kann davon ausgegangen werden, dass für die mit dem 2D-Modell mit Kontaktlinie berechneten Ergebnisse Konvergenz vorliegt. Zusätzlich zu den in Tabelle 9 gezeigten Ergebnissen wurden weitere Verfeinerungen vorgenommen, und nach der zehnten lokalen Verfeinerung wurde einmal global verfeinert. Dabei zeigten sich ebenfalls keine Änderungen. Eine Untersuchung der Konvergenz der 3D-Modelle ist nicht vergleichbar detailliert möglich, da das Rechengitter nur global verfeinert werden kann. Die Ergebnisse des 2D-Modells können jedoch für den 3D-Fall einer Kontaktfläche entlang einer Kante zwischen zwei Kuben umgerechnet werden. In Abbildung 34 werden die durch die 3D-Modelle mit zwei Kuben (mit einer gemeinsamen Kontaktfläche entlang einer Kante bzw. in einer Ecke) berechneten Stromflüsse mit den umgerechneten Ergebnissen des 2D-Modells für verschiedene Ausdehnungen der Kontaktfläche verglichen. Zusätzlich sind die Ergebnisse des FEM-Mikrostrukturmodells als Linien eingetragen. Die Abweichungen zwischen dem 2D- und dem 3D-Modell für den Fall einer Kontaktfläche entlang einer Kante sind vernachlässigbar. Somit kann davon ausgegangen werden, dass für die mit den beiden 3D-Modellen berechneten Ergebnisse ebenfalls Konvergenz vorliegt.

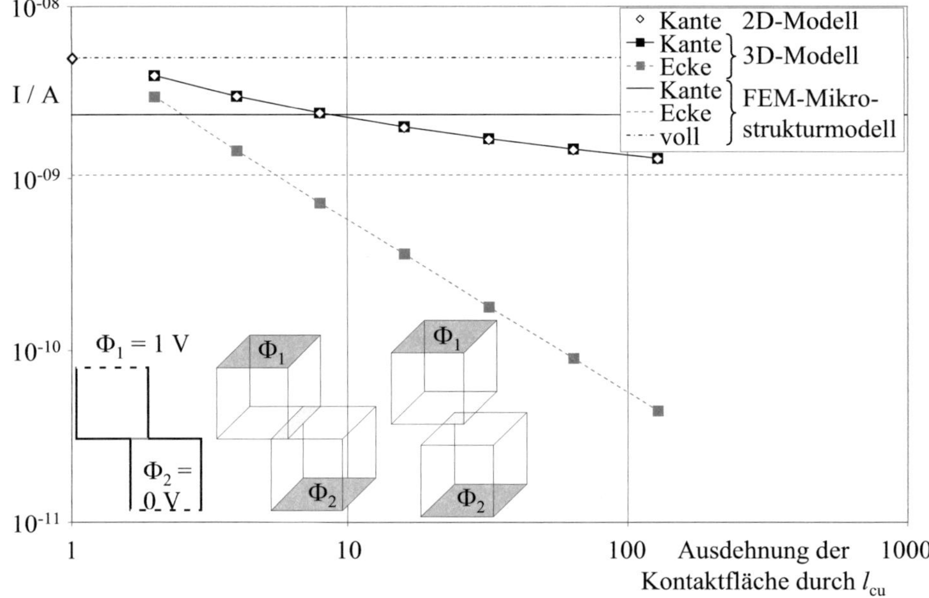

Abbildung 34: FEM-Mikrostrukturmodell – Bestimmung effektiver Kontaktflächen
Strom über eine Kante bzw. Ecke in der Geometrie des FEM-Mikrostrukturmodells im Vergleich zum Strom über eine gemeinsame Kontaktfläche entlang einer Kante bzw. in einer Ecke zweier l_{cu} = 1 µm großen Kuben für verschiedene Ausdehnungen der Kontaktfläche.

In Abbildung 34 sind die Ergebnisse für das FEM-Mikrostrukturmodell als Linien angegeben. Durch den Vergleich mit den Ergebnissen für die 2D- und 3D-Modelle mit einer Kontaktfläche entlang einer Kante bzw. in einer Ecke kann die Ausdehnung einer effektiven Kontaktfläche bestimmt werden, die im FEM-Mikrostrukturmodell vorliegen müsste, um einen entsprechenden Stromfluss über die Kante bzw. Ecke zu ermöglichen. Im Fall des Stromes über eine gemeinsame Kante wird eine effektive Kontaktfläche von kleiner 1/8 und im Fall des Stromes über eine gemeinsame Ecke von kleiner 1/16 der Grundfläche ($l_{cu}^2 = ps^2$) abgeschätzt. Die Ströme, die im FEM-Mikrostrukturmodell an den Ecken und Kanten zwischen benachbarten Kuben vorkommen, entsprechen somit relativ kleinen Kontaktflächen zwischen den Partikeln. Die Ausdehnung der Kontaktflächen ist zwar nicht vernachlässigbar, liegt jedoch in einem vertretbaren Rahmen. Insbesondere für die im FEM-Mikrostrukturmodell berücksichtigten Transportphänomene ist es günstig, dass auch Ströme über die Ecken und Kanten möglich sind – vgl. Betrachtungen zur Tortuosität in Unterkapitel 5.3.

Tabelle 9: Untersuchung zum Strom über eine Ecke in einem 2D-Modell

Veränderung in Prozent der für verschiedene lokal verfeinerte Rechengitter berechneten Ergebnisse des 2D-Modells bei einer Kantenlänge von 1 µm und einer Leitfähigkeit von 0,01 S/m für verschiedene Ausdehnungen der Kontaktlinie l_{cu} / 2^{n+1}.

n / -	Normal zu Normal+1 / %	Normal+1 zu Normal+2 / %	Normal+2 zu Normal+3 / %	Normal+3 zu Normal+4 / %	Normal+4 zu Normal+5 / %	Normal+5 zu Normal+6 / %
0	- 0,13	- 0,05	- 0,02	- 0,01	0,00	0,00
1	- 0,29	- 0,12	- 0,05	- 0,02	- 0,01	0,00
2	- 0,58	- 0,24	- 0,10	- 0,04	- 0,02	- 0,01
3	- 0,53	- 0,21	- 0,08	- 0,03	- 0,01	- 0,01
4	- 0,52	- 0,21	- 0,08	- 0,03	- 0,01	- 0,01
5	- 0,42	- 0,16	- 0,06	- 0,03	- 0,01	0,00
6	- 0,38	- 0,15	- 0,06	- 0,02	- 0,01	0,00
Ecke	- 11,11	- 10,01	- 9,10	- 8,34	- 7,70	- 7,15

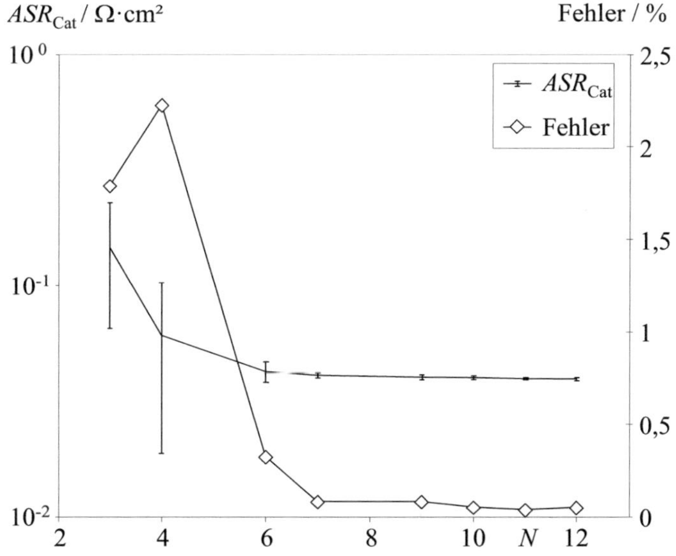

Abbildung 35: Untersuchung zur Modellgröße und Anzahl der Simulationen

Flächenspezifischer Widerstand (Mittelwert von 30 Realisierungen) einer 20 Partikel dicken, gemischtleitenden Kathode in Abhängigkeit von der Modellgröße N x N. Die Fehlerbalken geben die Standardabweichung an, die für die 30 verschiedenen Realisierungen der Mikrostruktur ermittelt wurde. Zusätzlich ist eine Fehlerabschätzung für die berechneten Widerstandswerte angegeben.

5.2.3 Einfluss der Modellgröße

Das FEM-Mikrostrukturmodell verwendet das Konzept eines (stochastisch) repräsentativen Volumenelements RVE, um den Einfluss der Mikrostruktur von Elektroden auf den flächenspezifischen Widerstand zu bestimmen. Das RVE berücksichtigt die gesamte Elektrodendicke und weist eine Fläche von N x N Partikeln auf. Die Ergebnisse von mehreren verschiedenen Realisierungen des RVE werden gemittelt, um den flächenspezifischen Widerstand ASR_{Cat} zu bestimmen. Im FEM-Mikrostrukturmodell kann nur eine beschränkte Anzahl an Kuben bei der Berechnung berücksichtigt werden, da Beschränkungen hinsichtlich des Hauptspeichers, der Rechenzeit und der Software bestehen. Beispielsweise beinhaltet ein RVE mit $N_x = 7$, $N_y = 7$ und $N_z = 48$ Kuben (ein 7x7x48 Modell) 2352 Kuben. Aufgrund dessen ist die im FEM-Mikrostrukturmodell berücksichtigte Fläche beschränkt und mögliche (parallele) Transportpfade, die das RVE verlassen, werden abgeschnitten. Dadurch wird ein erhöhter flächenspezifischer Widerstandswert berechnet. Die Frage ist, welche Fläche berücksichtigt werden muss und wie viele Berechnungen zu unterschiedlichen Realisierungen gemittelt werden müssen, um ein nicht zu sehr verfälschtes Ergebnis für den Wert des flächenspezifischen Widerstands ASR_{Cat} zu erhalten.

Als Beispiel wird ein 20 Partikel dickes RVE untersucht. In Abbildung 35 wird der flächenspezifische Widerstand als Funktion der Fläche N x N x ps^2 des RVE bei ansonsten gleichen Parametern dargestellt. Die angegebenen Werte sind die Mittelwerte von jeweils 30 unterschiedlichen Realisierungen. Wie vermutet, werden für kleinere Flächen höhere Widerstandswerte berechnet. Mit zunehmender Fläche nehmen die flächenspezifischen Widerstandswerte zunächst ab und erreichen dann für Flächen größer und gleich 7 x 7 Partikel einen annähernd konstanten Wert. Dies ist ein Hinweis darauf, dass es ausreicht, eine begrenzte Fläche zu betrachten, wenn mindestens 7 x 7 Partikel im RVE berücksichtigt werden. Analoge Untersuchungen wurden bereits in [112] und [133] mit einem vergleichbaren Ergebnis präsentiert. Die minimale Anzahl kann von den Parametern abhängen, deshalb müsste eine ähnliche Untersuchung für die jeweils betrachteten Parameter durchgeführt werden, um sicherzustellen, dass ein ausreichend großes RVE verwendet wird.

Der Fehler e der berechneten flächenspezifischen Widerstandswerte ist abhängig von der Standardabweichung σ_{Std} und der Anzahl der Werte N_{sim} für unterschiedliche Realisierungen, die gemittelt werden. Zudem hat die berücksichtigte Fläche, wie an den Fehlerbalken in Abbildung 35 abgelesen werden kann, einen Einfluss auf die Standardabweichung. Mit zunehmender Fläche wird σ_{Std} kleiner. Für den Fehler des angegebenen Wertes des flächenspezifischen Widerstands lässt sich mit

$$e = \frac{\sigma_{std}}{ASR_{Cat} \cdot \left(N_{sim} + 1 \right)} \cdot 100\% \qquad (5.1)$$

eine Gleichung angegeben. Diese sagt aus, welche Veränderung im Mittel durch die Einbeziehung einer Berechnung für eine weitere Realisierung erwartet wird. Die Veränderung wird als Fehler interpretiert. Nach der Gleichung nimmt der Fehler mit zunehmender Zahl von Berechnungen und kleineren Standardabweichungen ab. Der flächenspezifische Widerstand, berechnet als Mittelwert für 30 unterschiedliche Realisierungen eines RVE mit einer Fläche von 7 x 7 Partikeln, weist einen ausreichend kleinen Fehler auf. Für den in Abbildung 35 gezeigten Fall liegt der Fehler unterhalb von 0,1 %.

5.2.4 High-Performance-Computing (HPC) – Modell

Ein Hauptkritikpunkt am FEM-Mikrostrukturmodell ist die schlechte Approximation der Mikrostruktur aufgrund der Repräsentation eines Partikels der Struktur durch einen Kubus. Kugelschüttungen[26], welche beispielsweise bei RRN-Modellen im ersten Schritt zur Beschreibung der Mikrostruktur eingesetzt werden, können die reale Mikrostruktur häufig besser annähern. Mit zunehmender Zahl von Kuben können Kugelschüttungs- oder andersartige Strukturen nachgebildet werden, indem beispielsweise eine Kugel durch mehrere Kuben angenähert wird [91]. Dies ist jedoch mit dem in COMSOL Multiphysics® implementierten FEM-Mikrostrukturmodell nicht möglich, da dessen Größe auf etwa 2500 Kuben beschränkt ist. Ein

---

[26] Eine solche Kugelschüttungsstruktur bzw. eine numerisch gesinterte Kugelschüttung stünde, wie bereits in Abschnitt 3.2.1 erwähnt, für numerische Untersuchungen zur Verfügung.

weiterer Vorteil einer steigenden Zahl von Kuben wäre, dass die im letzten Unterkapitel untersuchten drei Fragestellungen hinsichtlich des Rechengitters, der Flüsse über Ecken und Kanten und der Modellgröße deutlich weniger Gewicht bekämen bzw. keine Rolle mehr spielen. Beispielsweise werden Flüsse über Ecken und Kanten vermieden, wenn die Kontaktflächen in der Mikrostruktur mit mehreren Kuben pro Partikel besser abgebildet werden.

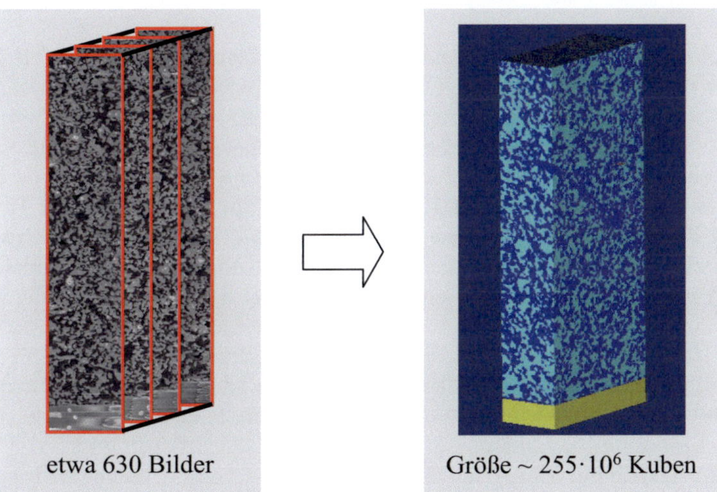

Abbildung 36: 3D-Rekonstruktion der Mikrostruktur einer realen Elektrode
Dreidimensionale Rekonstruktion der realen Mikrostruktur einer Elektrode aus Bildern von planparallelen Schnitten [91]

Falls eine ausreichend große Zahl an Kuben ($\sim 10^6$ - 10^7) in die Berechnung einfließen kann, eröffnet sich ein völlig neuer Weg für die Mikrostruktursimulation. Aufgrund der mittlerweile verfügbaren Rasterelektronenmikroskope (REM) mit einer kombinierten Ionenstrahleinrichtung (FIB) können Aufnahmen von planparallelen Schnitten gemacht werden, aus welchen, wie in Abbildung 36 gezeigt, die Mikrostruktur der Elektrode dreidimensional rekonstruiert werden kann (siehe auch Anhang D). Ein solches Gerät und eine passende Software stehen am IWE zur Verfügung. Somit könnte die real vorliegende Mikrostruktur als Grundlage für Berechnungen verwendet werden.

Insgesamt gesehen besteht ein starkes Interesse daran die Zahl der Kuben im Modell drastisch zu erhöhen. Dies lässt sich in absehbarer Zeit nicht in kommerziell erhältlicher Software realisieren. Seit Anfang 2005 besteht jedoch ein Austausch mit der Arbeitsgruppe NumHPC (Numerische Simulation, Optimierung und Hochleistungsrechnen, Universität Karlsruhe (TH)) von Herrn Prof. Dr. Heuveline. Im Rahmen dieser Arbeit konnte die Umsetzung des FEM-Mikrostrukturmodells in ein High-Performance-Computing-Modell initiiert werden. Herr Dr.-Ing. Thomas Carraro ist seit Mitte 2007 bei dieser Umsetzung federführend, und erste Ergebnisse konnten mit ParCell3D bereits realisiert werden [133]. Eine Einführung zum Hochleistungsrechnen und Details zu der Umsetzung in ein HPC-Modell werden in der Arbeit von Joos [91] besprochen, der an der Implementierung mitgearbeitet hat.

5.3 Transportphänomene in Elektroden

In den Elektroden müssen Elektronen, Sauerstoffionen und Gasmoleküle transportiert werden, um die elektrochemischen Vorgänge in der SOFC zu ermöglichen. Diese Transportvorgänge laufen in unterschiedlichen Materialien oder in den Poren ab. Für alle Transportvorgänge müssen durchgehende Pfade zwischen Stromsammler, Gasverteiler oder Elektrolyt und der elektrochemisch aktiven Zone in der Nähe der Grenzfläche zwischen Elektrode und Elektrolyt vorhanden sein. Nach den Gleichungen (3.1) und (3.2) können die Transportphänomene durch den jeweiligen Volumenanteil einer Phase[27] $(1 - \varepsilon)$ und die Tortuosität τ beschrieben werden. Der minimale Wert von eins entspricht dem ideal möglichen Transport, zunehmende Werte bedeuteten immer schlechtere Transporteigenschaften.

Es ist fraglich, ob Transportphänomene im FEM-Mikrostrukturmodell richtig beschrieben werden, denn die Partikel einer realen Mikrostruktur werden im FEM-Mikrostrukturmodell durch Kuben approximiert und der Transport über Ecken und Kanten innerhalb der Struktur ist möglich – vgl. Unterkapitel 4.6 und numerische Untersuchung in Abschnitt 5.2.2. Um dies zu klären, wird im Folgenden die Berechnung von Werten für die Tortuosität betrachtet. In der Literatur werden verschiedene Ansätze und Modelle zur Bestimmung der Tortuosität τ als Funktion des Phasenanteils $(1 - \varepsilon)$ bzw. der Porosität ε (vgl. Anhang A) verwendet, deren Ergebnisse sich deutlich unterscheiden. Dies kommt daher, dass die Modelle für unterschiedliche Anwendungsfälle entwickelt wurden, und ist mit der Aussage der Perkolationstheorie, dass die zugrundeliegende Mikrostruktur einen entscheidenden Einfluss hat, erklärbar. Vor diesem Hintergrund ist die Bewertung, ob die Transportphänomene im FEM-Mikrostrukturmodell richtig abgebildet werden, erschwert, da letztendlich experimentelle Befunde herangezogen werden müssen. Die Tortuositäten aller Transportvorgänge (Gasdiffusion, elektronische bzw. ionische Leitung und Festkörperdiffusion) weisen im FEM-Mikrostrukturmodell wegen Gleichung (3.2) dieselbe Abhängigkeit vom Phasenanteil auf, denn die Voraussetzung der gleichen Mikrostruktur ist erfüllt (Partikel und Poren werden durch Kuben abgebildet und jeder Kubus hat die gleiche Wahrscheinlichkeit, Elektrolytmaterial, elektrochemisch aktives Material oder Poren zu repräsentieren). Bei realen Elektrodenstrukturen liegt es jedoch nahe, dass die Tortuositäten der Transportvorgänge unterschiedliche Abhängigkeiten vom Phasenanteil aufweisen können. Denn bei der Herstellung versintern annähernd sphärische Partikel miteinander, und die Poren ergeben sich als die Bereiche zwischen den versinterten Partikeln. Folglich weisen Partikel und Poren deutlich unterschiedliche Mikrostrukturen auf. Zunächst werden die Ergebnisse der Perkolationstheorie zur Beschreibung des Transports in porösen Materialien generell besprochen. Dann werden die Ergebnisse von Costamagna und Nam zum Transport in Elektroden gezeigt, welche in den jeweiligen Modellen Ergebnisse zur Perkolation in Kugelschüttungen verwenden (Kugelschüttungen werden häufig als Modell für Sinterstrukturen von sphärischen Partikeln benutzt). Anschließend werden die Resultate des FEM-Mikrostrukturmodells besprochen und zum Schluss wird ein Vergleich der verschiedenen Modelle angestellt.

5.3.1 Perkolationstheorie

Kirkpatrick [63] zeigte, dass die Beschreibung des Transports in porösen Medien durch effektive-Medien-Theorien für Phasenanteile oberhalb eines kritischen Bereichs (ab ~ 55 %) ausreichend genau gelingt (vgl. Abschnitt 3.1.1). Für kleinere Phasenanteile gelingt dies nicht mehr, denn es kann abhängig von der Mikrostruktur zu einem Abreißen aller Transportpfade kommen, welches in den Effektive-Medien-Theorien nicht berücksichtigt wird. Für das Abreißen aller Transportpfade gibt es einen Schwellwert, den sogenannten Perkolationsschwellwert, für den Phasenanteil. Unterhalb dieses Wertes kann sich kein Transportpfad oder, in anderen Worten, perkolierender Bereich mehr ausbilden. Gegenstand der Perkolations-

---

[27] In porösen Materialien entspricht ε der Porosität. In mehrphasigen Mikrostrukturen umfasst ε alle anderen Phasenanteile, d.h. $1 - \varepsilon$ ist beispielsweise der ionische leitende Anteil und ε setzt sich aus dem elektronisch leitfähigen Material und der Porosität zusammen.

theorie ist die Untersuchung, ob ein solcher Schwellwert existiert und welchen Wert dieser hat. Das Ergebnis hängt dabei stark von der gewählten Mikrostruktur ab [64].

Bei Elektroden sind jedoch gerade Phasenanteile kleiner als 55 % interessant. Beispielsweise ist die Porosität technisch relevanter Elektroden deutlich kleiner als 55 % und bei Komposit-Elektroden teilt sich der Feststoffanteil zusätzlich in zwei verschiedene Phasen auf. Daher liegen die Phasenanteile von Elektroden (zumindest die Porosität) häufig in Bereichen unterhalb von 35 %, in welchen die Tortuosität sehr stark von der Mikrostruktur (vgl. Anhang A) abhängt und in denen die Perkolationsschwellwerte von verschiedenen Mikrostrukturen liegen (vgl. Tabelle 3).

Eine zentrale Aussage der Perkolationstheorie ist nach [64], dass der perkolierende Anteil (Gleichung (3.3)) sowie die Leitfähigkeit (Gleichung (3.4)) in der Nähe des Perkolations-schwellwertes eine Funktion des Abstandes des Phasenanteils zu diesem Wert ist. Folglich können die Ergebnisse aus der Perkolationstheorie zur Beschreibung des Transports in Elektroden angewendet werden. Nam [72] und Costamagna [67] verwenden die Ergebnisse von Perkolationsuntersuchungen in Kugelschüttungen [69-71] (vgl. Abschnitt 3.1.2). Nam arbeitet mit dem perkolierenden Anteil und erhält Gleichung (3.11), wohingegen Costamagna entsprechend Gleichung (3.4) für die Leitfähigkeit Gleichung (3.10) bestimmte.

In Abbildung 37 a) wird der nach Nam [72] mit Gleichung (3.11) bestimmte Verlauf der Tortuosität als Funktion des Phasenanteils (1 - ε) gezeigt. Der Wert drei für die Tortuosität τ ist hervorgehoben, da dieser (häufig) zur Modellierung des Transports in den Elektroden verwendet wird. Die Schraffierung kennzeichnet den Bereich, der für poröse (Komposit-) Elektroden besonders relevant ist. In das Modell von Nam wird, wie bereits in Abschnitt 3.1.2 erläutert, ein Wert von $\gamma_\sigma = 2$ für den Exponenten eingesetzt. Der Einfluss des Exponenten auf die berechneten Tortuositätskurven wird durch die Variation des Wertes gezeigt. Dieser ist im schraffierten Bereich besonders ausgeprägt. Die Tortuosität ist für einen Phasenanteil von 100 % wie erwartet gleich eins. Mit sinkendem Phasenanteil bis etwa 45 % steigt die Tortuosität linear an. Unterhalb dieses Werts nimmt die Tortuosität mit weiter sinkendem Phasenanteil immer stärker zu, wobei der minimale Phasenanteil, für den Werte für die Tortuosität im Abstand von 5 % bestimmt werden konnten, bei 20 % liegt.

Der Verlauf der Tortuosität als Funktion des Phasenanteils, berechnet mit Gleichung (3.10) nach Costamagna [67], wird in Abbildung 37 b) dargestellt. Werte wurden bis zu einem Phasenanteil von 15 % im Abstand von 5 % berechnet. Kleinere Phasenanteile konnten nicht berechnet werden, da die Bedingung $n > n_c$ (Besetzung n größer als Perkolationsschwelle n_c) nicht mehr erfüllt wird. Der Parameter α (mit $0 < \alpha \leq 1$), für welchen Costamagna einen Wert von 0,5 verwendet, beschreibt den Verlust an Leitfähigkeit aufgrund des Übergangs zwischen den Partikeln in der Mikrostruktur. Der Einfluss des Parameters auf die berechneten Tortuositätskurven wird durch die Variation des Werts verdeutlicht und ist wiederum gerade im schraffierten Bereich besonders ausgeprägt. Die für Phasenanteile größer als 45 % berechneten Tortuositäten sind teilweise kleiner als der minimale Wert von 1. Zudem ist der Verlauf im Gegensatz zu vielen anderen Modellen nicht linear (vgl. Anhang A), daher sind nach Costamagna berechnete Werte für Phasenanteile größer als 45 % unbrauchbar. Zwischen 45 und 15 % nehmen die Tortuositätswerte mit sinkendem Phasenanteil immer stärker zu.

5.3.2 FEM-Mikrostrukturmodell

Bei der Betrachtung der Mikrostruktur von Elektroden als effektives Medium, dessen Transportverhalten mit der Tortuosität τ und dem Phasenanteil (1 - ε) beschrieben wird, ist der zentrale Gedanke, dass die Transportvorgänge über Längen betrachtet werden, die gegenüber der Mikrostruktur viel größer sind, bzw. dass diese für unendlich ausgedehnte Medien betrachtet werden. Die Bestimmung der effektiven Leitfähigkeit (vgl. Abschnitt 4.3.2) und damit der Tortuosität als Funktion des Phasenanteils mit dem FEM-Mikrostrukturmodell verletzt diese Bedingung, denn das in COMSOL Multiphysics® implementierte Modell kann nur Elektrodendicken l_{Cat} und -flächen berücksichtigen, die wenige Vielfache der Partikelgröße ps betragen. Folglich kann die Tortuosität nur näherungsweise bestimmt werden. Je größer das Volumen wird, desto besser wird die Abschätzung der Tortuosität.

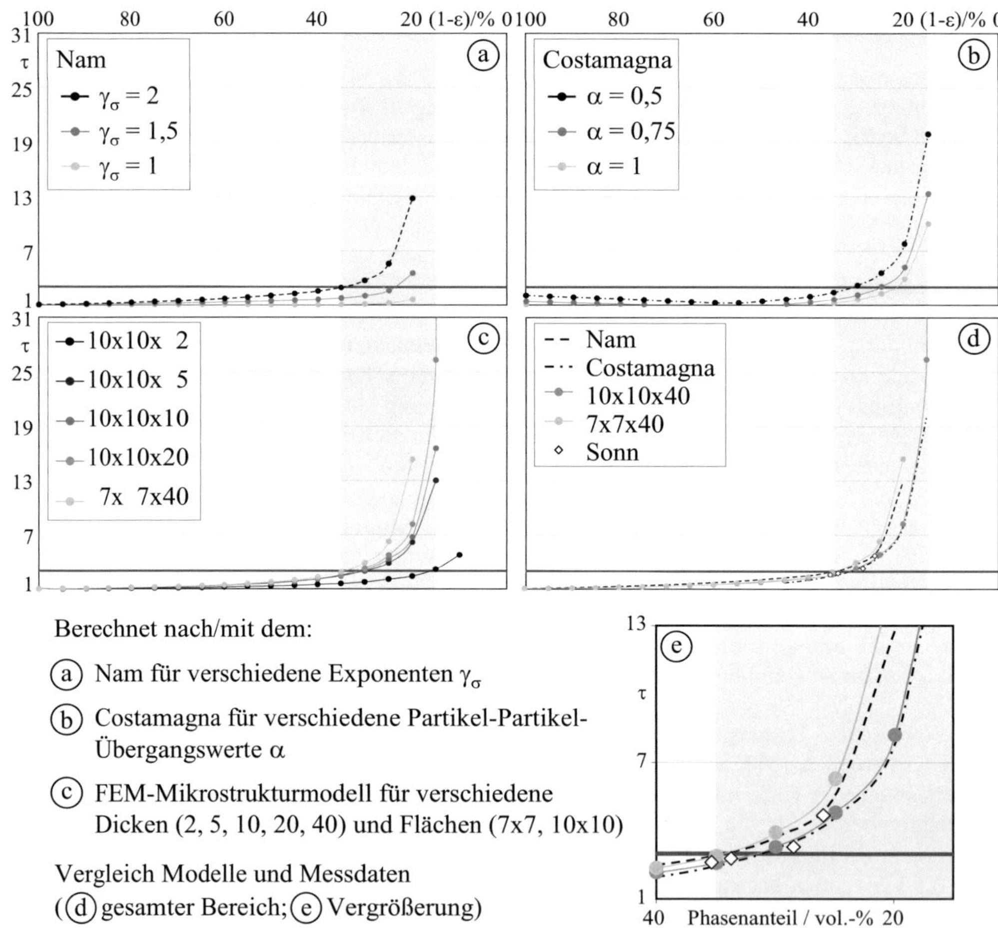

Abbildung 37: Tortuosität als Funktion des Phasenanteils (1 - ε)
a,b,c: berechnet nach Nam [72] mit Gleichung (3.11), Costamagna [67] mit Gleichung (3.10) bzw. mit dem FEM-Mikrostrukturmodell (vgl. Abschnitt 4.3.2); d,e: Vergleich der Modelle und gemessener Werte von Sonn [47] (Symbole berechnete Werte, Linien interpoliert).

In Abbildung 37 c) sind Tortuositätskennlinien über dem Phasenanteil für verschiedene Größen des FEM-Mikrostrukturmodells dargestellt. Bei der Berechnung wurde hauptsächlich die Dicke des Modells, d.h. der Abstand zwischen den hochleitfähigen Platten und damit die Länge des in der porösen Struktur zurückzulegenden Weges, variiert. Alle Kennlinien beginnen bei dem Tortuositätswert von eins für eine dichte Schicht und steigen dann mit sinkenden Phasenanteilen größer als 45 % linear an. Dort erreichen alle Kennlinien ähnliche Werte kleiner als 1,5. Unterhalb dieses Phasenanteils beginnen die Kennlinien aufzuspreizen und der Zuwachs mit weiter sinkendem Phasenanteil wird immer stärker. Die Berechnung konnte dabei jeweils nur bis zu einem dickenabhängigen, minimalen Phasenanteil durchgeführt werden. Darunter bildet sich, ähnlich wie bei Perkolationsuntersuchungen, kein Transportpfad in der Struktur mehr aus und die numerische Berechnung schlägt fehl.

Interessant ist der Unterschied zwischen den Tortuositätskennlinien, bei denen die Dicke jeweils verdoppelt wurde. Die Berechnung für eine Kubenlage liefert für alle Porositäten (< 100 %) einen Tortuositätswert von eins. Mit zunehmender Dicke (Zahl von Kubenlagen) verlaufen die Kennlinien bei geringen Phasenanteilen immer steiler und die minimal berechenbaren Phasenanteile nehmen zu. Die Schichtdicke des Modells ist jeweils verdoppelt, doch der Unterschied zwischen den Kennlinien wird immer kleiner. Deshalb und aufgrund der Ergebnisse der Perkolationstheorie wird erwartet, dass die Kurven für weiter zunehmende Dicken (und Flächen) in eine für ein unendlich großes Volumen berechnete Kurve übergehen werden. Aufgrund der limitierten Anzahl an Kuben, die im Modell berücksichtigt werden können, konnte diese Annahme nicht überprüft werden. Die gezeigten Ergebnisse für Phasenanteile unterhalb von 45 % sind mit Vorsicht zu bewerten, weil die Änderung zwischen den Kennlinien für das 7x7x40- und das 10x10x40-Modell nahelegt, dass der Einfluss der Modellfläche weiter untersucht werden muss. Die Ergebnisse des 7x7x40- und das 10x10x40-Modells werden als Abschätzung der Tortuosität des FEM-Mikrostrukturmodells verwendet.

Aus den Ergebnissen in Abbildung 37 c) lässt sich wegen der starken Dickenabhängigkeit eine weitere Schlussfolgerung ziehen. Es ist fraglich, ob die Tortuosität in allen Fällen ein geeigneter Parameter zur Modellierung von Elektroden ist. Die Dicke technisch relevanter Elektroden beträgt häufig nur wenige Vielfache der Partikelgröße (Bsp.: 1 µm Partikelgröße und 30 µm Dicke). Zudem ist das elektrochemisch aktive Volumen, wie später gezeigt wird, auf einen viel kleineren Abstand von wenigen Vielfachen der Partikelgröße zur Grenzfläche zwischen Elektroden und Elektrolyt beschränkt. Folglich wird der Transport im elektrochemisch aktiven Volumen durch die Tortuosität fehlerhaft beschrieben. Dadurch werden unter anderem die Ausdehnung der elektrochemisch aktiven Zone und die Leistungsfähigkeit unterschätzt. Diese Schwierigkeiten treten bei der Berechnung mit dem FEM-Mikrostrukturmodell nicht auf, da die Transportprozesse ortsaufgelöst berücksichtigt werden.

5.3.3 Vergleich der Modelle

In Abbildung 37 d) und e) werden die Kennlinien der Tortuosität als Funktion des Phasenanteils nach Nam, Costamagna und dem FEM-Mikrostrukturmodell verglichen. Die vier Kennlinien weisen für Phasenanteile größer als 35 % sehr ähnliche Verläufe auf. Für geringere Phasenanteile stimmt das FEM-Mikrostrukturmodell bei einer Größe von 7x7x40 mit Nam sowie bei einer Größe von 10x10x20 mit Costamagna jeweils gut überein. Da die Modelle von Costamagna und Nam zur Modellierung des Transportverhaltens in Elektroden verwendet wurden, kann dieses im FEM-Mikrostrukturmodell entsprechend gut abgebildet werden. Die Frage, ob die Transportphänomene in Elektroden durch das FEM-Mikrostrukturmodell richtig beschrieben werden, kann jedoch nicht abschließend beantwortet werden. Dazu wären zum einen experimentelle Befunde notwendig und zum anderen sind die Grenzen des FEM-Mikrostrukturmodells hinsichtlich der Größe und der Abbildung der Mikrostruktur zu überwinden, wobei die Abbildung der Mikrostruktur mit zunehmender Modellgröße verbessert werden kann (vgl. Abschnitt 5.2.4). Vorteilhaft am FEM-Mikrostrukturmodell ist im Vergleich zu anderen Modellen die Tatsache, dass zur Berechnung der Tortuosität außer der Nachbildung der Mikrostruktur kein wählbarer Parameter eingeht. Modelle, welche anhand von Messdaten parametrisiert werden müssen, sind für die Mikrostrukturoptimierung ungeeignet, da eine Bewertung von Elektrodenstrukturen ohne Herstellung derselben ermöglicht werden soll. Das FEM-Mikrostrukturmodell wurde von Peters zur Auswertung der intrinsischen Leitfähigkeit σ_{bulk} poröser Proben verwendet [132].

Sonn [47] bestimmte effektive Leitfähigkeitswerte σ_{eff} der ionisch leitfähigen Matrix einer Ni/8YSZ-CERMET-Anode. Daher soll zumindest für diese Elektrodenstruktur eine Abschätzung der Tortuosität τ auf Basis von Messdaten vorgenommen werden. Werte der Tortuosität können jedoch nicht direkt aus den gemessenen Werten berechnet werden, da eine starke, schnell geringer werdende Abnahme der Probenleitfähigkeit σ_{eff} beobachtet wurde. Die vier in Abbildung 37 d) und e) eingezeichneten Werte wurden wie folgt aus den Messwerten der effektiven Leitfähigkeit berechnet. Es wurde angenommen, dass die intrinsische Leitfähigkeit σ_{bulk} aller vier Proben mit unterschiedlichen Phasenanteilen nach der Veränderung gleich ist und dass die Tortuosität τ bei einem Phasenanteil von 35 %, passend zu den vier berechneten Kennlinien, 2,69 beträgt[28]. Es wird deutlich, dass die aus den experimentell bestimmten Werten berechneten Tortuositäten gut mit den verschiedenen Kennlinien aller Modelle übereinstimmen.

5.4 Vorbetrachtungen zum Modell für gemischtleitende Kathoden

In das FEM-Mikrostrukturmodell geht eine Vielzahl von Parametern ein (vgl. 4.4.1 und 4.5.1). Grundsätzlich hat jeder dieser Parameter einen Einfluss auf das Ergebnis der Berechnung. Hier werden Parameter angesprochen, die im Folgenden nicht mehr näher betrachtet werden, weil deren Einfluss auf das Ergebnis der Berechnung limitiert ist.

Die Sauerstoffionenkonzentration des gemischtleitenden Materials steht in Wechselwirkung mit dem Sauerstoff im umgebenden Gas. Im unbelasteten Fall stellt sich ein Gleichgewicht ein und es besteht ein Zusammenhang zwischen der Sauerstoffionenkonzentration und dem Sauerstoffpartialdruck. Dieser Zusammenhang ist im FEM-Mikrostrukturmodell nach Gleichung (4.17) implementiert. In Abschnitt 4.5.1.2 wurde analytisch gezeigt, dass der Achsenabschnitt y keinen Einfluss auf das Berechnungsergebnis hat. Numerische Untersuchungen bestätigten dies. Weiterhin sind die Auswirkungen der Steigung g auf das Berechnungsergebnis gering und experimentelle Daten zu verschiedenen Materialien aus der Literatur weisen ähnliche Steigungen auf. Bei der Berechnung der später gezeigten Kennflächen, welche den flächenspezifischen Widerstand ASR_{Cat} als Funktion der materialspezifischen Parameter k^{δ} und D^{δ} zeigen, wurde die für LSCF ermittelte Sauerstoffionengleichgewichtskonzentration bei 800 °C verwendet. Für die Kennflächen ist dies unerheblich, da der Einfluss der Sauerstoffionengleichgewichtskonzentration nicht sichtbar ist, denn ASR_{Cat} wird über sieben Größenordnungen hinweg dargestellt.

Der flächenspezifische Ladungstransferwiderstand ASR_{ct} beschreibt die Verluste, welche bei dem Einbau von Sauerstoffionen aus dem gemischtleitenden Material in den Elektrolyten auftreten. Für diesen Parameter gibt es kaum Werte in der Literatur. Der Einbau ist jedoch nahezu verlustlos [17;18], so dass $ASR_{ct} = 0,1$ m$\Omega\cdot$cm² verwendet wird. Daher wirkt sich der ASR_{ct} (in fast allen Fällen) nicht auf den berechneten ASR_{Cat} aus. Später wird an einem Beispiel gezeigt, welchen Einfluss ein höherer Ladungstransferwiderstand hätte.

---

[28] Aus dem Messwert σ_{eff} bei 35 % wird die intrinsische Leitfähigkeit σ_{bulk} bestimmt, da $\tau = 2,69$ „bekannt" ist. Mit der intrinsischen Leitfähigkeit σ_{bulk} kann aus den anderen Messwerten das jeweilige τ berechnet werden. Durch eine experimentelle Bestimmung der intrinsischen Leitfähigkeit könnte das Vorgehen überprüft werden.

Die ionische Leitfähigkeit des Elektrolytmaterials σ_{El} wird bei den Berechnungen temperatur- und materialabhängig berücksichtigt. Bei den einphasigen Kathoden spielt die tatsächliche Leitfähigkeit des Elektrolyten nahezu keine Rolle für den berechneten flächenspezifischen Widerstand der Kathode. Die Größenordnung von Einschnürungseffekten im Elektrolyten ist kleiner als 1 m$\Omega\cdot$cm². Dies wird in Abschnitt 6.1.4 anhand einer Simulation mit stark erhöhter ionischer Leitfähigkeit gezeigt.

In die Berechnung des FEM-Mikrostrukturmodells – vgl. Anhang E.3 – gehen mehrere als Betriebsparameter bezeichnete Größen ein. Der einzige Betriebsparameter, der nicht über die Messbedingungen festgelegt ist, ist die im Modell auftretende Verlustspannung η_{Model}. Bei einem Wert von Null fließt kein Strom und mit zunehmender Verlustspannung steigt der durch das Modell gehende Strom an. Der berechnete flächenspezifische Widerstand ASR_{Cat} wird durch die Verlustspannung η_{Model} beeinflusst. Zunächst steigt ASR_{Cat} für $\eta_{Model} < 50$ mV an und geht dann in einen annähernd konstanten Wert über. Zwischen 10 und 100 mV nimmt ASR_{Cat} um ca. 17 % zu. In dieser Arbeit wird durchgehend eine Verlustspannung von $\eta_{Model} = 100$ mV verwendet, um den größten Wert für den Widerstand zu berechnen. In der Realität treten jedoch kleinere Verlustspannungen auf.

Die Gasdiffusion und die elektronische Leitung im gemischtleitenden Material weisen beide sehr hohe Werte für den Diffusionskoeffizienten bzw. die Leitfähigkeit auf. Durch den Vergleich von Simulationen mit und ohne diese Transportphänomene konnte gezeigt werden, dass deren Einfluss oberhalb der Perkolationsschwelle bei einphasigen Kathoden tatsächlich vernachlässigt werden kann. Bei Komposit-Elektroden oder in der Nähe der Perkolations- schwelle tritt jedoch ein zunehmender Einfluss auf, der berücksichtigt werden sollte.

5.5 Experimentelle Verifikation

Das FEM-Mikrostrukturmodell erlaubt die Berechnung des flächenspezifischen Widerstands, als Maß für die Leistungsfähigkeit von Elektroden, auf Basis der mikrostrukturellen und materialspezifischen Eigenschaften. Im Vergleich zu anderen Modellierungsansätzen zeichnet sich das FEM-Mikrostrukturmodell dadurch aus, dass nur Parameter eingehen, welche durch Experimente und Analysen vorab bestimmt werden können. Es ist also insbesondere kein Parameter vorhanden, mit dessen Hilfe das Modell beliebig an Messdaten angepasst werden kann. Für das FEM-Mikrostrukturmodell wurden bereits experimentelle Hinweise angeführt, dass die Geometrie im Modell genügend genau abgebildet wird (Abschnitt 5.1) und dass die Transportphänomene ausreichend beschrieben sind (Abschnitt 5.3.3). Für die Modellierung einer Elektrode sind dies Voraussetzungen, es müssen jedoch zusätzlich die elektro- chemischen Vorgänge in der Elektrode, also die Kopplungen zwischen den Transportphäno- menen, richtig abgebildet werden. Dass dies mit dem FEM-Mikrostrukturmodell gelingt, wird im Folgenden anhand des Vergleichs von experimentellen Daten und Berechnungs- ergebnissen dargelegt. Zusätzlich weisen die der Literatur entnommenen Werte für die materialspezifischen Parameter große Unterschiede auf, daher wird deren Einfluss gezeigt.

5.5.1 Gemischtleitende Kathoden

Die Validierung des FEM-Mikrostrukturmodells für gemischtleitende Kathoden wird anhand von am IWE ermittelten Daten [35;41] sowie von Daten aus der Literatur [42] vorgenommen. In Abbildung 38 werden Rasterelektronenmikroskopaufnahmen der Mikrostruktur der charakterisierten gemischtleitenden Kathoden gezeigt. Die Daten stammen von drei verschiedenen Kathoden, die sich sowohl hinsichtlich des Herstellers und der

Materialeigenschaften als auch ihrer Mikrostruktur deutlich unterscheiden. Folglich bilden diese Daten eine gute Grundlage für eine Validierung des FEM-Mikrostrukturmodells für gemischtleitende Kathoden. Die Bezeichnung als µm-skaliges LSCF, nm-skaliges LSC und meso-skaliges LSC orientiert sich dabei an den mikrostrukturellen Unterschieden und dem verwendeten gemischtleitenden Material.

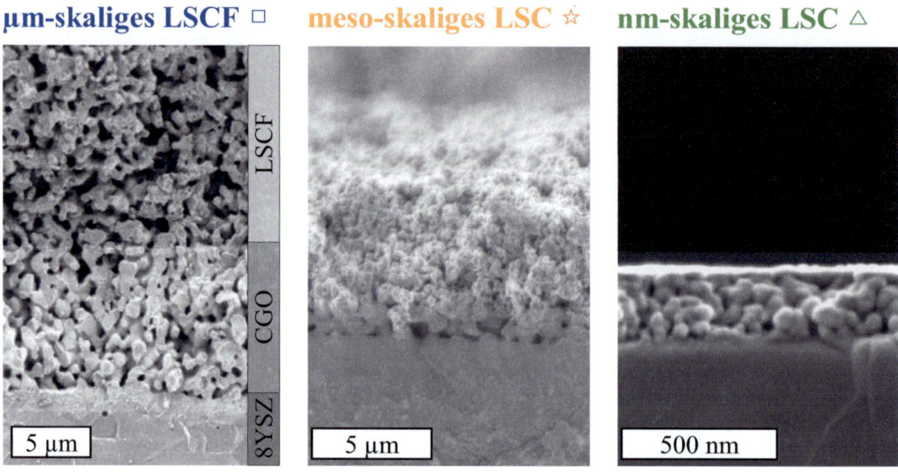

Abbildung 38: Experimentelle Verifikation – Mikrostruktur gemischtleitender Kathoden
Rasterelektronenmikroskopaufnahmen von Bruchflächen der Kathoden/Elektrolyt-Grenzfläche der drei zur Verifikation verwendeten gemischtleitenden Kathoden.
(µm-skaliges LSCF (FZJ); meso-skaliges LSC (ECN) [42]; nm-skaliges LSC (ISC) [132])

Am IWE wurden von Leonide am Forschungszentrum Jülich (FZJ) hergestellte, anoden-gestützte Zellen mit einer LSCF-Kathode charakterisiert. Aus den gemessenen Impedanzen konnte der flächenspezifische Widerstand der Kathode ASR_{Cat} extrahiert werden [35]. In der Promotion von Peters [132] wurden vom Institut für Silicatforschung (ISC) in Würzburg über Metall-Organische-Deposition hergestellte Schichten aus LSC als Kathode untersucht. Deren flächenspezifischer Widerstand wurde mit symmetrischen Zellmessungen charakterisiert [41]. In [42] wurden ebenfalls Kathoden aus LSC mit Hilfe von Messungen an symmetrischen Zellen untersucht. Die Herstellung und Charakterisierung der Kathoden erfolgte dabei am *Energy Research Centre of the Netherlands* (ECN).

Die Berechnung des flächenspezifischen Widerstands mit dem FEM-Mikrostrukturmodell basiert auf Material- und Mikrostrukturparametern. Die für LSCF und LSC verwendeten Materialparameter wurden in Unterkapitel 4.5 vorgestellt. Für die Mikrostruktur werden drei Parameter berücksichtigt: die Kathodendicke, die mittlere Partikelgröße und die Porosität. Diese Größen wurden für die am IWE charakterisierten Proben anhand von Rasterelektronen-mikroskopaufnahmen, im Rahmen der möglichen Genauigkeit, ermittelt. Die Schichtdicke und mittlere Partikelgröße können dabei relativ gut mit Bildanalyseprogrammen bestimmt werden. Die Porosität kann jedoch nur ungenau aus zweidimensionalen Aufnahmen bestimmt werden. Für die am ECN charakterisierten Proben wurden Mikrostrukturparameter kommuniziert [134]. In Tabelle 10 sind die mittleren Werte der Mikrostrukturparameter und die auftretenden Abweichungen für die drei Kathoden angegeben. Im Modell werden nur die angegebenen mittleren Größen verwendet.

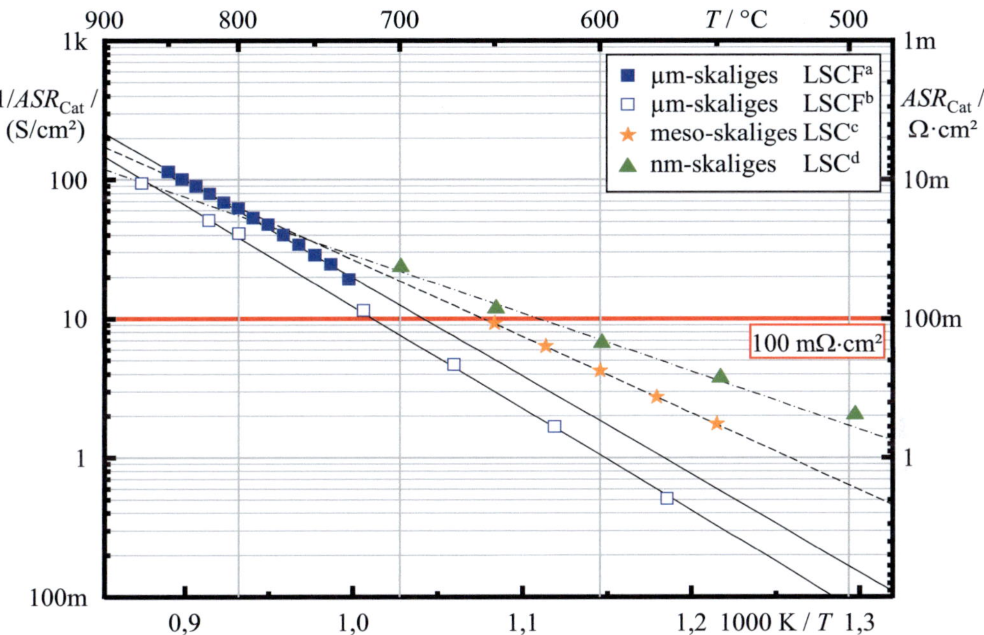

Abbildung 39: Experimentelle Verifikation – Messdaten gemischtleitender Kathoden
Gemessene flächenspezifische Widerstände als Funktion der Temperatur (a: [35], b: Leonide unveröffentlichte Daten, c: [42] und d: [41]).

In Abbildung 39 sind die gemessenen Werte (Symbole) für den flächenspezifischen Widerstand als Funktion der Temperatur dargestellt. Die Temperaturabhängigkeit der Messdaten kann durch ein Arrhenius-Verhalten beschrieben werden. Die eingezeichneten Linien geben das Verhalten wieder und wurden durch Anpassen entsprechender Gleichungen ermittelt. Dies erlaubt die Extrapolation der Messdaten auf niedere und höhere Temperaturen außerhalb des Messbereichs. Aus dem Diagramm kann abgelesen werden, für welchen Temperaturbereich die unterschiedlichen Kathoden geeignet sind. Wird der Wert von 100 mΩ·cm² als Kriterium für Anwendungen zugrunde gelegt, dann ist die µm-skalige LSCF-Kathode für Temperaturen größer als ca. 700 °C geeignet. Im Vergleich dazu können beide LSC-Kathoden bereits ab etwa 650 °C eingesetzt werden und erlauben somit die Absenkung der Betriebstemperatur um 50 K. Der Einsatz einer µm-skaligen LSCF-Kathode ist aufgrund des besser angepassten thermischen Ausdehnungskoeffizienten vorteilhaft. Zudem lässt die größere Partikelgröße geringere Alterungseffekte bei höheren Betriebstemperaturen erwarten. Weiter lassen sich die Kathoden nach ihrer Leistungsfähigkeit einteilen: Oberhalb 825 °C zeigt die µm-skalige LSCF-Kathode die höchste Leistungsfähigkeit. Zwischen 750 und 825 °C ist die meso-skalige LSC-Kathode und unterhalb 750 °C die nm-skalige LSC-Kathode am besten. Anscheinend erhöht eine kleinere Partikelgröße die Performance bei niedrigeren Temperaturen.

Der Unterschied in der Steigung der gefitteten Linien zwischen der LSCF- und den LSC-Kathoden kann allein mit Unterschieden in den Materialparametern erklärt werden. Viel interessanter sind die unterschiedlichen Steigungen der zwei LSC-Kathoden. Diese muss sich wegen der identischen Materialparameter auf die unterschiedliche Mikrostruktur zurückführen lassen, falls keine anderen unbekannten Einflüsse vorlagen.

Tabelle 10: Experimentelle Verifikation – Mikrostruktur gemischtleitender Kathoden
Mikrostruktur-Parameter der drei zur Verifikation verwendeten gemischtleitenden Kathoden

	Hersteller	Dicke		Partikelgröße		Porosität	
µm-skaliges LSCF	FZJ	30 µm	$\pm$ 3 µm	750 nm	$\pm$ 350 nm	30 vol-%	$\pm$ 5 vol-%
meso-skaliges LSC	ECN	7 µm	$\pm$ 1 µm	200 nm	$\pm$ 100 nm	30 vol-%	$\pm$ 5 vol-%
nm-skaliges LSC	ISC	200 nm	$\pm$ 10 nm	20 nm	$\pm$ 10 nm	30 vol-%	$\pm$ 5 vol-%

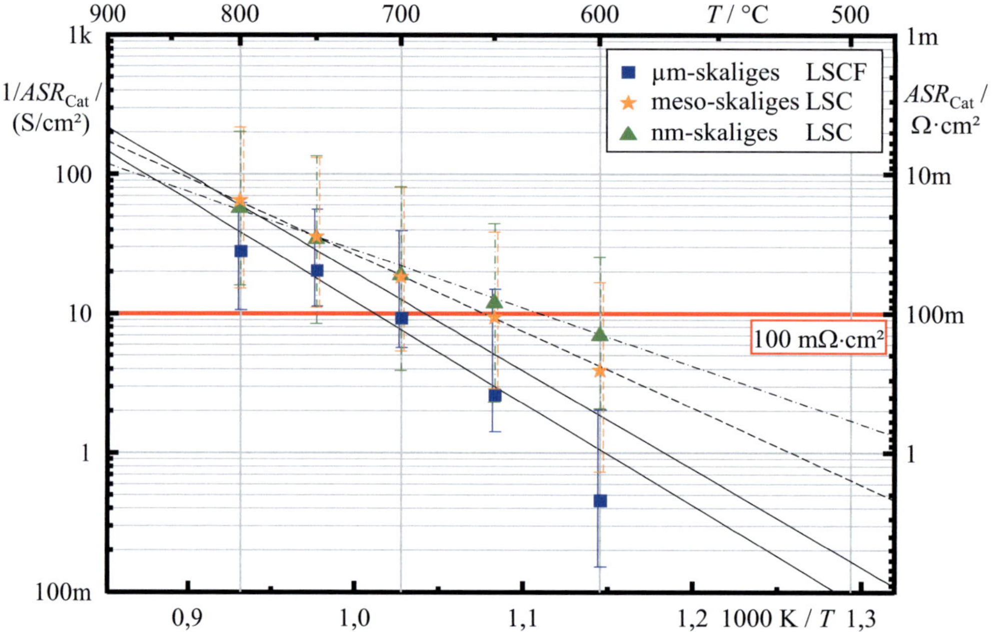

Abbildung 40: Experimentelle Verifikation – Berechnung gemischtleitender Kathoden
Aus den Messungen extrapolierte (Linien) und berechnete (Symbole) flächenspezifische Widerstände als Funktion der Temperatur. Die Fehlerbalken repräsentieren die in der Literatur gefundenen Schwankungen der materialspezifischen Parameter k^δ und D^δ.

In Abbildung 40 werden die berechneten flächenspezifischen Widerstände (Symbole) im Vergleich zu den an die Messdaten gefitteten Linien als Funktion der Temperatur dargestellt. Die Fehlerbalken zeigen den Einfluss der Streuung der aus der Literatur entnommenen materialspezifischen Parameter. Für beide LSC-Kathoden zeigt sich eine sehr gute Übereinstimmung zwischen den berechneten und den gemessenen Werten. Für die µm-skalige LSCF-Kathode wurden zum einen größere flächenspezifische Widerstände berechnet als gemessen. Zum anderen zeigt sich in den berechneten Werten eine Krümmung, die bei den gemessenen Werten nicht auftritt. Die Krümmung lässt sich auf die verwendeten materialspezifischen Parameter zurückführen, denn diese ist bereits dort vorhanden (vgl. Abschnitt 4.5.1). Der Unterschied zwischen den gemessenen und den berechneten Werten könnte auch dadurch erklärbar sein, dass die mittlere Partikelgröße zu hoch gewählt wurde. Dennoch ist die Übereinstimmung insgesamt zufriedenstellend. Interessanterweise zeigt sich auch bei den berechneten Werten die unterschiedliche Steigung der LSC-Kathoden, die schon bei den gemessenen Werten festgestellt wurde. Diese müssen sich mit den Unterschieden der

Mikrostruktur erklären lassen, da bei der Berechnung eine andere Mikrostruktur, aber ansonsten dieselben Parameterwerte verwendet wurden. Dies wird im nächsten Kapitel in Abschnitt 6.1.2 noch einmal aufgegriffen und diskutiert.

Insgesamt kann wegen der guten quantitativen Übereinstimmung zwischen den gemessenen und berechneten Werten davon ausgegangen werden, dass das FEM-Mikrostrukturmodell für gemischtleitende Kathoden verifiziert ist. Es kann folglich für die Berechnung der Leistungsfähigkeit von gemischtleitenden Kathoden als Funktion der mikrostrukturellen und materialspezifischen Eigenschaften verwendet werden, und erlaubt damit eine modellgestützte Optimierung und Verbesserung der Mikrostruktur. Im Hinblick auf die materialspezifischen Parameter gemischtleitender Kathoden konnte gezeigt werden, dass die aus der Literatur entnommenen Werte brauchbar sind. Grundsätzlich und insbesondere für LSCF sollten diese genauer bestimmt werden.

5.5.2 LSM-Kathode

Prinzipiell soll für die Validierung des FEM-Mikrostrukturmodells für die LSM-Kathode ähnlich wie für die gemischtleitenden Kathoden vorgegangen werden. Ein entscheidender Nachteil ist jedoch, dass für den linienspezifischen Ladungstransferwiderstand LSR_{ct} kaum bzw. keine Daten in der Literatur verfügbar sind. Daher wurden die Werte, wie bereits in Abschnitt 4.5.2 dargelegt, anhand eines Messdatensatzes einer einphasigen LSM-Kathode berechnet. Die ermittelten Werte für den Ladungstransferwiderstand sollen mit Hilfe des zweiten Messdatensatzes für die LSM/8YSZ-Komposit-Kathode bestätigt werden. Falls dies gelingt, ist das gleichzeitig eine Verifikation für das Modell.

Die LSM/8YSZ-Komposit-Kathode wurde vom Forschungszentrum Jülich hergestellt. Diese Kathode besteht aus zwei Schichten: einem Stromsammler/Gasverteiler und der Funktionsschicht. Die elektrochemischen Vorgänge laufen nur innerhalb der Funktionsschicht ab. Daher muss im Modell nur die Funktionsschicht abgebildet werden. Diese besteht aus einem LSM/8YSZ-Komposit. In Tabelle 11 sind die mikrostrukturellen Parameter der Kathode angegeben. Im Modell werden wieder nur die mittleren Größen zur Simulation verwendet.

In Abbildung 41 werden die berechneten und gemessenen Werte für den flächenspezifischen Kathodenwiderstand als Funktion der Temperatur dargestellt. Aufgrund der dafür angepassten Parameter sind die gemessenen und berechneten Werte für die einphasige LSM-Kathode identisch. Der Vergleich zwischen den gemessenen und berechneten Werten für die LSM/8YSZ-Komposit-Kathode zeigt eine gute Übereinstimmung. Die berechneten Werte liegen nur leicht unterhalb der gemessenen und weisen eine etwas niedrigere Temperaturabhängigkeit auf. Folglich verifiziert der Vergleich das Modell, und die bestimmten Werte für den flächenspezifischen Ladungstransferwiderstand können somit für weitere Simulationen verwendet werden.

Der Vergleich zwischen der einphasigen LSM- und der LSM/8YSZ-Komposit-Kathode belegt eine klare Leistungssteigerung durch die innerhalb des Kathodenvolumens zusätzlich zur Verfügung stehenden Dreiphasengrenzen. Die für die Komposit-Kathode erzielten Werte bei 600 °C von 2,5 $\Omega \cdot cm^2$ sind dennoch nicht annähernd konkurrenzfähig mit den für die gemischtleitenden Kathoden erzielten Leistungswerten < 100 m$\Omega \cdot cm^2$. Die Optimierung der drei Phasenanteile durch weitere Simulationen wäre zwar denkbar, doch der zu erwartende Zugewinn bleibt gering. Ein anderer Ansatzpunkt, auf den später eingegangen wird, ist, wie bei den gemischtleitenden Kathoden, den Skalierungseffekt mit sinkender Partikelgröße auszunutzen.

Tabelle 11: Experimentelle Verifikation – Mikrostruktur LSM/8YSZ-Kathode
Mikrostruktur-Parameter der LSM/8YSZ-Komposit-Elektrode

	Dicke		Partikelgröße		Porosität		Feststoffe
LSM/8YSZ (FZJ-Typ 1)	12 µm	± 0,5 µm	500 nm	± 350 nm	30 vol-%	± 5 vol-%	48,4 : 51,6

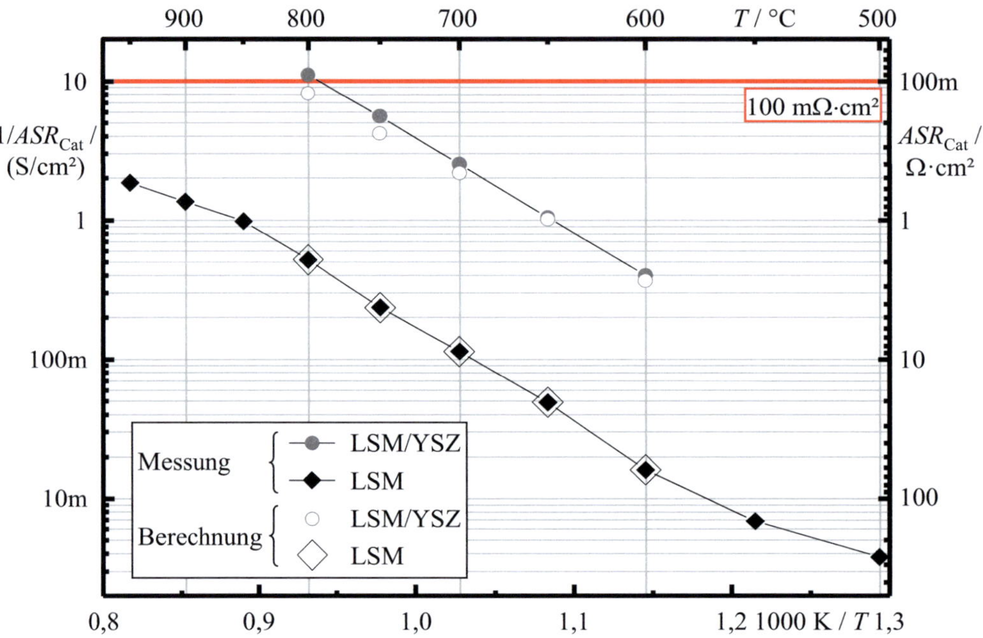

Abbildung 41: Experimentelle Verifikation – LSM/8YSZ-Kathoden
Vergleich der gemessenen und berechneten Werte des flächenspezifischen Widerstands der einphasigen LSM-Kathode und der LSM/8YSZ-Komposit-Kathode bei verschiedenen Temperaturen (Messdaten IWE).

5.6 Zusammenfassung Analyse FEM-Mikrostrukturmodell

Numerische Untersuchungen - 1.: Bei der Implementierung des FEM-Mikrostrukturmodells in COMSOL Multiphysics® entspricht die Größe der finiten Elemente in etwa der Kantenlänge der Kuben. Für das Modell für gemischtleitende Kathoden konnte erstmals ein Maß für die maximale Kantenlänge der finiten Elemente angegeben werden. Dieses entspricht der charakteristischen Länge $l_c = D^\delta / k^\delta$ und ist damit eine Funktion der materialspezifischen Parameter. Mit diesem Maß kann gezeigt werden, dass der für gemischtleitende Materialien interessierende Wertebereich für technisch relevante Elektroden ohne numerischen Fehler durch das FEM-Mikrostrukturmodell abgedeckt wird.

2.: Der Einfluss der Ecken und Kanten innerhalb der Geometrie wirkt sich vor allem auf die Transporteigenschaften aus. Physikalisch gesehen kann über Ecken und Kanten kein Fluss existieren. Bei der numerischen Lösung befinden sich Gitterpunkte auf den Ecken und Kanten, über welche ein Fluss berechnet wird. Selbst für ein stark vereinfachtes 2D-Modell mit sehr feinem Gitter konnte keine Konvergenz erzielt werden. Wird jedoch eine kleine Überlappung zugelassen, konvergieren die Ergebnisse. Für das FEM-Mikrostrukturmodell wurde abgeschätzt, welcher effektiven Kontaktfläche der Fluss über die Ecke (1/16 der Partikelgröße ps^2)

bzw. über die Kante ($1/8 \cdot ps^2$) entspricht. Dies ist für die Berechnungen tolerierbar, falls die sich ergebenden Transporteigenschaften aus werkstoffwissenschaftlicher Sicht sinnvoll sind.

3.: Anhand eines Fallbeispiels konnte gezeigt werden, dass das FEM-Mikrostrukturmodell verwendbare Ergebnisse liefert, wenn das repräsentative Volumenelement die elektrochemisch aktive Kathodendicke (von $2 \cdot \delta$) umfasst und die berücksichtigte Fläche mindestens 7x7 Partikel beinhaltet. Diese Größe wurde als Untergrenze für die Untersuchungen zugrunde gelegt.

Werkstoffwissenschaftliche Untersuchungen - 1.: Kenngrößen für die Geometrie des FEM-Mikrostrukturmodells können in Abhängigkeit von der Zusammensetzung, der Porosität, der Partikelgröße und der Elektrodendicke berechnet werden. Gezeigt wurde beispielsweise die für gemischtleitende Kathoden wichtige volumenspezifische Oberfläche a als Funktion der Porosität. Berechnete Werte für a konnten erfolgreich von Peters angewendet werden [132]. Im Vergleich zu Martinez [113] zeigt sich, dass die dritte Dimension bei der Bestimmung der Kenngrößen unbedingt berücksichtigt werden muss.

2.: Die Transporteigenschaften poröser Materialien können mit der gegenüber Material, Temperatur und Partikelgröße invarianten Tortuosität beschrieben werden. Die Ergebnisse einer großen Zahl von Modellen für den Zusammenhang zwischen Volumenanteil bzw. Porosität und Tortuosität τ wurden zusammengestellt (vgl. Anhang A). Der Vergleich mit bereits verwendeten Modellen für Elektroden von Nam [72] und Costamagna [67] liefert eine gute Übereinstimmung. Darüber hinaus wurde gezeigt, dass die Beschreibung als effektives Medium für die elektrochemisch aktive Zone und damit für die Modellierung von Elektroden ungeeignet ist. Berechnete Werte für τ wurden ebenfalls von Peters genutzt [132].

3.: Dic Ergebnisse des FEM-Mikrostrukturmodells wurden mit verschiedenen experimentellen Befunden verglichen, um das Modell zu validieren. Außer geometrischen Informationen und materialspezifischen Parametern gehen keine weiteren Parameter in die Berechnung mit dem FEM-Mikrostrukturmodell ein, was im Vergleich zu vielen anderen Modellen einzigartig ist. Im Fall der gemischtleitenden Kathoden standen Messergebnisse und geometrische Informationen zu drei verschiedenen Kathoden zur Verfügung: eine µm-skalige LSCF-, eine nm-skalige LSC- und eine meso-skalige LSC-Kathode. Die gemessenen und berechneten flächenspezifischen Widerstandswerte stimmen grundsätzlich gut überein. Die Abweichung im Fall der LSCF-Kathode kann auf die der Literatur entnommenen materialspezifischen Parameter zurückgeführt werden. Im Fall der elektronenleitenden LSM-Kathode stehen ebenfalls zwei Messdatensätze zur Verfügung. Aus dem einen Messdatensatz wurde der materialspezifische Parameter zur Beschreibung der elektrochemischen Vorgänge ermittelt. Mit diesem Parameter konnte der Datensatz der zweiten Kathode reproduziert werden. Somit wurde ein geeigneter materialspezifischer Parameter bestimmt und das Modell verifiziert.

6 Ergebnisse und Diskussion

Ziel dieser Arbeit ist die Leistungsfähigkeit von Elektroden als Funktion der mikrostrukturellen und materialspezifischen Eigenschaften zu bestimmen. Für diese Untersuchung wurde das FEM-Mikrostrukturmodell entwickelt. Im letzten Kapitel wurden die Eigenschaften des Modells analysiert und eine Verifikation auf Basis von Messdaten zu unterschiedlichen Kathoden gezeigt. In diesem Kapitel werden die Ergebnisse der Berechnungen mit dem FEM-Mikrostrukturmodell vorgestellt. Diese umfassen zwei Teile:

    6.1   Möglichkeiten zur Untersuchung gemischtleitender Kathoden und Vergleich mit anderen Modellen

    6.2   Optimierung der Mikrostruktur gemischtleitender Kathoden

6.1 Modell für gemischtleitende Kathoden

Zu Beginn wird der Einfluss der maßgeblichen materialspezifischen Parameter, des Austauschkoeffizienten k^δ und des chemischen Festkörperdiffusionskoeffizienten D^δ, untersucht. Mit Hilfe von Kennflächen, die den flächenspezifischen Kathodenwiderstand ASR_{Cat} als Funktion dieser Koeffizienten darstellen, kann der Einfluss der Mikrostruktur auf den flächenspezifischen Widerstand von gemischtleitenden Kathoden untersucht werden. Die ASR_{Cat}-Kennflächen werden unter anderem für nm-, meso- und µm-skalige Kathoden berechnet. Anhand dieser Kennflächen lassen sich beispielsweise die experimentell beobachteten unterschiedlichen Aktivierungsenergien erklären. Weiter wird der Einfluss der Porosität ε untersucht, welcher sich ebenfalls gut anhand der Kennflächen nachvollziehen lässt. Danach wird das Modell mit anderen bereits etablierten Modellen für gemischtleitende Kathoden verglichen. Zum Schluss wird mit der 3D-Stromdichteveteilung in der komplexen Kathodenstruktur ein Feature betrachtet, welches nur mit dem FEM-Mikrostrukturmodell möglich ist.

6.1.1 Gemischtleitende Kathoden ohne Porosität

In Abbildung 42 wird der flächenspezifische Widerstand ASR_{Cat} einer 30 µm dicken, dichten gemischtleitenden Kathode als Funktion des Austauschkoeffizienten k^δ und des chemischen Festkörperdiffusionskoeffizienten D^δ dargestellt. Die resultierende Kennfläche für den ASR_{Cat} besteht aus zwei Halbebenen mit einem schmalen Übergangsgebiet. Für kleine k^δ-Werte und große D^δ-Werte, wird der ASR_{Cat} allein durch den Oberflächenaustausch bestimmt, während für kleine D^δ-Werte und große k^δ-Werte die Diffusion im Kathodenmaterial den Wert des ASR_{Cat} bestimmt. Die Lage des Übergangsgebiets ist abhängig von der Kathodendicke l_{Cat} und der kritischen Dicke [1]

$$l_c = \frac{D^\delta}{k^\delta}\,. \tag{6.1}$$

Das Übergangsgebiet befindet sich bei $l_c = l_{Cat}$, für die diffusionskontrollierte Halbebene links des Übergangsgebiets gilt $l_c < l_{Cat}$ und für die austauschkontrollierte Halbebene rechts davon $l_c > l_{Cat}$. In Abbildung 42 sind auch die drei Kathodenmaterialien LSC, LSCF und BSCF eingezeichnet. Bei den Bedingungen 800 °C, 30 µm Dicke, 0 % Porosität, liegt der ASR_{Cat} für LSCF und LSC bei Werten > 316 mΩ·cm², für BSCF bei ≈ 100 mΩ·cm². In [26] wird für technische Anwendungen jedoch ein ASR_{Cat} von 100 mΩ·cm² vorgeschlagen, diese Grenze ist in Abbildung 42 als rote Linie eingetragen. Kathoden aus LSC und LSCF müssen daher mit ausreichender Porosität hergestellt werden, siehe Abbildung 43.

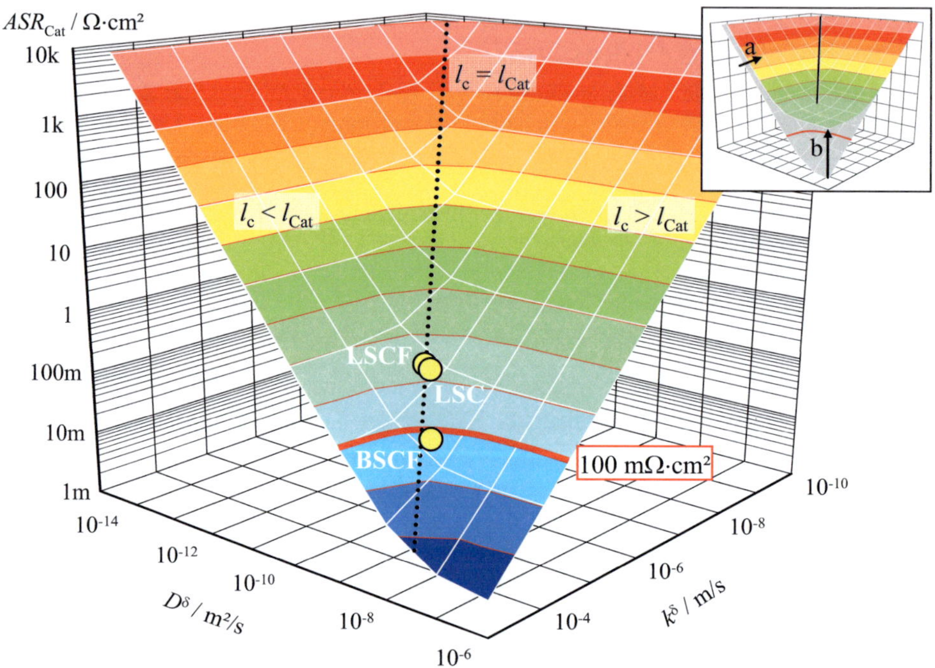

Abbildung 42: Kennfläche – gemischtleitende Kathoden ohne Porosität ($ASR_{Cat} = \mathrm{f}(k^\delta, D^\delta)$))
Flächenspezifischer Widerstand ASR_{Cat} von 30 µm dicken, dichten gemischtleitenden Kathoden als Funktion des Austausch- k^δ und des Festkörperdiffusionskoeffizienten D^δ. Die Kreise markieren die Lage von LSC, LSCF und BSCF in der Kennfläche bei 800 °C in Luft. Die klein dargestellten Kennflächen illustrieren den Einfluss der Kathodendicke (a: 30 µm → 100 µm) und des Ladungstransferwiderstands (b: 0,1 mΩ·cm² → 1 Ω·cm²).

6.1.2 Gemischtleitende Kathoden mit Porosität

Eine Möglichkeit den ASR_{Cat} zu senken ist die Einführung von Porosität, durch welche die für den Sauerstoffeinbau verfügbare Oberfläche erhöht wird und kürzere Transportpfade möglich sind. In Abbildung 43 wird der flächenspezifische Widerstand ASR_{Cat} einer µm-skaligen Kathodenstruktur mit 30 % Porosität ($l_{Cat} = 30$ µm und $ps = 750$ nm) als Funktion des Austauschkoeffizienten k^δ und des chemischen Festkörperdiffusionskoeffizienten D^δ dargestellt. Im Vergleich zur dichten Schicht in Abbildung 42 weist die Kennfläche deutlich niedrigere ASR_{Cat}-Werte auf und ist anderes geformt. Der ASR_{Cat} von LSCF und LSC liegt jetzt klar unterhalb der Grenze von 100 mΩ·cm². Für kleine k^δ-Werte und große D^δ-Werte, rechts der gepunkteten Linie, ist ein austauschkontrollierter Bereich vorhanden. Links der Linie schließt sich ein gemischtkontrollierter Bereich an, in dem der ASR_{Cat} durch die Werte beider Materialparameter bestimmt wird. Die Lage des Übergangsgebietes hängt, wie bei der dichten Schicht, von der Kathodendicke l_{Cat} und den Materialparametern k^δ und D^δ, aus denen die später vorgestellte Eindringtiefe δ berechnet wird, ab. Rechts der gepunkteten Ebene ist die Eindringtiefe größer als die Kathodendicke und links davon kleiner. Hier liegen die Kathodenmaterialien LSC und LSCF, deren ASR_{Cat} nun auch deutlich unter 100 mΩ·cm² liegt.

Links der gestrichelten Linie scheint es, für kleine D^δ-Werte und große k^δ-Werte, einen zweiten austauschkontrollierten Bereich zu geben. Entgegen der ursprünglichen Interpretation in [135], konnte in Abschnitt 5.2.1 gezeigt werden, dass die für eine korrekte numerische

Berechnung notwendige Bedingung für die Länge der finiten Elemente $l_c > l_{FE}$ links der gestrichelten Linie verletzt wird. Tatsächlich müsste sich der gemischtkontrollierte Bereich fortsetzten [2;108].

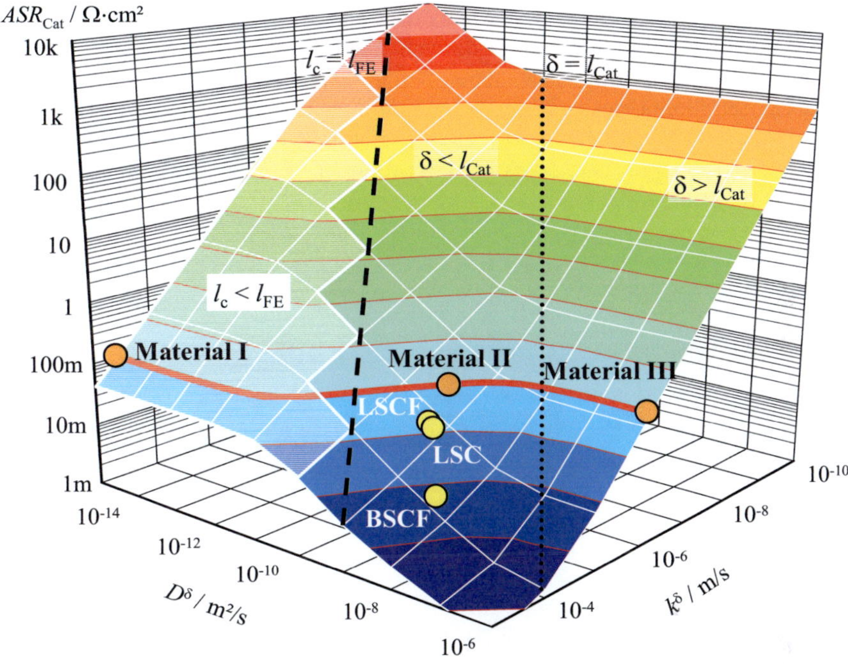

Abbildung 43: Kennfläche – μm-skalige gemischtleitende Kathoden mit 30 % Porosität

Flächenspezifischer Widerstand ASR_{Cat} von μm-skaligen gemischtleitenden Kathoden ($l_{Cat} = 30$ μm, $\varepsilon = 30$ % und $ps = 750$ nm) als Funktion des Austausch- k^δ und des Festkörperdiffusionskoeffizienten D^δ. Die Kreise markieren die Lage von LSC, LSCF und BSCF in der Kennfläche bei 800 °C in Luft. Für die hypothetischen Materialien I, II und III wird in Abbildung 45 die Stromdichteverteilung analysiert.

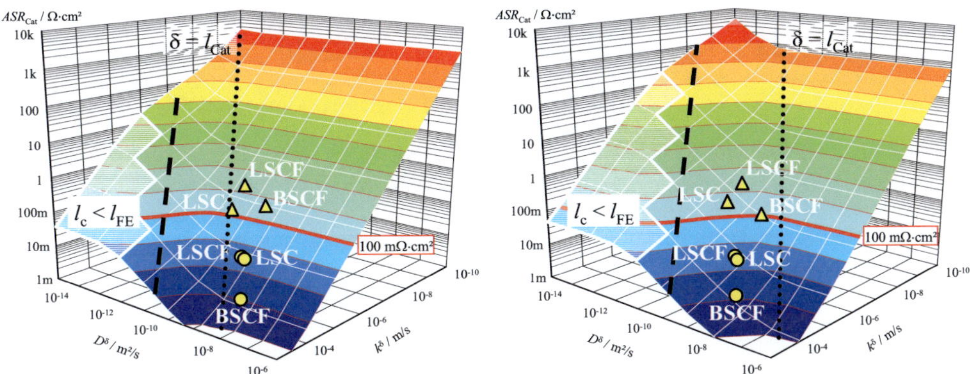

Abbildung 44: Kennfläche – nm- und meso-skalige gemischtleitende Kathode ($\varepsilon = 30$ %)

Flächenspezifischer Widerstand ASR_{Cat} von nm-skaligen (links: $l_{Cat} = 200$ nm, $\varepsilon = 30$ % und $ps = 20$ nm) und meso-skaligen (rechts: $l_{Cat} = 7$ μm, $\varepsilon = 30$ % und $ps = 200$ nm) gemischtleitenden Kathoden als Funktion des Austausch- k^δ und des Festkörperdiffusionskoeffizienten D^δ. Die Symbole markieren die Lage von LSC, LSCF und BSCF in den Kennflächen bei 600 (Dreiecke) bzw. 800 °C (Kreise) in Luft.

In der Kennfläche in Abbildung 43 sind die Lagen von drei fiktiven Materialien I, II und III, mit unterschiedlichen Wertekombinationen für k^δ und D^δ, hervorgehoben. In Abbildung 45 wird für diese die Stromdichteverteilung in der Elektrodenstruktur illustriert. Bei Material I, mit einem großen k^δ-Wert (schneller Austausch) und einem kleinen D^δ-Wert (langsamer Transport), ist die Sauerstoffreduktionsreaktion auf die Umgebung der Dreiphasengrenze beschränkt. Bei Material II (in diesem Bereich liegen LSC, LSCF und BSCF), mit einem mittleren k^δ- und D^δ-Wert, ist das untere Drittel der Kathode aktiv und die Sauerstoff-reduktionsreaktion nimmt mit zunehmender Entfernung von der Kathoden/Elektrolyt-Grenz-fläche ab. Bei Material III, mit einem kleinen k^δ-Wert (langsamer Austausch) und einem großen D^δ-Wert (schneller Transport), ist die komplette Kathode aktiv und die Sauerstoff-reduktionsreaktion läuft im gesamten Kathodenvolumen ab.

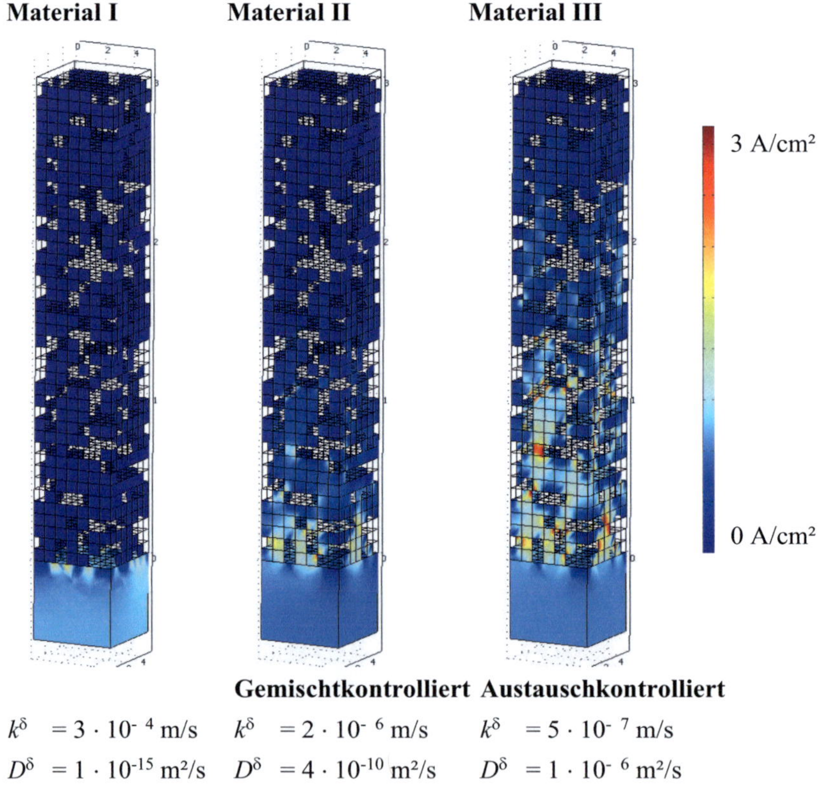

$$k^\delta = 3 \cdot 10^{-4}\ \text{m/s} \qquad k^\delta = 2 \cdot 10^{-6}\ \text{m/s} \qquad k^\delta = 5 \cdot 10^{-7}\ \text{m/s}$$

$$D^\delta = 1 \cdot 10^{-15}\ \text{m}^2/\text{s} \qquad D^\delta = 4 \cdot 10^{-10}\ \text{m}^2/\text{s} \qquad D^\delta = 1 \cdot 10^{-6}\ \text{m}^2/\text{s}$$

Abbildung 45: Stromdichteverteilung in porösen µm-skaligen gemischtleitenden Kathoden
Stromdichteverteilung von Sauerstoffionen in der Mikrostruktur einer µm-skaligen gemischtleitenden Kathode (l_{Cat} = 30 µm, ε = 30 % und ps = 750 nm) für drei verschiedene Materialien, mit unterschiedlichen k^δ- und D^δ-Werten.

Im Folgenden soll die Frage beantwortet werden, warum die Messdaten für die nm-skalige und die meso-skalige LSC-Kathode (vgl. Abschnitt 5.5.1 und Abbildung 39) unterschiedliche Aktivierungsenergien aufweisen. Zur Klärung des Einflusses der Mikrostruktur auf die unter-schiedlichen Temperaturabhängigkeiten der ASR_{Cat}-Werte der LSC-Kathoden wurde jeweils eine Kennfläche für nm-skalige und für meso-skalige gemischtleitende Kathoden berechnet (Abbildung 44 links und rechts). Die Kennflächen geben wieder den flächenspezifischen

Widerstand ASR_{Cat} als Funktion der Materialparameter k^δ und D^δ an. Beide Kennflächen weisen, wie die für µm-skalige Kathoden in Abbildung 43, drei Bereiche auf: einen austauschkontrollierten (rechts der gepunkteten Linie), einen gemischtkontrollierten (zwischen den Linien) und einen Bereich, in dem die Berechnung fehlschlägt (links der gestrichelten Linie). Die Lage der Bereiche ist jedoch für alle drei Kennflächen unterschiedlich und wird von Dicke, Partikelgröße und Porosität der Kathode beeinflusst.

In die Kennflächen für die nm- und meso-skaligen Kathoden wurden, analog zu Abbildung 43, die Lage von LSC, LSCF und BSCF für 600 °C (Dreiecke) bzw. 800 °C (Kreise) in Luft eingetragen. Die Eintragung beider Lagen ist zulässig, da sich die Temperatur nur auf Parameter (Sauerstoffionengleichgewichtskonzentration, ionische Leitfähigkeit und Gasdiffusion) auswirkt, die kaum einen Einfluss auf den flächenspezifischen Widerstand haben (vgl. Abschnitt 5.4). Folglich können die drei Kennflächen für nm-, meso- und µm-skalige Kathoden zur Eintragung der Materialien bei beliebigen Temperaturen verwendet werden.

Insbesondere interessiert, in welchem Gebiet die nm-skalige und die meso-skalige LSC-Kathode jeweils liegen, um Rückschlüsse auf die Temperaturabhängigkeit ziehen zu können. Zwischen 600 und 800 °C bewegt sich der flächenspezifische Widerstand der LSC-, LSCF- und BSCF-Kathoden jeweils in etwa auf einer Linie zwischen dem jeweiligen Dreieck und Kreis. Die Bewegungsrichtung ist in allen Fällen annähernd parallel zur gepunkteten Linie, daher verbleiben die Kathoden für alle Temperaturen in dem jeweiligen Bereich. Ein deutlicher Unterschied ist sichtbar: die nm-skalige LSC-Kathode ist austauschkontrolliert, wohingegen die meso-skalige LSC-Kathode gemischtkontrolliert ist. Folglich kann die unterschiedliche Temperaturabhängigkeit der zwei Kathoden auf die Temperaturabhängigkeiten der Materialparameter k^δ und D^δ zurückgeführt werden. Die Aktivierungsenergie des inversen flächenspezifischen Kathodenwiderstands ASR_{Cat} steht mit den Aktivierungsenergien der materialspezifischen Parameter k^δ und D^δ in Zusammenhang. Je nachdem, inwieweit die Parameter den Wert von $1 / ASR_{Cat}$ bestimmen, nimmt die Aktivierungsenergie von $1 / ASR_{Cat}$ einen Wert zwischen denjenigen der Materialparameter k^δ und D^δ an. Falls einer der Parameter den ASR_{Cat} maßgeblich bestimmt, hat $1 / ASR_{Cat}$ dieselbe Aktivierungsenergie wie dieser Parameter.

Tabelle 12: Vergleich verschiedener Aktivierungsenergien
([*]Rundungsfehler in [35] 1,39 eV anstelle 1,40 eV, [**]Leonide unveröffentlichte Daten)

Kathode	Bereich	k^δ	$1 / ASR_{Cat}$	Quelle	D^δ
nm-skaliges LSC	austauschkontr.	0,73 eV	0,83 eV	[41]	1,37 eV
meso-skaliges LSC	gemischtkontr.	0,73 eV	1,09 eV	[42]	1,37 eV
µm-skaliges LSCF	gemischtkontr.	1,39 eV	1,40 eV	[35][*]	1,47 eV
	gemischtkontr.	1,39 eV	1,45 eV	[**]	1,47 eV

Die nm-skalige LSC-Kathode liegt im austauschkontrollierten Bereich, und die Aktivierungsenergie von $1 / ASR_{Cat}$ liegt nach Tabelle 12 wie erwartet nahe bei der von k^δ, während die Aktivierungsenergie von $1 / ASR_{Cat}$ bei der gemischtleitenden meso-skaligen LSC-Kathode ebenfalls passend zu den vorherigen Überlegungen zwischen denjenigen beider Materialparameter k^δ und D^δ liegt. Die unterschiedliche Aktivierungsenergie von $1 / ASR_{Cat}$ der nm- und der meso-skaligen LSC-Kathoden ist also plausibel mit den vorliegenden mikrostrukturellen Unterschieden erklärbar.

Die Betrachtung von Abbildung 43 zeigt weiterhin, dass die µm-skalige LSCF-Kathode gemischtkontrolliert sein sollte. Die Beurteilung der Aktivierungsenergien ist in diesem Fall dadurch erschwert, dass die aus der Literatur ermittelten Werte für die Materialparameter k^δ und D^δ kein Arrhenius-Verhalten aufweisen. Die bei der µm-skaligen LSCF Kathode bestimmten Aktivierungsenergien von $1 / ASR_{Cat}$ liegen zumindest ebenfalls zwischen denjenigen der Materialparameter k^δ und D^δ.

Interessant ist, dass der Zusammenhang zwischen den Aktivierungsenergien von $1 / ASR_{Cat}$ und k^δ experimentell ausgenutzt werden kann. Durch die Charakterisierung einer austauschkontrollierten, also meist nm-skaligen Probe kann die Aktivierungsenergie des Austauschkoeffizienten k^δ bestimmt werden.

6.1.3 Einfluss der Porosität auf ratenbestimmende Prozesse

Die ASR_{Cat}-Kennflächen können zur Bewertung der Messergebnisse (vgl. Abschnitt 5.5.1) und zur Abschätzung der Auswirkung von k^δ und D^δ herangezogen werden. Die Kennflächen von porösen und dichten Kathoden unterscheiden sich deutlich, wie am Beispiel µm-skaliger Kathoden zu sehen ist (vgl. Abbildung 42, Abbildung 43). Dies wird im Folgenden anhand µm-skaliger Kathoden näher untersucht. In Abbildung 46 sind Skizzen von gemischtleitenden Kathoden mit steigender Porosität und in Abbildung 47 die zugehörigen ASR_{Cat}-Kennflächen für Porositätswerte von 0 bis 50 % dargestellt.

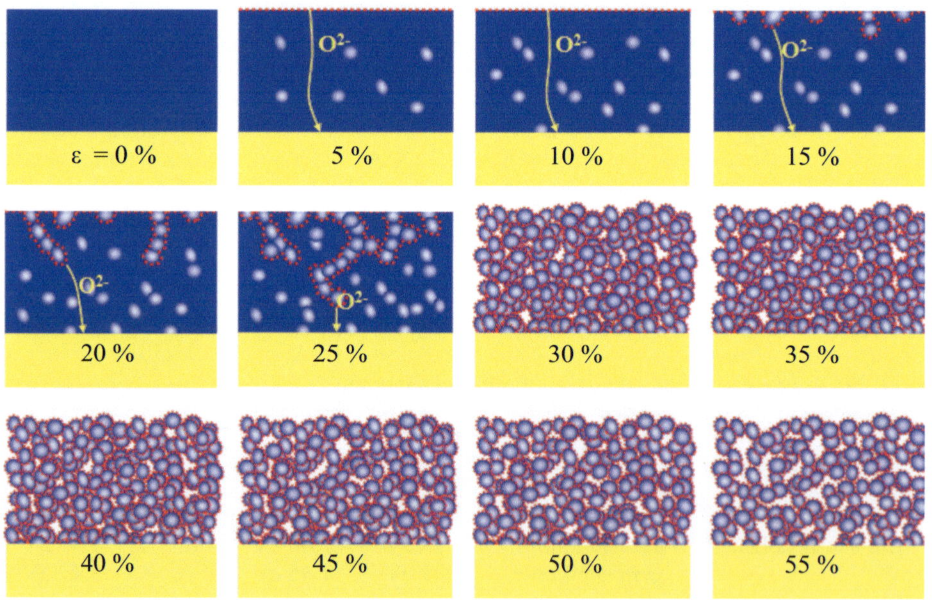

Abbildung 46: Kennfläche – Einfluss der Porosität auf gemischtleitende Kathoden I
Schematische Skizze der Kathodenmikrostruktur (blau) und des Elektrolyten (gelb) für verschiedene Porositätswerte. Poren werden zunächst hellblau, dann weiß dargestellt. Orte des Oberflächenaustauschs sind rot hervorgehoben und Diffusionspfade gelb eingezeichnet.

Jede Skizze in Abbildung 46 zeigt einen Teil des Elektrolyten (gelb) und die gemischtleitende Kathode (blau). Die Festkörperdiffusionspfade für Sauerstoffionen durch das gemischtleitende Kathodenmaterial (gelbe Linie mit Pfeil) und die für den Sauerstoffeinbau verfügbaren Oberflächen (rot) sind beide von der Porosität abhängig. Mit steigender Porosität sinkt die mittlere Wegstrecke ($l_{Cat,eff}$) für die Sauerstoffionen im Feststoffanteil der Kathode. Bei einem Porositätswert zwischen 25 und 30 % (Perkolationsschwelle) bilden sich durchgehende Poren von der Kathodenoberfläche bis zum Elektrolyten aus. Der Sauerstoffeinbau an der Dreiphasengrenze, wo Elektrolyt, Kathode und Pore zusammentreffen, wird im Fall niedriger D^δ-Werte für höhere Werte der Porosität zunehmend wichtig. Steigt die Porosität noch weiter an, nimmt die Zahl der verfügbaren Diffusionspfade im Material ab und Einschnürungseffekte nehmen zu. Oberfläche und Länge der Dreiphasengrenze sind für den Sauerstoffeinbau wichtig und beide ebenfalls von der Porosität abhängig. Beide nehmen mit zunehmender Porosität zu, bis ein maximaler Wert für eine Porosität von ungefähr 50 % erreicht wird, danach sinken beide mit weiter zunehmender Porosität wieder ab. Quantitative Ergebnisse hierzu wurden bereits in Unterkapitel 5.1 gezeigt.

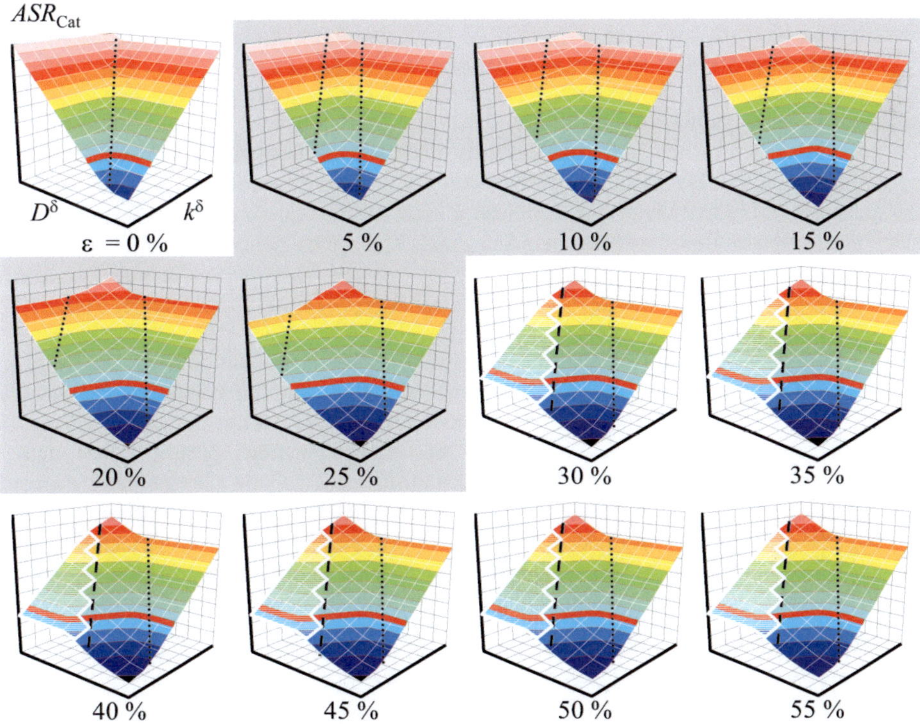

Abbildung 47: Kennfläche – Einfluss der Porosität auf gemischtleitende Kathoden II
Kennflächen für den flächenspezifischen Widerstand ASR_{Cat} von µm-skaligen gemischtleitenden Kathoden (l_{Cat} = 30 µm und ps = 750 nm) als Funktion des Austausch- k^δ und des Festkörperdiffusionskoeffizienten D^δ für verschiedene Porositätswerte (rote Linie: ASR_{Cat} = 100 mΩ·cm²).

In Abbildung 47 werden die ASR_{Cat}-Kennflächen von µm-skaligen Kathoden für verschiedene Porositätswerte ε als Funktion von k^δ und D^δ gezeigt. Die Form der Kennflächen verändert sich mit der Porosität, und eine Einteilung in drei verschiedene Fälle kann vorgenommen werden:

<u>Fall A) dichte Kathode:</u> zwei Bereiche – austauschkontrolliert ($l_c > l_{Cat}$) rechts und diffusionskontrolliert ($l_c < l_{Cat}$) links der gepunkteten Linie. Die Lage des Übergangsgebietes bei $l_c = l_{Cat}$ hängt von der Kathodendicke und – über die kritische Dicke $l_c = D^\delta / k^\delta$ – von den Materialparametern ab.

<u>Fall B) Kathode mit Porosität unterhalb der Perkolationsschwelle:</u> drei Bereiche – siehe Fall A plus (dazwischen) ein gemischtkontrollierter Bereich. In dem gemischtkontrollierten Bereich bestimmen die Werte von beiden Materialparametern k^δ und D^δ den Wert des berechneten flächenspezifischen Kathodenwiderstands ASR_{Cat}.

<u>Fall C) Kathode mit Porosität oberhalb der Perkolationsschwelle:</u> zwei Bereiche – austauschkontrolliert und gemischtkontrolliert. Der diffusionskontrollierte Bereich verschwindet, da der Sauerstoffeinbau an der Dreiphasengrenze erfolgt. Der links der gestrichelten Linie sichtbare Bereich resultiert aus einer fehlerhaften Berechnung aufgrund eines zu groben Rechengitters ($l_c < l_{FE}$ – vgl. Abschnitt 5.2.1) und ist tatsächlich nicht vorhanden.

Der Einfluss der Porosität auf die berechneten Kennflächen wird nun anhand der schematischen Skizzen analysiert. Der Fall A) einer dichten Schicht wird nicht betrachtet, da die Vorgänge sequentiell ablaufen und damit trivial sind. Im Fall B) nimmt ASR_{Cat} mit zunehmender Porosität ε in allen drei Bereichen ab. Dies erklärt sich mit den Skizzen aus Abbildung 46: Der gemischtkontrollierte Bereich bildet sich aus, weil sich die Diffusionspfade, welche den Ort des Sauerstoffeinbaus und des Ladungstransfers verbinden, in der Länge unterscheiden. Deshalb hängt die Verteilung der Stromdichte auf die verfügbare Oberfläche a von beiden Materialparametern k^δ und D^δ ab und somit wirken sich die Werte beider Parameter auf den berechneten ASR_{Cat} aus. Mit zunehmender Porosität ε werden die effektiv zurückzulegenden Diffusionspfade kürzer ($l_{Cat,eff} < l_{Cat}$), die verfügbare Oberfläche a nimmt zu und folglich sinkt der ASR_{Cat} in allen drei Bereichen mit zunehmender Porosität ε.

In Fall C) verschwindet der diffusionskontrollierte Bereich, da ein Einbau von Sauerstoff direkt an der Dreiphasengrenze ermöglicht wird. Oberhalb der Perkolationsschwelle bilden sich Poren aus, in denen Sauerstoff vom Stromsammler/Gasverteiler bis zur Elektrolytoberfläche transportiert werden kann. Der Fall C) lässt sich noch weiter unterteilen. Für Porositäten oberhalb von 30 bis zu 45 % nimmt ASR_{Cat} ab, da mit zunehmender Porosität ε eine größere Oberfläche a bzw. eine längere Dreiphasengrenze l_{tpb} zur Verfügung steht. Für sehr hohe Porositäten zwischen 45 und 55 % nimmt ASR_{Cat} wieder zu, da zum einen die Anzahl an Diffusionspfaden abnimmt und Stromeinschnürungseffekte auftreten und zum anderen die Oberfläche a und die Länge der Dreiphasengrenze l_{tpb} wieder abnehmen.

6.1.4 Vergleich mit Modellen aus der Literatur

In diesem Abschnitt wird das FEM-Mikrostrukturmodell mit Modellen aus der Literatur, siehe Unterkapitel 3.4, verglichen. Insbesondere soll herausgearbeitet werden, unter welchen Randbedingungen das FEM-Mikrostrukturmodell Vorteile gegenüber den bereits verfügbaren Modellen hat. Der Vergleich erfolgt für:

1. eine dichte Kathode mit einem eindimensionalen, analytischen Modell abgeleitet anhand von [17;22]
2. Porositäten von 20 und 25 % mit einem zweidimensionalen, Finite-Elemente-Methode-Modell von Fleig [107]
3. ausgewählte Porositäten (0, 25, 30 und 55 %) mit einem eindimensionalen, analytischen Modell von Adler [2;108]

<u>1. dichte Kathode:</u> Für eine dichte Kathode kann der ASR_{Cat} analytisch berechnet werden, da der Oberflächenaustausch und die Festkörperdiffusion sequentiell ablaufen [17;22]. Die Abweichung der numerisch mit dem FEM-Mikrostrukturmodell berechneten Ergebnisse (vgl. Abbildung 42) zu den analytischen Ergebnissen ist kleiner als 1 ‰ für die gesamte Kenn-

fläche. Das analytische Modell ist dabei vorzuziehen, da sich die Ergebnisse kompakt in Form von Gleichungen darstellen lassen und die Berechnung schneller ist.

2. Porositäten von 20 und 25 %: In Abbildung 48 wird der nach Fleig [107] berechnete ASR_{Cat} von µm-skaligen gemischtleitenden Kathoden ($l_{Cat} = 30$ µm, $ps = 750$ nm, $\varepsilon \approx 25$ %) bei 800 °C in Luft als Kennfläche dargestellt. Zur Berechnung wurden die von Fleig [107] anhand eines 2D-FEM-Modells ermittelten Gleichungen verwendet (vgl. Abschnitt 3.4.2). Die Porosität ε geht in diese Gleichungen nicht explizit ein. Anhand der für das 2D-FEM-Modell verwendeten Geometrie wurde ein Porositätswert von etwa 25 % abgeschätzt. Die Form der nach Fleig berechneten ASR_{Cat}-Kennfläche und die mit dem FEM-Mikrostrukturmodell für $\varepsilon = 20$ bzw. 25 % berechneten zeigen eine gute Übereinstimmung. Wieder weist die ASR_{Cat}-Kennfläche einen diffusions-, einen gemischt- und einen austauschkontrollierten Bereich auf.

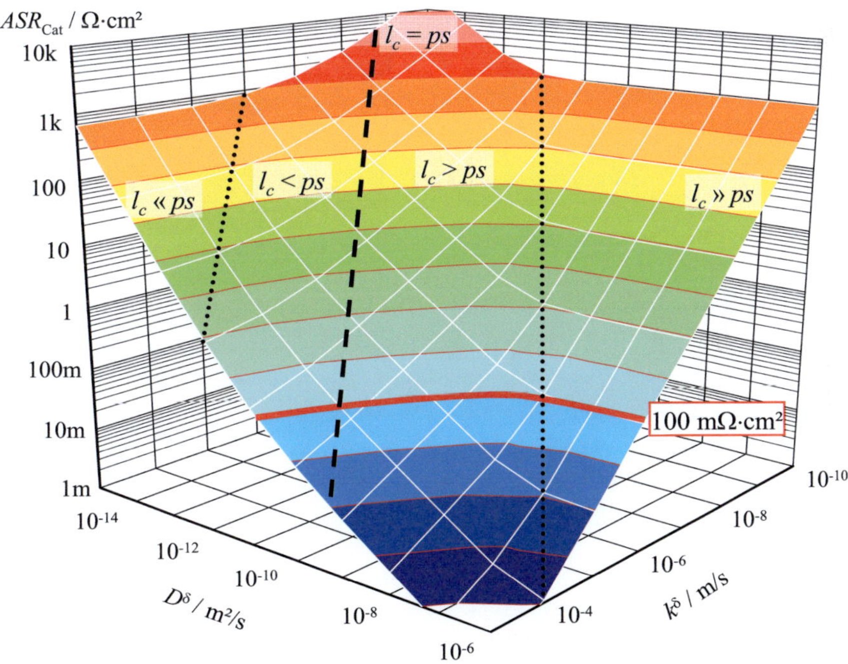

Abbildung 48: Kennfläche – µm-skalige gemischtleitende Kathoden (Fleig [107])
Flächenspezifischer Widerstand ASR_{Cat} von 30 µm dicken, gemischtleitenden Kathoden mit einer Porosität von etwa 25 % und einer Partikelgröße von 750 nm als Funktion des Austausch- k^δ und des Festkörperdiffusionskoeffizienten D^δ, berechnet nach Fleig.

Nach den Ausführungen im vorhergehenden Abschnitt entfällt der diffusionskontrollierte Bereich bei gleichzeitiger Existenz einer Dreiphasengrenze. Fleig verwendet jedoch ein rotationssymmetrisches 2D-FEM-Modell, in dem eine Dreiphasengrenze vorliegt. Dieser Widerspruch löst sich auf, wenn der von Fleig dort angesetzte isolierende Bereich[29] berücksichtigt wird. So bleiben Sauerstoffreduktions-Mechanismen an der frei zugänglichen Oberfläche des Elektrolyten unberücksichtigt. Es kann gezeigt werden, dass die Wahl der Ausdehnung des isolierenden Bereichs die berechnete Kennfläche deutlich beeinflusst. Diese Tatsache wird in

---

[29] Dieser isolierende Bereich verhindert numerische Problem mit der Feinheit des Gitters (vgl. Abschnitt 5.2.1).

den Veröffentlichungen von Fleig nicht diskutiert, obwohl Werte von 0,4 bis 8 nm für die Ausdehnung verwendet werden.

In Abbildung 49 werden die Abweichungen zwischen dem FEM-Mikrostrukturmodell und dem nach Fleig berechneten Modell dargestellt. Diese sind für eine Porosität von 20 % zumeist positiv und für 25 % meist negativ. Interessant ist bei einer Porosität von 25 % die ausgeprägte positive Abweichung von 192 % für einen Punkt ($k^\delta = 10^{-3}$ m/s und $D^\delta = 10^{-6}$ m²/s). Diese Abweichung wird später diskutiert, da diese auch beim Vergleich mit den Ergebnissen des Modells von Adler auftritt. Insgesamt stützt der Vergleich das FEM-Mikrostrukturmodell, da Fleig mit dem 2D-FEM-Modell zu ähnlichen Ergebnissen kommt. Das FEM-Mikrostrukturmodell ist zudem vorteilhaft, da es nicht nur auf einen Porositätswert von etwa 25 % eingeschränkt ist.

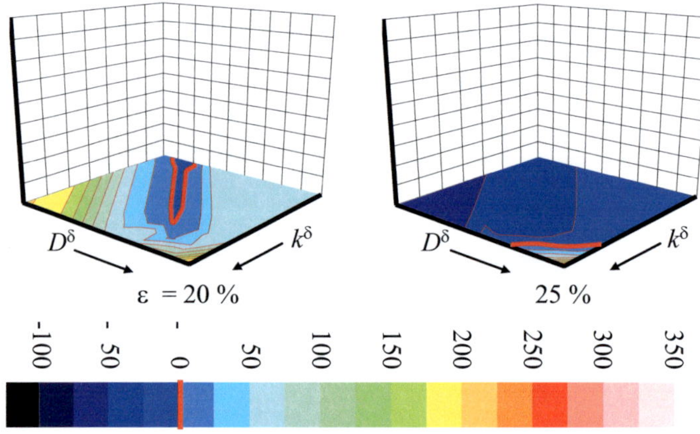

Abbildung 49: Kennfläche – Abweichung FEM-Mikrostrukturmodell zu Fleig
Abweichung der nach dem FEM-Mikrostrukturmodell für Porositäten von 20 und 25 % berechneten Kennflächen zu der nach Fleig [107] berechneten Kennfläche.

3. ausgewählte Porositäten (0, 25, 30 und 55 %): In Abbildung 50 werden mit dem eindimensionalen, analytischen Modell von Adler für diese vier Porositätswerte berechnete ASR_{Cat}-Kennflächen von µm-skaligen Kathoden ($l_{Cat} = 30$ µm, $ps = 750$ nm, ε ≈ 25 %) bei 800 °C in Luft dargestellt. Jede der Kennflächen weist einen gemischt- und einen austauschkontrollierten Bereich auf. Mit zunehmender Porosität sinken die berechneten ASR_{Cat}-Werte und die Lage des Übergangsgebiets verschiebt sich nach rechts. Zur Berechnung der Kennflächen nach den Gleichungen von Adler (vgl. Abschnitt 3.4.3) sind von der Porosität ε abhängige Werte für die Tortuosität τ und die volumenspezifische Oberfläche a notwendig. Die Ermittlung dieser Parameter ist nicht Teil des Modells von Adler, daher wurde auf mit dem FEM-Mikrostrukturmodell bestimmte Werte zurückgegriffen (vgl. Unterkapitel 4.3).

Die gleiche Form der vier Kennflächen ist darauf zurückzuführen, dass in dem Modell von Adler ein homogenisierter Ansatz für die Elektrode verwendet wird. In diesen Modellen wird unabhängig von der Porosität die Existenz einer Dreiphasengrenze vorausgesetzt. Folglich existiert keine Perkolationsschwelle für die Poren (bzw. die Gasdiffusion), unterhalb derer keine durchgängigen Poren[30] mehr möglich sind, und es kann nicht zur Ausbildung eines

---

[30] Durchgängige Poren verbinden den Gasraum mit der Elektrolytoberfläche.

diffusionskontrollierten Bereichs kommen, denn für diesen Bereich ist die Existenz einer effektiven Diffusionslänge ($l_{Cat,eff}$) bzw. einer dichten Schicht notwendig.

In realen Elektroden hingegen gibt es je nach Mikrostruktur eine Perkolationsschwelle, und somit existiert für Porositäten unterhalb der Perkolationsschwelle im Mittel eine effektive Diffusionslänge $l_{Cat,eff}$, welche mit sinkenden Porositätswerten ε einen zunehmenden Teil der Kathodendicke l_{Cat} einnimmt. Zusammenfassend lässt sich damit sagen, dass das Modell von Adler unterhalb der Perkolationsschwelle der Poren, falls diese existiert, den diffusions-kontrollierten Bereich nicht korrekt abbildet. Dies zeigt sich – wenn von einer korrekten Beschreibung der Mikrostruktur durch das FEM-Mikrostrukturmodell ausgegangen wird – an den in Abbildung 51 gezeigten Abweichungen der mit dem FEM-Mikrostrukturmodell berechneten ASR_{Cat}-Kennflächen zu den Ergebnissen nach Adler. Für die Porositätswerte von $\varepsilon = 0$ und 25 % zeigen sich ausgeprägte positive Abweichungen im diffusionskontrollierten Bereich (große k^{δ}- und kleine D^{δ}-Werte).

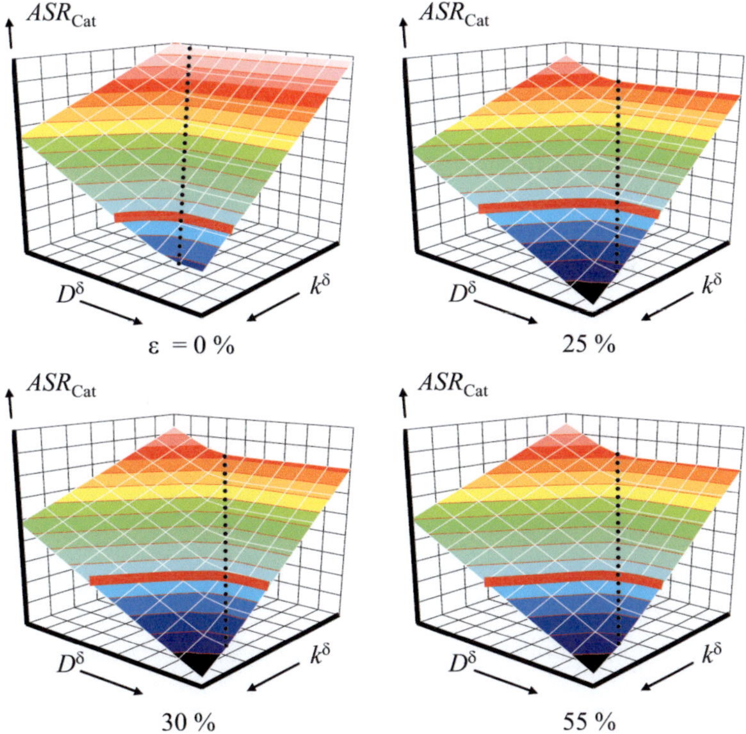

Abbildung 50: Kennfläche – µm-skalige gemischtleitende Kathoden (Adler [2;108])
Flächenspezifischer Widerstand ASR_{Cat} von 30 µm dicken, gemischtleitenden Kathoden mit einer Partikelgröße von 750 nm als Funktion des Austausch- k^{δ} und des Festkörperdiffusionskoeffizienten D^{δ}, berechnet nach Adler für verschiedene Porositäten.

Die in Abbildung 51 gezeigten Abweichungen der mit dem FEM-Mikrostrukturmodell berechneten ASR_{Cat}-Kennflächen zu den Ergebnissen nach Adler können in drei verschiedene Bereiche eingeteilt werden:

- für große k^δ und kleine D^δ-Werte bei 0 und 25 % Porosität
  Die Ursache für diese Abweichungen im diffusionskontrollierten Bereich, unterhalb der Perkolationsschwelle der Poren, wurde bereits besprochen.

- für große k^δ und kleine D^δ-Werte bei 30 und 55 % Porosität
  Oberhalb der Perkolationsschwelle zeigt sich in diesem Bereich eine ausgeprägte negative Abweichung. Diese Abweichung erklärt sich damit, dass die Berechnung mit dem FEM-Mikrostrukturmodell aufgrund eines zu groben Rechengitters ($l_c < l_{FE}$) mit zu geringen ASR_{Cat}-Werten falsche Ergebnisse liefert.

- für einen Punkt ($k^\delta = 10^{-3}$ m/s und $D^\delta = 10^{-6}$ m²/s)
  Für den Punkt mit den größten Materialparametern ($k^\delta = 10^{-3}$ m/s und $D^\delta = 10^{-6}$ m²/s) treten bei den Porositätswerten 25, 30 und 55 % ausgeprägte positive Abweichungen auf. Die gleiche Abweichung wurde beim Vergleich der Ergebnisse des FEM-Mikrostrukturmodells zu den Ergebnissen von Fleig vorgefunden. Folglich müssen im FEM-Mikrostrukturmodell Verluste auftreten, die in den Modellen von Adler und Fleig nicht berücksichtigt werden.

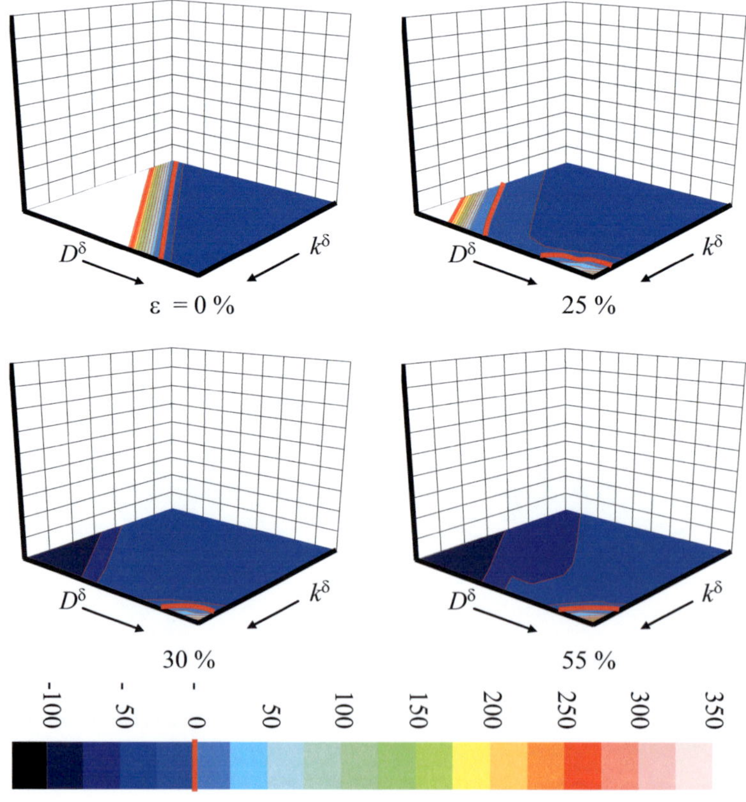

Abbildung 51: Kennfläche – Abweichung FEM-Mikrostrukturmodell zu Adler
Abweichung der nach dem FEM-Mikrostrukturmodell berechneten Kennflächen zu den nach Adler [2;108] berechneten Kennflächen für verschiedene Porositäten.

Außer diesen Abweichungen ist die Übereinstimmung zwischen dem FEM-Mikrostrukturmodell und dem Modell von Adler gut. Für zwei der Abweichungen wurden Gründe gefunden, für die dritte Abweichung am Punkt mit den größten Materialparametern muss es eine Ursache geben, die nur einen geringen Verlustbeitrag hat. Bei kleineren Materialparameterwerten von k^δ und D^δ wird dieser Verlustbeitrag verdeckt.

Im FEM-Mikrostrukturmodell werden Verluste aufgrund des Ladungstransfers zwischen Kathode und Elektrolyt und aufgrund von Stromeinschnürungseffekten im Elektrolyten berücksichtigt, welche beide nur einen geringen Verlustbeitrag liefern. Hierfür gibt es in den Modellen von Adler und Fleig keine Entsprechung. Es wird anhand der Werte in Tabelle 13 geklärt, ob diese Verlustbeiträge für die vorgefundene Abweichung verantwortlich gemacht werden können. Dazu wurden die Abweichungen der Ergebnisse mit normalen Werten für die ionische Leitfähigkeit σ_{El} des Elektrolyten und des Ladungstransferwiderstands ASR_{ct} sowie der Ergebnisse mit deutlich erhöhten bzw. verringerten (nicht realistischen) Werten und damit ausgeschalteten Verlusten ermittelt.

Mit den normalen Werten tritt die in Abbildung 49 und Abbildung 51 für den Punkt mit den größten Materialparametern sichtbare große positive Abweichung auf. Werden die Verlustbeiträge durch die höhere Leitfähigkeit σ_{El} und den geringeren Ladungstransferwiderstand ASR_{ct} ausgeschaltet, dann tritt diese deutliche positive Abweichung nicht mehr auf und die mit dem FEM-Mikrostrukturmodell berechneten Werte entsprechen annähernd den nach Adler berechneten (Abweichung nur noch -11,37 %). Damit wurde die Ursache ermittelt, und das FEM-Mikrostrukturmodell liefert in diesem Fall die besseren Resultate, da Verlustbeiträge aufgrund des Ladungstransfers zwischen Kathode und Elektrolyt und aufgrund von Stromeinschnürungseffekten im Elektrolyten berücksichtigt werden,

Tabelle 13: Untersuchung der Abweichung für hohe k^δ- und D^δ-Werte
Abweichungen der mit dem FEM-Mikrostrukturmodell für hohe Austausch- und Festkörperdiffusionskoeffizienten berechneten flächenspezifischen Widerstände zu den Ergebnissen nach Adler. Die Abweichungen wurden für zwei unterschiedliche Werte des Ladungstransferwiderstands und der Leitfähigkeit des Elektrolyten bestimmt.

	$ASR_{ct} = 0{,}1\ \mathrm{m\Omega\cdot cm^2}$, $\sigma_{El} = 4{,}72\ \mathrm{S/m}$				$ASR_{ct} = 10^{-9}\ \mathrm{\Omega\cdot cm^2}$, $\sigma_{El} = 1000\ \mathrm{S/m}$				
	10^{-9}	10^{-8}	10^{-7}	10^{-6}	10^{-9}	10^{-8}	10^{-7}	10^{-6}	D^δ / $\mathrm{m^2/s}$
10^{-5}	$-50{,}80$	$-46{,}15$	$-42{,}65$	$-41{,}66$	$-51{,}84$	$-49{,}16$	$-48{,}73$	$-48{,}92$	
10^{-4}	$-52{,}50$	$-42{,}03$	$-21{,}36$	$13{,}33$	$-55{,}19$	$-50{,}78$	$-46{,}58$	$-44{,}12$	
10^{-3}	$-48{,}57$	$-27{,}00$	$36{,}78$	$215{,}57$	$-56{,}30$	$-51{,}25$	$-37{,}20$	$-11{,}37$	
k^δ / $\mathrm{m/s}$									

6.1.4.1 Zusammenfassung

Insgesamt gesehen wird das FEM-Mikrostrukturmodell für gemischtleitende Kathoden durch die Vergleiche zusätzlich zur experimentellen Verifizierung bestätigt. Die Ergebnisse, die durch die Modelle von Adler und Fleig sowie das 1D-analytische Modell [17;22] gewonnen wurden, werden zum größten Teil durch das FEM-Mikrostrukturmodell wiedergegeben und vorkommende Abweichungen wurden analysiert. Hierbei konnte gezeigt werden, dass das FEM-Mikrostrukturmodell in fast allen Fällen verwendet werden kann, außer wenn aufgrund der endlichen Auflösung des Rechengitters ein numerischer Fehler auftritt. Dies kommt jedoch nur vor, wenn $l_{FE} > l_c$ und eine Dreiphasengrenze existiert. Unter diesen Umständen ist jedoch ein Modell für dreiphasengrenzdominierte Kathoden nach Abschnitt 4.4.2 vorzuziehen.

Grundsätzlich ist ein FEM-Mikrostrukturmodell den bisherigen Modellen überlegen, Einschränkungen gibt es lediglich aufgrund der verwendeten Soft- und Hardware und der sich daraus ergebenden Grenzen bezüglich der Abbildung realer Mikrostrukturen und möglicher räumlicher Auflösungen. Erstens kann das FEM-Mikrostrukturmodell die Veränderung der Kennflächen mit zunehmender Porosität wiedergeben. Zweitens kann der flächenspezifische Widerstand der Kathode für beliebige Porositäten berechnet werden, wohingegen das 1D-analytische Modell und das Modell von Fleig auf dichte bzw. auf Schichten mit etwa 25 % Porosität beschränkt sind und das Modell von Adler auf die Berechnung von Kennflächen für Porositäten oberhalb der Perkolationsschwelle beschränkt ist. Drittens gehen mikrostrukturelle Parameter wie die Tortuosität und die volumenspezifische Oberfläche implizit in die Berechnung durch das FEM-Mikrostrukturmodell mit ein, während diese Parameter für die Berechnung mit dem Modell von Adler extra bestimmt werden müssen. Schlussendlich werden im FEM-Mikrostrukturmodell Verluste aufgrund des Ladungstransfers zwischen dem gemischtleitenden Material und dem Elektrolyten sowie Verluste aufgrund von Stromeinschnürungseffekten im Elektrolyten mit berücksichtigt. Über die hier angestellten Betrachtungen hinaus bietet das FEM-Mikrostrukturmodell noch mehr Möglichkeiten, da es die Vorgänge in porösen gemischtleitenden Kathoden ortsaufgelöst berücksichtigt. Dies wird im Folgenden anhand der Stromdichteverteilung in der Kathode gezeigt.

6.1.5 Stromdichteverteilung in der Kathodenstruktur

Die Stromdichteverteilung in der Kathodenstruktur kann durch das FEM-Mikrostrukturmodell ermittelt werden. Dadurch ergeben sich neue Ansatzmöglichkeiten zur Verbesserung der Mikrostruktur für ein gegebenes Material. Erstens kann die Kathodendicke anhand der folgenden Überlegungen beurteilt werden: a) wenn die komplette Mikrostruktur der Kathode einen Strom von Sauerstoffionen trägt, die durch das gemischtleitende Material diffundieren, dann kann der flächenspezifische Widerstand durch eine größere Kathodendicke verkleinert werden; b) wenn nur ein kleiner Teil in der Nähe der Kathoden/Elektrolyt-Grenzfläche aktiv ist, werden Materialeinsparungen durch eine geringere Kathodendicke möglich, ohne den flächenspezifischen Widerstand zu erhöhen. Zweitens können durch die räumliche Analyse der Strombelastung und die Identifikation von lokalen Stromeinschnürungen so genannte Hot-Spots identifiziert werden. Diese Hot-Spots sollten vermieden werden, da diese zu einer erhöhten Alterung der Kathodenleistungsfähigkeit aufgrund lokaler Temperaturüberhöhung und ggf. daraus resultierender thermodynamisch instabiler Bedingungen für das Kathodenmaterial führen können. Die Möglichkeit der räumlichen Analyse ist dabei nur mit 3D-Modellen möglich und kann nicht mit Hilfe von 1D-Modellen mit einer homogenisierten Mikrostruktur ermittelt werden.

Als Beispiel wird in Abbildung 52 und Abbildung 53 die ionische Stromdichte im Festkörper für eine µm-skalige Mikrostruktur mit 30 % Porosität grafisch dargestellt. Zur Berechnung wurden ein 7x7x40-Modell und die Werte für die Materialparameter von $k^\delta = 10^{-5}$ m/s und $D^\delta = 10^{-9}$ m²/s verwendet. Die ionische Stromdichte wird im Elektrolyten durch $j_{\text{solid}} = j_{\text{curr}}$ und im gemischtleitenden Material durch $j_{\text{solid}} = \text{f}(j_{\text{diff}})$ bestimmt. Auf der linken Seite von Abbildung 52 wird die ionische Stromdichte für die Randflächen der gesamten Modellgeometrie gezeigt. Kuben, die zu Poren gehören, sind an den transparenten Flächen zu erkennen. Anhand der Struktur können drei verschiedene Bereiche unterschieden werden: (i) Im oberen Teil von ungefähr zwei Dritteln der Mikrostruktur der Kathode zeigt die dunkle blaue Farbe an, dass keine Stromdichte vorhanden ist; (ii) im unteren Drittel der Mikrostruktur wird die Färbung mit zunehmender Nähe zur Kathoden/Elektrolyt-Grenzfläche immer intensiver und uneinheitlicher; (iii) innerhalb des Elektrolyten gleicht sich die Stromdichte schnell aus und bleibt dann überall auf einem konstanten Wert.

Das Diagramm auf der rechten Seite in Abbildung 52 zeigt den Verlauf der mittleren Stromdichte in z-Richtung $j_{solid,z,ave}$ über dem Abstand zur Kathoden/Elektrolyt-Grenzfläche. Zur Bestimmung wird zunächst die z-Komponente der ionischen Stromdichte $j_{solid,z}$ innerhalb einer zur Kathoden/Elektrolyt-Grenzfläche parallelen Schnittebene integriert. Dann wird $j_{solid,z,ave}$ als Mittelwert der Werte für mehrere Realisierungen bestimmt. An der Grenzfläche der Kathode mit dem Gaskanal ist die mittlere ionische Stromdichte gleich Null. Dann nimmt die mittlere ionische Stromdichte mit kleiner werdendem Abstand zur Kathoden/Elektrolyt-Grenzfläche kontinuierlich zu und erreicht dort den maximalen Wert, der dann innerhalb des Elektrolyten konstant bleibt. Für ein gemischtleitendes Material mit den gewählten Materialparametern zeigt die Kurve einen exponentiellen Verlauf, bei dem in einer Entfernung von 6 µm von der Kathoden/Elektrolyt-Grenzfläche ~ 36 % Prozent des Maximalwertes vorliegen. Die Entfernung, bei der dieser Anteil an der maximalen Stromdichte erreicht wird, ist charakteristisch und wird als Eindringtiefe δ bezeichnet.

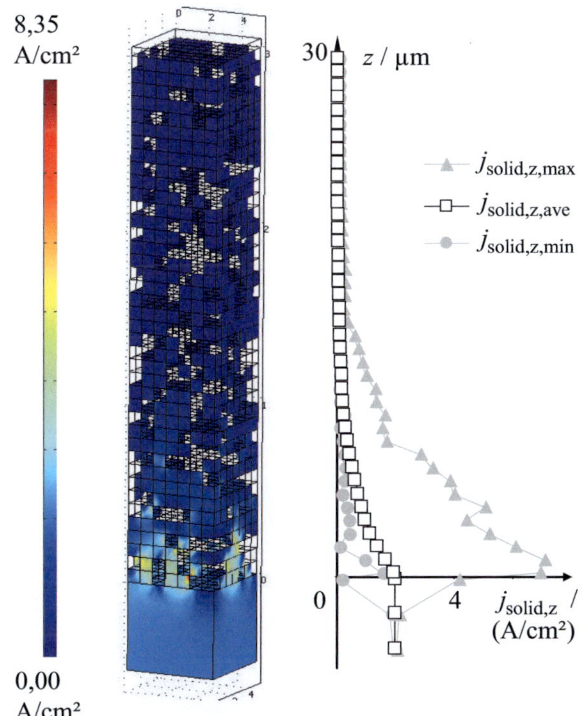

Abbildung 52: Analyse der Stromdichteverteilung im FEM-Mikrostrukturmodell
Mittlere, maximale und minimale Stromdichte in der Mikrostruktur einer µm-skaligen gemischtleitenden Kathode (l_{Cat} = 30 µm, ε = 30 % und ps = 750 nm).

Die Werte für die maximalen und minimalen Stromdichten können nur mit 3D-Modellen wie dem FEM-Mikrostrukturmodell bestimmt werden. Die gezeigten Stromdichten weisen sehr zackige Verläufe auf, da diese nur anhand der gezeigten Realisierung für die Mikrostruktur ermittelt wurden. Um eine bessere Abschätzung zu gewinnen, müssten die Ergebnisse mehrerer Realisierungen analysiert und gemittelt werden. Die maximalen und minimalen Stromdichten sind wieder Null an der Kathoden/Gaskanal-Grenzfläche und steigen zur Kathoden/Elektrolyt-Grenzfläche hin an. Die Werte der maximalen Stromdichte sind dabei ungefähr viereinhalbmal größer und die der minimalen Stromdichte sind etwa viermal kleiner als die Werte der mittleren Stromdichte. Der Verlauf der maximalen und minimalen Stromdichte im Elektrolyten wird nicht im Detail analysiert. An der Kathoden/Elektrolyt-Grenzfläche ist die maximale Stromdichte eine kontinuierliche Funktion, wohingegen die minimale Stromdichte einen Sprung aufweist. Von der Kathode aus nähert sich die minimale Stromdichte an der Grenzfläche einem Anteil an der mittleren Stromdichte an. Vom Elektrolyten aus konvergiert die minimale Stromdichte gegen Null an der Kathoden/Elektrolyt-Grenzfläche, weil es keinen direkten Austausch zwischen der Elektrolytoberfläche und dem Gasraum in den Poren gibt. Folglich springt die Stromdichte an der Grenzfläche von einem Anteil an der mittleren Stromdichte auf Null. Die Unterschiede in der Stromdichte innerhalb des Elektrolyten nehmen rasch ab und sind bei $z = -2$ µm bereits ausgeglichen.

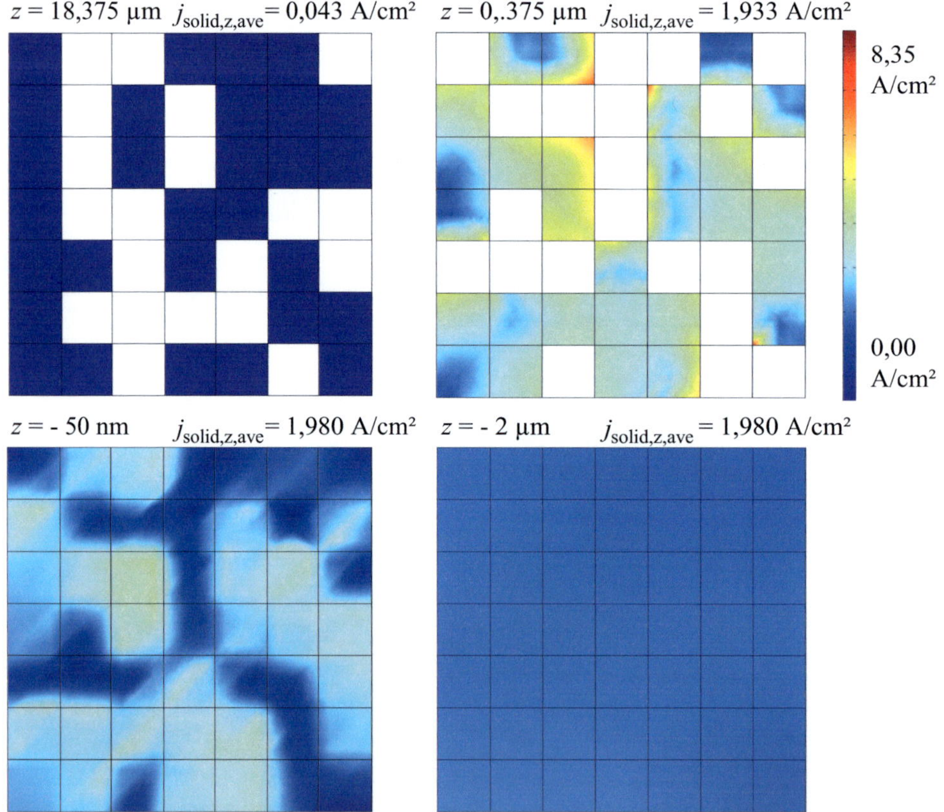

Abbildung 53: Stromdichteverteilung in verschiedenen Schnittebenen
Oben: Ionische Stromdichte im gemischtleitenden Material innerhalb der porösen Mikrostruktur der Kathode. Unten: Ionische Stromdichte im Elektrolyten unterhalb einer porösen Kathode. Dargestellt sind jeweils zwei zur Kathoden/Elektrolyt-Grenzfläche parallele Schnittflächen in unterschiedlichem Abstand zu dieser Grenzfläche.

In Abbildung 53 oben wird die ionische Stromdichte im Festkörper in zwei zur Kathoden/Elektrolyt-Grenzfläche parallelen Schnittebenen durch die Mikrostruktur gezeigt. Bei einem Abstand von 18,375 µm zur Grenzfläche ist keine Stromdichte in der Kathodenstruktur sichtbar. Dies deckt sich mit dem Wert von annähernd Null der über die Integration bestimmten mittleren Stromdichte. Bei einem Abstand von 0,375 µm zeigt die Schnittebene durch die erste Kubenlage eine sehr ungleichförmige Stromdichte mit Werten, die mehr als viereinhalbmal größer bzw. viermal kleiner als die mittlere Stromdichte von 1,933 A/cm² sein können. Die Stromdichte innerhalb der gemischtleitenden Partikel ist dabei meist niedriger als an den Ecken und Kanten der Kuben. In Abbildung 53 unten wird die ionische Stromdichte im Elektrolyten in zwei zur Kathoden/Elektrolyt-Grenzfläche parallelen Schnittebenen durch das FEM-Mikrostrukturmodell gezeigt. Bei einem Abstand von 50 nm zeigt sich direkt unterhalb der Kathoden/Elektrolyt-Grenzfläche eine ungleichmäßige Stromdichte, welche an den Stellen hohe Stromdichten aufweist, über denen sich gemischtleitendes Material befindet. Im Gegensatz dazu sind die Stromdichten unterhalb der Poren nahezu gleich Null. Die inhomogene Stromdichteverteilung im Elektrolyten gleicht sich mit zunehmendem Abstand zur Kathoden/Elektrolyt-Grenzfläche schnell aus und ist bereits in einem Abstand von 2 µm nicht mehr zu erkennen. Beide Schnittflächen weisen dabei dieselbe mittlere Stromdichte in z-Richtung auf, da der gesamte Strom durch den Elektrolyten transportiert werden muss.

6.2 Mikrostrukturoptimierung gemischtleitender Kathoden

In diesem Unterkapitel werden die Ergebnisse der Untersuchungen zur Mikrostrukturoptimierung von gemischtleitenden Kathoden aus LSCF und LSC vorgestellt. Zur Berechnung wurde das anhand von Messdaten quantitativ verifizierte FEM-Mikrostrukturmodell verwendet. Folglich wird erwartet, dass die berechneten Ergebnisse mit Messergebnissen an Proben entsprechender Mikrostruktur übereinstimmen sollten. Das Gütemaß für die Optimierung ist, einen möglichst niedrigen Wert für den flächenspezifischen Widerstand ASR_{Cat} der Kathoden zu erreichen. Dabei sind die Betriebsbedingungen (vor allem die Temperatur) und das verwendete gemischtleitende Material mit seinen Eigenschaften (Austauschkoeffizient k^δ, chemischer Festkörperdiffusionskoeffizient D^δ und Sauerstoffionenkonzentration im Gleichgewicht) vorgegeben. Es sei darauf hingewiesen, dass die Optimierung bei einer festgelegten Temperatur erfolgt, die bestimmte Mikrostruktur ist für diese Temperatur optimal. Besitzen k^δ und D^δ unterschiedliche Aktivierungsenergien (siehe Abschnitt 4.5.1), so muss die Mikrostruktur bei einer anderen Temperatur nicht mehr optimal sein. Die Optimierung erfolgt hinsichtlich der Mikrostruktur. Hierbei kann die Porosität ε, die Kathodendicke l_{Cat} und die Partikelgröße ps beeinflusst werden. Zunächst erfolgt eine qualitative Betrachtung des grundlegenden Einflusses dieser Parameter auf die Kennfläche. Danach werden die quantitativen Ergebnisse für die Optimierung von LSCF und LSC bei Veränderung der einzelnen Parameter gezeigt.

6.2.1 Kennflächen und Mikrostrukturparameter

Die ASR_{Cat}-Kennflächen haben sich als sehr leistungsfähig zur schnellen Analyse des Verhaltens von gemischtleitenden Materialien beim Einsatz als Kathode erwiesen. Die Kennflächen setzen sich prinzipiell aus verschiedenen Bereichen zusammen, in denen der Wert des ASR_{Cat} von keinem, einem oder beiden materialspezifischen Parametern k^δ und D^δ bestimmt wird. In Abbildung 54 werden die in den Kennflächen auftretenden Bereiche skizziert. Generell können bei gemischtleitenden Kathoden ein diffusions-, ein gemischt- und ein austauschkontrollierter Bereich auftreten. Für sehr leistungsfähige Kathoden – mit großen k^δ- und D^δ-Werten – oder eine schlechte Kathoden/Elektrolyt-Grenzfläche – mit großen ASR_{ct}-Werten – kann es vorkommen, dass sich ein Bereich ausbildet, in dem keine Kontrolle durch die Materialparameter k^δ und D^δ vorliegt (vgl. Abbildung 42). Zudem kann sich für große k^δ- und kleine D^δ-Werte aufgrund numerischer Schwierigkeiten ein Bereich ausbilden, in dem eine fehlerhafte Berechnung durch das FEM-Mikrostrukturmodell erfolgt.

Für die möglichen Bereiche können Kriterien angegeben werden, anhand derer sich entscheiden lässt, ob der jeweilige Bereich überhaupt auftreten kann:

- diffusionskontrolliert: Dieser Bereich tritt nur auf, wenn eine effektive Diffusionslänge $l_{\text{Cat,eff}}$ existiert ($l_{\text{Cat,eff}} < l_{\text{Cat}}$, vgl. Abschnitt 6.1.3). Für Porositäten unterhalb der Perkolationsschwelle für die Poren müssen Sauerstoffionen im Mittel die Strecke $l_{\text{Cat,eff}}$ durch das gemischtleitende Material diffundieren.
- fehlerhafte Berechnung: Dieser Bereich tritt nur auf, falls Dreiphasengrenzen existieren. Unter diesen Umständen ist jedoch ein Modell für dreiphasengrenzdominierte Kathoden nach Abschnitt 4.4.2 vorzuziehen.
- gemischtkontrolliert: Dieser Bereich tritt nur auf, falls es Oberflächen gibt, die durch unterschiedlich lange Diffusionspfade mit dem Elektrolyten verbunden sind. Bei dichten Schichten reduziert sich der gemischtkontrollierte Bereich auf eine Gerade.
- austauschkontrolliert: Dieser Bereich tritt bei Schichten mit endlicher Dicke immer auf. Theoretisch existiert der Bereich für eine unendlich dicke Kathode mit einer Porosität oberhalb der Perkolationsschwelle nicht.
- keine Kontrolle: Dieser Bereich tritt im Modell nur bei sehr leistungsfähigen Kathoden – mit großen k^δ- und D^δ-Werten – oder bei einer schlechten Kathoden/Elektrolyt-Grenzfläche – mit großen ASR_{ct}-Werten – auf. Bei realen Kathoden kann dieser Bereich auch auftreten, wenn ein anderer Verlust, wie beispielsweise die Gasdiffusion, überwiegt.

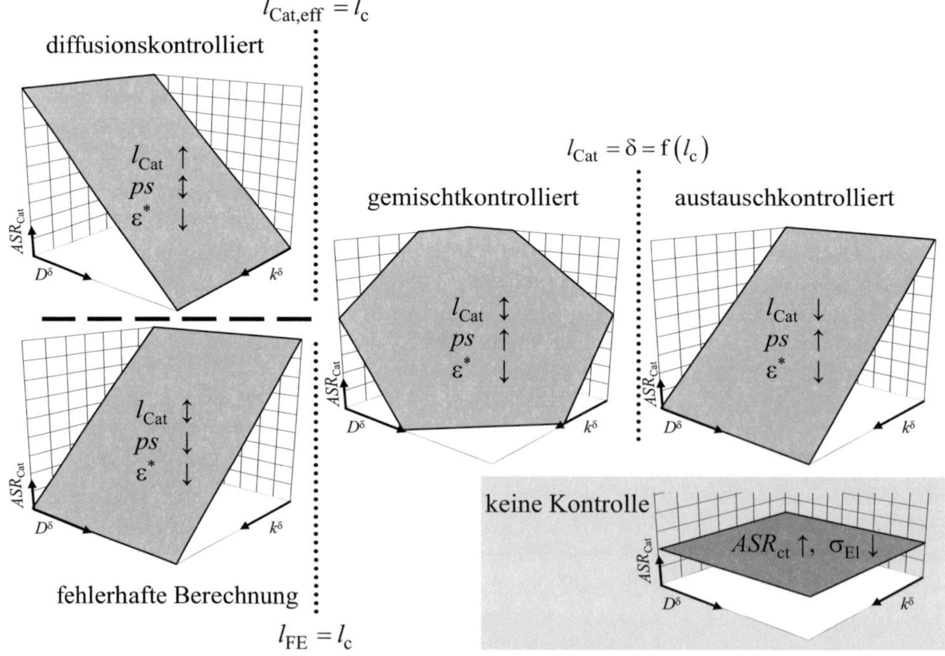

Abbildung 54: Kennflächen: Analyse und Einfluss der Mikrostruktur
Kennflächen für den flächenspezifischen Widerstand ASR_{Cat} als Funktion der Materialparameter (k^δ und D^δ). Angaben über den Einfluss der Mikrostrukturparameter (Kathodendicke l_{Cat}, Partikelgröße ps und Porosität ε) und Lage der Gebietsgrenzen ($^*\varepsilon < 50\ \%$).

Es zeigt sich, dass die Kennflächen stark von den Parametern der Mikrostruktur (Kathodendicke l_{Cat}, Partikelgröße ps und Porosität ε) beeinflusst werden. Die Bereiche selbst und damit auch die Übergänge zwischen den Bereichen verschieben sich, wenn sich die Werte der Mikrostrukturparameter ändern. In Abbildung 54 sind für ansteigende Werte die Veränderung der flächenspezifischen Widerstände in den Bereichen angegeben: Pfeil nach oben bedeutet ansteigend, Pfeil nach unten absinkend und Doppelpfeil unklarer Einfluss. Darüber hinaus ergaben sich konkrete Anhaltspunkte für die Grenzen der Bereiche. Die an den Grenzen geltenden Bedingungen sind ebenfalls in Abbildung 54 angegeben. Anstelle der einzelnen Materialparameter k^δ und D^δ geht die kritische Länge $l_c = D^\delta / k^\delta$ in diese Bedingungen ein. Die kritische Länge nimmt vom diffusionskontrollierten bzw. dem Bereich mit fehlerhafter Berechnung über den gemischtkontrollierten hin zum austauschkontrollierten Bereich zu.

6.2.2 Einfluss der Porosität

Die erste quantitative Fragestellung befasst sich mit dem Einfluss der Porosität. Aus der Untersuchung der volumenspezifischen Oberfläche a in 5.1 ist bekannt, dass die maximale Oberfläche bei 50 % Porosität zur Verfügung steht. Aus der Betrachtung des Transports in den Elektroden in 5.3 folgt, dass die Verluste mit zunehmender Porosität zunächst moderat und dann immer stärker zunehmen, bis kein Transport mehr möglich ist. Folglich muss es für die Porosität einen Bereich geben, in dem der flächenspezifische Widerstand minimal wird.

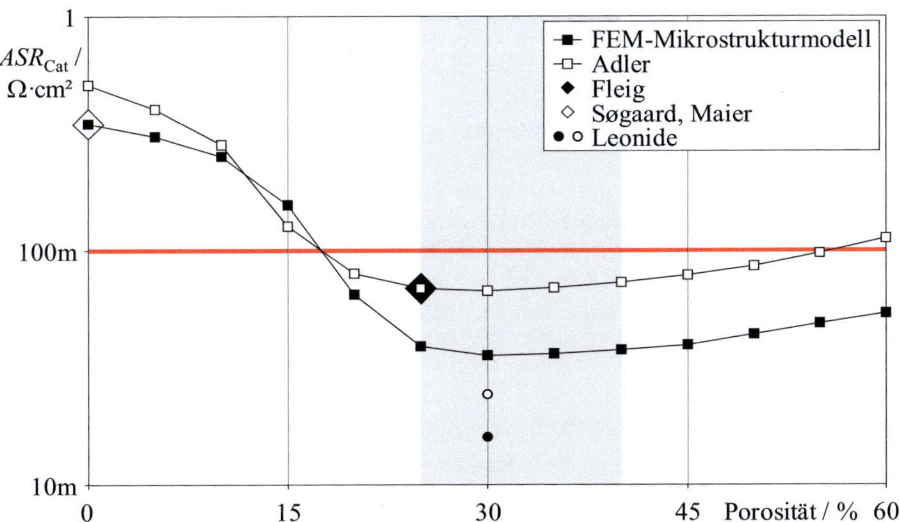

Abbildung 55: Optimale Porosität für eine µm-skalige LSCF-Kathode bei 800 °C
Adler [2;108],Fleig [107], Søgaard, Maier [17;22] und Leonide [35] bzw. leerer Kreis –unveröffentlichte Daten

In Abbildung 55 ist der flächenspezifische Widerstand ASR_{Cat} einer µm-skaligen LSCF-Kathode bei 800 °C als Funktion der Porosität aufgetragen. Zusätzlich zu den mit dem FEM-Mikrostrukturmodell berechneten Werten sind mit den Modellen von Adler [2;108] und Fleig [107] sowie mit dem Modell nach Søgaard und Maier [17;22] berechnete Werte dargestellt. Die volumenspezifische Oberfläche a und die Tortuosität τ des gemischtleitenden Materials wurden mit dem FEM-Mikrostrukturmodell bestimmt (vgl. 4.3 bzw. 5.1 und 5.3), um die Berechnung mit dem Modell von Adler zu ermöglichen. Zur Orientierung sind in das Diagramm Messwerte (16 bzw. 24 mΩ·cm², Leonide [35] bzw. unveröffentlichte Daten) für eine µm-skalige LSCF-Kathode eingetragen, welche bereits in Abschnitt 5.5.1 zur Validierung des

Modells verwendet wurden. Dort wurden auch Gründe für die bei 800 °C besonders ausgeprägt auftretende Abweichung zwischen dem FEM-Mikrostrukturmodell und den Messwerten angegeben. Der mit dem Modell nach Søgaard und Maier berechnete Wert stimmt mit dem Ergebnis des FEM-Mikrostrukturmodells überein, wohingegen der mit Fleigs Modell berechnete Wert nahezu identisch mit dem Ergebnis von Adlers Modell ist.

Die beiden Kennlinien, die mit dem FEM-Mikrostrukturmodell bzw. Adlers Modell berechnet wurden, stimmen, bis auf die Porositäten zwischen 5 und 20 %, qualitativ gut überein. Die nach Adlers Modell berechnete Kennlinie weist jedoch höhere Werte auf. Die Unterschiede für Porositäten zwischen 5 und 20 % werden darauf zurückgeführt, dass in dem Modell von Adler die Tortuosität der Poren bzw. die Gasdiffusion nicht berücksichtigt wird. Folglich folgt die Kennlinie nach Adler in diesem Bereich der Kurve für die volumenspezifische Oberfläche. Die mit dem FEM-Mikrostrukturmodell berechnete Kennlinie berücksichtigt die Gasdiffusion, und unterhalb der Perkolationsschwelle kann nicht die komplette durch die Porosität verursachte Oberfläche ausgenutzt werden. Daher verläuft die mit dem FEM-Mikrostrukturmodell berechnete Kennlinie für Porositätswerte zwischen 5 und 20 % zunächst flacher und dann steiler als die andere Kennlinie.

Die Kennlinien beginnen mit den höchsten Werten, welche oberhalb von etwa 350 m$\Omega \cdot$cm^2 liegen, und fallen mit ansteigender Porosität zunächst nur gering ab. Ab 10 % Porosität nehmen die flächenspezifischen Widerstandswerte ASR_{Cat} mit zunehmender Porosität stark ab und erreichen für 30 % einen minimalen Wert, der im Fall des FEM-Mikrostrukturmodells 35,7 m$\Omega \cdot$cm^2 beträgt. Für höhere Porositätswerte nehmen die berechneten Werte wieder, zunächst moderat und dann oberhalb 40 % stärker ausgeprägt, zu. Folglich weisen die Kennlinien für Porositäten zwischen 25 und 40 % die kleinsten Werte für den flächenspezifischen Widerstand auf. Diese Werte sind um den Faktor zehn kleiner als bei einer dichten Schicht, weswegen technisch relevante Kathoden immer porös sind. In dem Bereich zwischen 25 und 40 % hat die Porosität kaum einen Einfluss auf die Leistungsfähigkeit der Kathoden. Um Probleme mit dem Transport in den Poren zu vermeiden, sind nach Abschnitt 5.3 Porositäten größer als 30 % empfehlenswert, um einen möglichst geringen flächenspezifischen Widerstand ASR_{Cat} zu erzielen.

6.2.3 Optimierungsansätze für die Kathodendicke

Ein weiterer veränderbarer Parameter einer Kathode ist ihre Dicke l_{Cat}. Diese sollte nicht zu groß sein, um Material zu sparen und Transportprobleme (erhöhte Verluste; Perkolation) zu vermeiden. Auf der anderen Seite jedoch darf die Kathode nicht zu dünn werden, damit erhöhte Verluste aufgrund des Oberflächenaustauschs vermieden werden. Folglich stellt sich die Frage nach der optimalen Kathodendicke. Grundsätzlich könnte die Kathodendicke im FEM-Mikrostrukturmodell systematisch in einem weiten Bereich variiert werden, was im nächsten Abschnitt ausgenutzt wird. Doch aufgrund der Beschränkung des Modells auf ca. 2500 Kuben kann es – für hohe D^δ- und kleine k^δ-Werte – vorkommen, dass eine ausreichende Kathodendicke nicht berechnet werden kann. In diesen Fällen geben die in diesem Abschnitt vorgestellten Ansätze qualitative Hinweise zur Bestimmung der optimalen Dicken:

    1. die Bewertung des Verlaufs der mittleren Stromdichte $j_{\mathrm{solid,z,ave}}$
    2. die Auswertung der Eindringtiefe δ.

Die Ansätze werden anhand von vier hypothetischen Materialien (A, B, C und D) erläutert, deren Materialparameter in Tabelle 14 zusammengefasst sind. Die mittlere Stromdichte wird, wie in Abschnitt 6.1.5 erläutert, berechnet, wobei hier 30 verschiedene Realisierungen für die Mikrostruktur zugrunde gelegt werden.

In Abbildung 56 wird die mittlere ionische Stromdichte $j_{\text{solid,z,ave}}$ innerhalb der µm-skaligen Mikrostruktur der vier hypothetischen gemischtleitenden Materialien (A, B, C und D) als Funktion des Abstandes von der Kathoden/Elektrolyt-Grenzfläche dargestellt. Die Verläufe beginnen für z = 0 µm an der Kathoden/Elektrolyt-Grenzfläche und werden bis zum Gaskanal bei z = 30 µm angegeben. Es ist klar erkennbar, dass die mittlere ionische Stromdichte für Material A von dem Wert Null am Gaskanal monoton bis zum Maximalwert von 2 A/cm² an der Kathoden/Elektrolyt-Grenzfläche ansteigt. Eine Variation der materialspezifischen Parameter k^δ und D^δ, entsprechend zu den Materialien B, C und D aus Tabelle 14, resultiert in: (i) unterschiedlichen maximalen Stromdichten an der Kathoden/Elektrolyt-Grenzfläche; (ii) charakteristisch geformten Verläufen der Stromdichte innerhalb des Kathodenvolumens. Auffällig ist, dass die Materialien B, wo k^δ klein und D^δ groß ist, und C, wo k^δ groß und D^δ klein ist, zwar dieselbe maximale Stromdichte an der Kathoden/Elektrolyt-Grenzfläche aufweisen, aber der Verlauf innerhalb des Kathodenvolumens völlig unterschiedlich ist. Für Material B, mit $k^\delta = 10^{-5}$ m/s und $D^\delta = 10^{-10}$ m²/s, wäre eine Kathodendicke $l_{\text{Cat}} = 5$ µm ausreichend, wohingegen für Material C, mit $k^\delta = 10^{-6}$ m/s und $D^\delta = 10^{-9}$ m²/s, eine Kathodendicke von 30 µm immer noch nicht ausreicht. Ohne Zweifel können allein durch die Betrachtung der Stromdichteverläufe bereits Informationen zur Wahl der Kathodendicke l_{Cat} in Abhängigkeit von den Materialparametern k^δ und D^δ gewonnen werden. Dabei sind wie bei den Kennflächen nicht die einzelnen Werte der materialspezifischen Parameter k^δ und D^δ, sondern die kritische Länge $l_{\text{c}} = D^\delta / k^\delta$ entscheidend.

Tabelle 14: Hypothetische gemischtleitende Materialien A, B, C und D
Austauschkoeffizient k^δ und chem. Festkörperdiffusionskoeffizient D^δ von vier hypothetischen gemischtleiten-den Materialien und LSCF bei 800 °C in Luft.

hypothetisches MIEC-Material	k^δ / m/s	D^δ / m²/s
A	10^{-5}	10^{-9}
B	10^{-5}	10^{-10}
C	10^{-6}	10^{-9}
D	10^{-6}	10^{-10}
LSCF	$10^{-4,82}$	$10^{-9,14}$

Das erste Model von Adler [2] berücksichtigt die Kathodendicke nicht, und es wird eine unendlich dicke Kathode betrachtet ($l_{\text{Cat}} \to \infty$). Ferner wurde mit dem Modell für alle Werte der Materialparameter k^δ und D^δ ein exponentiell abfallender Verlauf der Stromdichte in der Kathodenstruktur bestimmt. Rückschlüsse auf die optimale Kathodendicke auf Basis der Form des Stromdichteverlaufs $j_{\text{solid,z,ave}}$ in der Kathodenstruktur oder aufgrund von Ergebnissen zu verschiedenen Kathodendicken sind daher nicht möglich. Mit der Eindring-tiefe δ wurde jedoch ein anderes Maß angegeben, mit dem der elektrochemisch aktive Bereich in der gemischtleitenden Kathode charakterisiert werden kann. Die Eindringtiefe δ wird als der Abstand zur Kathoden/Elektrolyt-Grenzfläche bestimmt, bei dem die mittlere Stromdichte der unendlich dicken Kathode etwa 36 % des Maximalwertes an der Kathoden/Elektrolyt-Grenzfläche annimmt. Die optimale Kathodendicke $l_{\text{Cat,opt}} = N^\delta \cdot \delta$ beträgt daher ein Vielfaches der Eindringtiefe δ. Mit dem FEM-Mikrostrukturmodell wird ein Vorschlag für den Wert von N^δ bestimmt.

Der Vorschlag basiert auf dem Vergleich einer mit Hilfe des FEM-Mikrostrukturmodells bestimmten abgeschätzten Eindringtiefe δ' mit dem nach Adler berechneten Wert für die Eindringtiefe δ. Die Eindringtiefe kann mit dem FEM-Mikrostrukturmodell nicht analytisch bestimmt werden, folglich wird der Wert aus dem Stromdichteverlauf abgeschätzt. Der Wert für δ' wird als der Abstand zu der Kathoden/Elektrolyt-Grenzfläche bestimmt, an dem die mittlere Stromdichte auf etwa 36 % des Maximalwertes an der Grenzfläche abgefallen ist. Somit ist δ' von der Kathodendicke abhängig, da diese den Verlauf der Stromdichten im Kathodenvolumen beeinflusst, und liefert nur eine Abschätzung für δ. Generell sollte $\delta' < \delta$ gelten und für zunehmende Kathodendicken sollte sich der Wert von δ' dem von δ annähern.

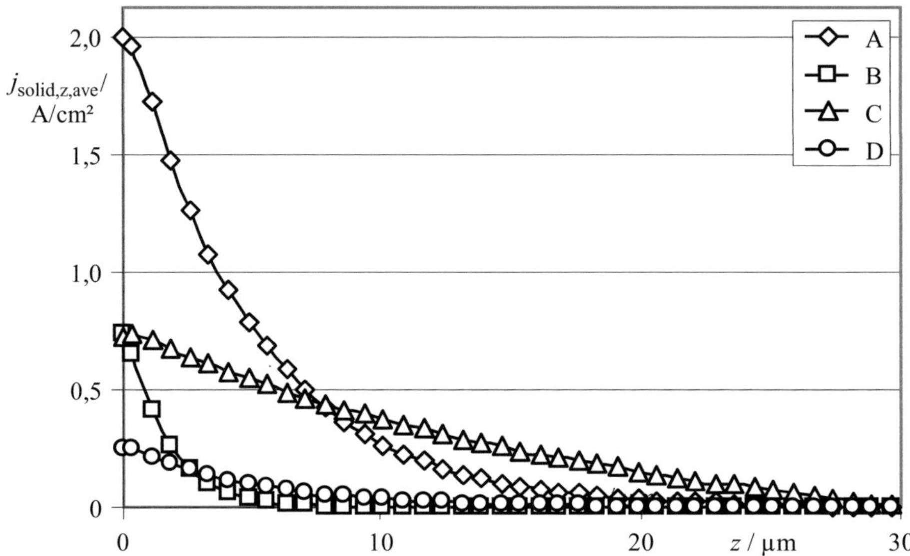

Abbildung 56: Mittlere Stromdichte in vier hypothetischen µm-skaligen Kathoden
Die mittlere ionische Stromdichte im Festkörper wird als Funktion des Abstandes von der Kathoden/Elektrolyt-Grenzfläche dargestellt. Die Stromdichte bei 800 °C in Luft wurde für vier verschiedene gemischtleitende Materialien (A, B, C, D) berechnet.

Die Werte für die nach Adler berechnete Eindringtiefe δ und die mit dem FEM-Mikrostrukturmodell abgeschätzte Eindringtiefe δ' sind zusammen mit dem flächenspezifischen Widerstand ASR_{Cat} in Tabelle 15 für die vier Materialien A, B, C und D bei zwei unterschiedliche Kathodendicken l_{Cat} angegeben. Die Werte von δ werden für eine unendlich dicke Kathode bestimmt und sind daher unabhängig von l_{Cat}. Die Übereinstimmung zwischen den analytisch berechneten und den numerisch ermittelten Werten ist, außer im Fall der gemischtleitenden Materials C bei 12 µm Dicke, gut. Die Abweichung tritt für die Kathode auf, bei der bereits bei $l_{\text{Cat}} = 30$ µm die gesamte Kathode – wie an dem Stromdichteverlauf in Abbildung 56 abgelesen werden kann – zum Oberflächenaustausch beiträgt. Wird die Kathodendicke dann auf 12 µm verringert, behält die mittlere Stromdichte den linearen Verlauf bei, was in einem geringeren Wert für die abgeschätzte Eindringtiefe δ' resultiert. Dieser beträgt dann etwa 66 % der Kathodendicke. Die Eindringtiefe wird, wie die kritische Länge, vom Quotienten D^δ / k^δ beider Materialparameter k^δ und D^δ bestimmt.

Wie oben beschrieben sollte eine gute Kathodendicke $l_{\text{Cat,opt}} = N^\delta \cdot \delta$ ein Vielfaches der Eindringtiefe δ betragen. Basierend auf den Ergebnissen in Tabelle 15 wird ein Wert von zwei für N^δ vorgeschlagen. Zum einen ändern sich der flächenspezifische Widerstand und die abgeschätzte Eindringtiefe der Materialien A, B und D nicht signifikant mit der Kathodendicke, wohingegen sich beide Werte für das Material C stark ändern, wenn die Dicke von 30 auf

12 µm verringert wird, wobei für 30 µm Dicke die berechnete (δ) und die abgeschätzte Eindringtiefe (δ') annähernd übereinstimmen. Deshalb wird der Vorschlag wie folgt anhand der Materialien A und D berechnet: (i) es wird angenommen, dass für eine Dicke von 30 µm für die Eindringtiefen $\delta' = \delta = 6$ µm gilt; (ii) die Dicke von 12 µm scheint optimal, da die berechneten Widerstände annähernd gleich sind wie die bei 30 µm. Insgesamt folgt daraus der Vorschlag $N^\delta = l_{Cat,opt} / \delta = 2$. Der Vorschlag wird im nächsten Abschnitt 6.2.4 aufgegriffen und besser belegt.

Tabelle 15: Hypothetische Materialien – Kathodenwiderstand und Eindringtiefe
Flächenspezifischer Kathodenwiderstand und Eindringtiefen von vier verschiedenen hypothetischen gemischtleitenden Materialien und zwei verschiedenen Kathodendicken bei 800 °C in Luft. Das FEM-Mikrostrukturmodell wurde verwendet, um die geschätzte Eindringtiefe δ' und den flächenspezifischen Widerstand ASR_{Cat} zu ermitteln. Die Eindringtiefe δ wurde nach Adler [2] berechnet.

l_{Cat} / µm	hypothetisches MIEC-Material	δ / µm	δ' / µm	ASR_{Cat} / mΩ·cm²	Änderung / %
30	A	5,95	6	38	-
	B	1,88	2	125	-
	C	18,83	14	125	-
	D	5,95	6	385	-
12	A	5,95	5	39	2,5
	B	1,88	1,9	123	- 1,6
	C	18,83	7,5	188	50,4
	D	5,95	5	389	1,02

6.2.4 Partikelgröße und Kathodendicke

Die letzte in diesem Unterkapitel betrachtete Fragestellung dreht sich um die Partikelgröße ps. Nanomaterialien, die aus Partikeln zwischen 1 und 100 nm bestehen und Schichtdicken im Nanometerbereich aufweisen, sind Gegenstand aktueller Forschungen. Diese Materialien erlauben die Ausnutzung von Skalierungseffekten oder weisen sogar völlig neue Eigenschaften auf. Auch bei gemischtleitenden Kathoden gibt es einen Skalierungseffekt. Die volumenspezifische Oberfläche $a = c \cdot N_A \cdot ps^2/ps^3$ lässt sich aus der Anzahl der Flächen im Volumen berechnen und skaliert mit der reziproken Partikelgröße. Nach Adlers Modell [108] ist der flächenspezifische Widerstand ASR_{Cat} proportional zur Wurzel aus der reziproken volumenspezifischen Oberfläche a und folglich proportional zur Wurzel aus der Partikelgröße ps. Folglich sollte bei einer hundertmal kleineren Partikelgröße der Widerstand um den Faktor 10 abnehmen. Die im Folgenden gezeigten Berechnungsergebnisse wurden immer für eine Porosität von 30 % bestimmt.

Mit LSCF steht ein gemischtleitendes Material zur Verfügung, das als µm-skalige Kathode bei Temperaturen oberhalb von 700 °C eingesetzt werden kann, wenn ein flächenspezifischer Widerstand von 100 mΩ·cm² nicht überschritten werden darf. Ziel von aktuellen Forschungen ist es die Betriebstemperatur abzusenken, da dies mehrere Vorteile bietet, beispielsweise eine erhöhte Lebensdauer aufgrund besserer chemischer Kompatibilitäten bzw. langsamerer Degradationsmechanismen und geringerer Startzeiten bzw. weniger Probleme mit thermischen Spannungen im System. Daher stellt sich die Frage, ob LSCF nicht auch bei einer Temperatur von 600 °C als Kathodenmaterial eingesetzt werden kann, wenn die Mikrostruktur entsprechend angepasst wird.

In Abbildung 57 ist der flächenspezifische Widerstand von LSCF-Kathoden für verschiedene Partikelgrößen als Funktion der Kathodendicke bei 600 °C in Luft dargestellt. Wie erwartet nimmt der flächenspezifische Widerstand mit kleineren Partikelgrößen ab. Die Kennlinien für unterschiedliche Partikelgrößen sind dabei in gleichem Abstand zueinander verschoben[31]. Die Kennlinien nehmen zunächst linear ab und erreichen dann für Kathodendicken, die mindestens so groß wie eine optimale Dicke sind, einen minimalen Wert. Die Übergangsregion, in der die Kennlinie von einer linearen Abnahme in einen konstanten Verlauf übergeht, wird durch eine minimale Kathodendicke $l_{Cat,min}$ charakterisiert. Der Wert von $l_{Cat,min}$ wird, wie dargestellt, als Schnittpunkt der zwei verlängerten Kennlinienbereiche ermittelt.

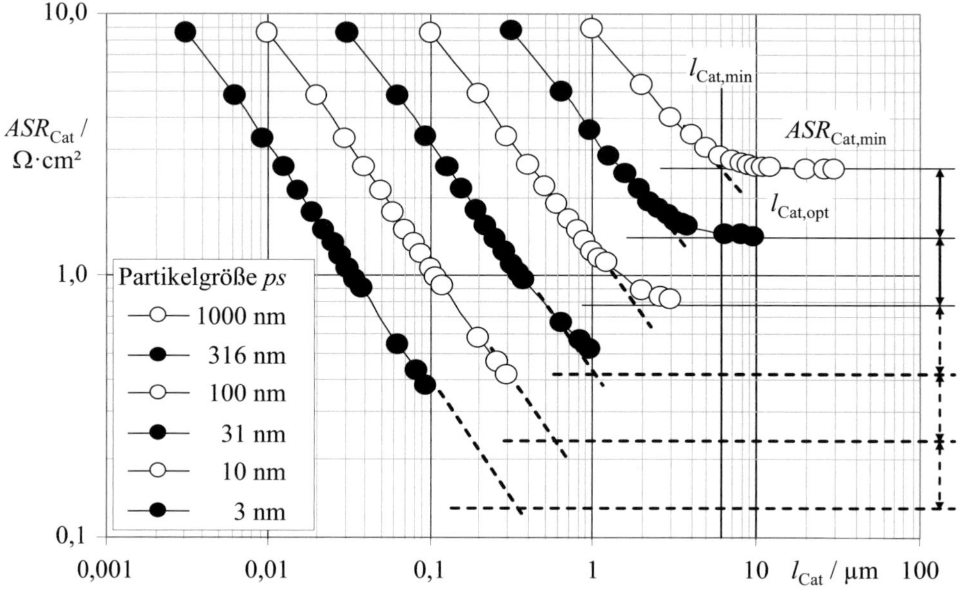

Abbildung 57: Variation der Partikelgröße und Kathodendicke – LSCF bei 600 °C
Variation der Partikelgröße und Schichtdicke für LSCF bei 600 °C in Luft.

Eine kritische Betrachtung der Abbildung 57 zeigt, dass selbst für eine LSCF-Kathode mit einer Partikelgröße von 3 nm der Benchmark von 100 m$\Omega\cdot$cm² überschritten wird. Folglich kann LSCF allein unter Ausnutzung des Skalierungseffekts der verfügbaren Oberfläche nicht für Temperaturen von 600 °C einsetzbar gemacht werden. Bevor mit LSC ein anderes Kathodenmaterial für den Einsatz bei 600 °C betrachtet wird, soll der Grund für die gefundenen Abhängigkeiten des flächenspezifischen Widerstands von den Kathodendicken anhand der mittleren ionische Stromdichte $j_{solid,z,ave}$ im Kathodenmaterial untersucht werden.

In Abbildung 58 sind bei einer Partikelgröße von 316 nm die Verläufe der mittleren ionischen Stromdichte als Funktion des Abstandes zur Kathoden/Elektrolyt-Grenzfläche (bei z = 0 µm) für mehrere Kathodendicken angegeben. Es ist klar erkennbar, dass die ionische Stromdichte monoton von Null am jeweiligen Gaskanal bis zu einer maximalen Stromdichte an der Kathoden/Elektrolyt-Grenzfläche zunimmt. Eine größere Kathodendicke resultiert in: (i) einer höheren maximalen Stromdichte und auch in (ii) einem Stromdichteverlauf, der sich immer

---

[31] Den gestrichelten Linien liegt die Annahme zugrunde, dass die Linien für den minimalen flächenspezifischen Widerstand im gleichen Abstand zueinander verschoben sind. Dies ist nach dem Modell von Adler – Gleichung (3.34) – für die analytische Lösung der Fall.

mehr dem exponentiellen Verlauf der analytischen Lösung für eine unendlich dicke Kathode nach Adler [2] annähert. Für kleine Kathodendicken ergibt sich zunächst ein linearer Verlauf für die Stromdichte im Kathodenmaterial und mit zunehmender Kathodendicke nähert sich der Verlauf asymptotisch an einen exponentialförmigen Verlauf an. Für dünne Kathoden kann also das komplette durch eine dickere Schicht hinzukommende Volumen für die Sauerstoffreduktionsreaktion ausgenutzt werden und resultiert somit in einem geringeren flächenspezifischen Widerstand. Für dicke Kathoden hingegen kann das hinzukommende Volumen, aufgrund des exponentiellen Verlaufs der Stromdichte, kaum einen Beitrag mehr leisten und der flächenspezifische Widerstand bleibt annähernd gleich.

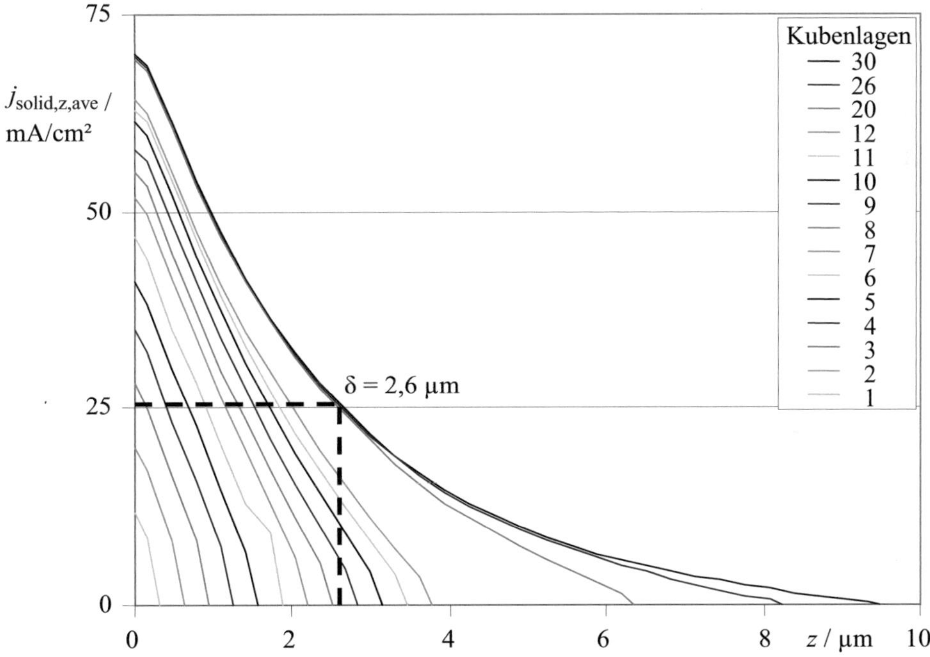

Abbildung 58: Mittlere Stromdichte bei Variation der Kathodendicke – LSCF bei 600 °C
Mittlere ionische Stromdichte innerhalb einer Kathode mit 316 nm Partikelgröße bei verschiedenen Kathodendicken für LSCF bei 600 °C in Luft.

Die Eindringtiefe kann, wie in Abbildung 58 eingetragen, aus dem Verlauf der Stromdichte ermittelt werden. Im vorherigen Abschnitt wurde ein Wert für die optimale Kathodendicke von zweimal der Eindringtiefe vorgeschlagen. Interessanterweise entspricht die Eindringtiefe ungefähr der in Abbildung 57 bestimmten minimalen Kathodendicke, und die optimale Kathodendicke ist etwa zweimal größer als die minimale Dicke. Beide Größen sind bisher grafisch motiviert: die minimale Kathodendicke $l_{Cat,min}$ als Schnittpunkt in Abbildung 57 und die Eindringtiefe δ als charakteristische Größe für den Abfall der Stromdichte in Abbildung 58. Über die Herleitung von Gleichung (3.35) kann jedoch gezeigt werden, dass die minimale Kathodendicke der Eindringtiefe $l_{Cat,min} = δ$ entspricht. Folglich erhärtet sich der Vorschlag für die optimale Kathodendicke von $l_{Cat,opt} = 2·δ$. In Fällen, wo die Berechnung der optimalen Kathodendicke mit dem FEM-Mikrostrukturmodell aufgrund der Größenbeschränkung nicht möglich ist, kann die nach Adlers Gleichung berechnete Eindringtiefe für eine Abschätzung der optimalen Kathodendicke herangezogen werden. Die für die Berechnung der Eindringtiefe notwendigen Werte für die volumenspezifische Oberfläche a und die Tortuosität τ können auf Basis des FEM-Mikrostrukturmodells bestimmt werden.

Nun wird die Eignung von LSC als Kathodenmaterial für den Einsatz bei Temperaturen von 600 °C untersucht. Wie in Abbildung 57 für LSCF, ist in Abbildung 59 der flächenspezifische Widerstand von LSC-Kathoden für verschiedene Partikelgrößen als Funktion der Kathodendicke bei 600 °C in Luft dargestellt. Die Ergebnisse entsprechen qualitativ denen für LSCF und es ergeben sich in gleichem Abstand gegeneinander verschobene Kurven für die verschiedenen Partikelgrößen. Wieder können die Verläufe in einen abfallenden und einen konstanten Teil zerlegt werden. Der Übergang wird durch die minimale Kathodendicke $l_{\text{Cat,min}}$ charakterisiert. Die minimalen flächenspezifischen Widerstände stellen sich für Kathodendicken oberhalb einer jeweiligen optimalen Dicke ein. Prinzipiell zeigt sich, dass mit LSC der Benchmark von maximal 100 mΩ·cm² unterschritten werden kann.

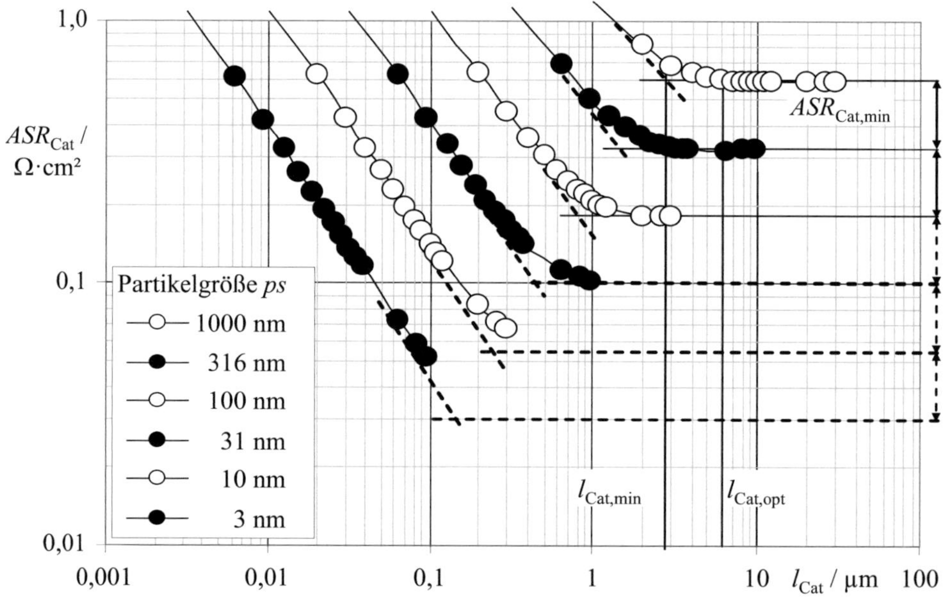

Abbildung 59: Variation der Partikelgröße und Kathodendicke – LSC bei 600 °C
Variation der Partikelgröße und Schichtdicke für LSC bei 600 °C in Luft.

Für Partikelgrößen von 1000 nm, 316 nm und 100 nm können die minimalen ASR_{Cat}-Werte durch das FEM-Mikrostrukturmodell berechnet werden. Für die kleineren Partikelgrößen gelingt dies nicht mehr, da das FEM-Mikrostrukturmodell auf eine maximale Anzahl von etwa 2500 Kuben beschränkt ist. Für 31,6 nm und 10 nm ist zumindest der Beginn des Übergangsbereichs sichtbar. Es liegt nahe, dass die Verläufe für kleinere Partikelgrößen denen für größere Partikelgrößen entsprechen und dass der Abstand zwischen den Kennlinien konstant bleibt. Aufgrund dessen werden die konstanten Bereiche abgeschätzt und ergänzt.

Die Ergebnisse zu LSCF und LSC als Funktion der Kathodendicken lassen sich zusammenfassen, denn für die Anwendung interessanter ist die direkte Antwort auf die Frage: Welcher minimale Widerstand kann bei einer gegebenen Partikelgröße erwartet werden, wenn die Kathode ausreichend dick ist? Aus Abbildung 57 und Abbildung 59 wurden deshalb die Werte für den minimalen flächenspezifischen Widerstand und die minimale bzw. optimale

Kathodendicke für die verschiedenen Partikelgrößen ermittelt. In Abbildung 60 erfolgt die Darstellung dieser Größen als Funktion der Partikelgröße. Alle Kurven sind proportional zur Wurzel aus der Partikelgröße. Beispielsweise beträgt der flächenspezifische Widerstand einer LSCF-Kathode 2,53 Ω·cm², bei einer Partikelgröße von 1 µm und einer Schichtdicke von mindestens 12 µm. Dieser Wert kann um einen Faktor von etwa 10 auf 230 mΩ·cm² abgesenkt werden, wenn die Partikelgröße um den Faktor 100 auf 10 nm verkleinert wird. Die dafür notwendige Schichtdicke sinkt ebenfalls um etwa den Faktor 10 auf 1,06 µm. Dieser Zusammenhang deckt sich mit dem aufgrund der Ergebnisse von Adler erwarteten Skalierungseffekt, der eingangs dieses Abschnitts beschrieben wurde.

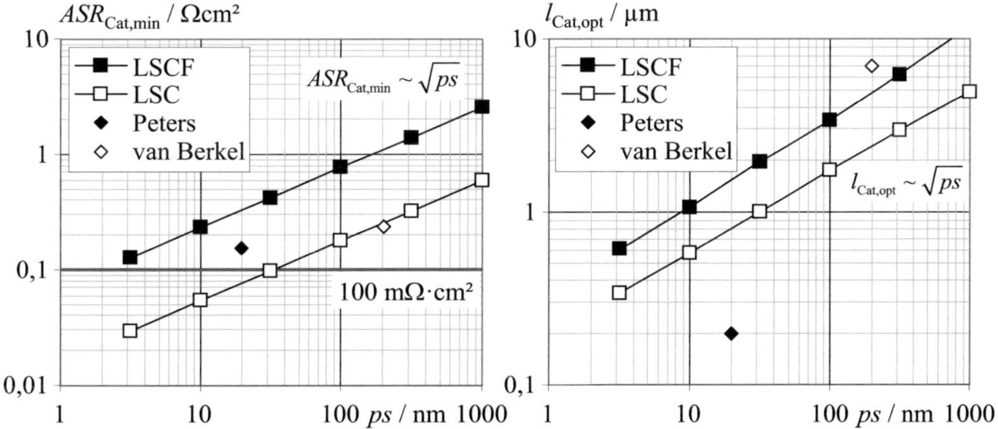

Abbildung 60: Optimale Kathodendicke und Widerstand – LSCF und LSC bei 600 °C
Minimal erreichbarer flächenspezifischer Widerstand $ASR_{\mathrm{Cat,min}}$ und optimale Kathodendicke $l_{\mathrm{Cat,opt}}$ jeweils als Funktion der Partikelgröße ps für LSCF und LSC bei 600 °C in Luft. Die Messwerte von LSC-Kathoden von Peters [41] und van Berkel [42] sind zum Vergleich mit eingetragen.

Tabelle 16: Optimale Kathodendicke und Widerstand – Parameter für LSC
Angefittete Parameter zur Beschreibung des minimalen flächenspezifischen Widerstands und der optimalen Kathodendicke als Funktion der Partikelgröße bei verschiedenen Temperaturen für LSC.

T / °C	g_{ASR} / -	y_{ASR} / -	g_l / -	y_l / -
600	0,51960175	-1,79115837	0,46861268	-1,00711730
650	0,51240612	-2,15415880	0,45594849	-0,84340188
700	0,50424920	-2,41667528	0,49751610	-0,81635975
750	0,49782406	-2,69399148	0,49554282	-0,78590831
800	0,49609258	-2,96199431	0,48647116	-0,70790177

Es ist klar erkennbar, dass mit einer nano-skaligen, nanoporösen LSCF-Kathode der Benchmark von maximal 100 mΩ·cm² [26] für Partikelgrößen > 3 nm nicht unterschritten werden kann. Hingegen kann beim Einsatz einer nano-skaligen, nanoporösen LSC-Kathode mit einer Partikelgröße kleiner als 30 nm und einer Dicke von etwa 1,2 µm der Wert von 100 mΩ·cm² unterschritten werden. Das Potential solcher Kathodenkonzepte wurde bereits demonstriert [136-138]. In der Abbildung 60 sind jeweils ein Wert für den gemessenen flächenspezifischen Widerstand und die vorliegende Kathodendicke für eine von Peters [41] untersuchte, nano-skalige LSC-Kathode mit eingezeichnet. Der gemessene flächenspezifische Widerstand liegt oberhalb der berechneten Werte. Dies ist allerdings nicht verwunderlich, da die Probe dünner als die berechnete „optimale" Kathodendicke ist. Entsprechend der berechneten Ergebnisse sollte sich der Widerstand durch eine Erhöhung der Schichtdicke verringern lassen. Im Vergleich dazu liegt der von van Berkel [42] für eine meso-skalige LSC-Kathode gemessene Wert bei den berechneten minimalen Widerstandswerten $ASR_{\text{Cat,min}}$, da die Kathodendicke die geforderte „optimale" Dicke bei weitem übertrifft.

Die hier für 600 °C durchgeführte Untersuchung des minimalen flächenspezifischen Widerstands und der optimalen Kathodendicke für eine gegebene Partikelgröße wurde für LSC für Temperaturen von 600 bis 800 °C in 50-K-Schritten durchgeführt. Die Ergebnisse sind in Form von gefitteten Parametern in Tabelle 16 angegeben. Für den Fit wurden die folgenden Gleichungen verwendet:

$$\log\left(ASR_{\text{Cat,min}}/1\ \Omega\cdot\text{cm}^2\right) = g_{\text{ASR}}\cdot\log\left(ps/1\ \text{nm}\right)+y_{\text{ASR}}$$
$$\log\left(l_{\text{Cat,opt}}/1\ \mu\text{m}\right) = 2\cdot\left(g_1\cdot\log\left(ps/1\ \text{nm}\right)+y_1\right)$$

$$(6.2)$$

6.2.5 Komposit-Elektroden

Das elektrochemisch aktive Volumen, welches für die Sauerstoffreduktionsreaktion zur Verfügung steht, wird durch die Eindringtiefe $\delta = f(l_c) = f(D^\delta / k^\delta)$ charakterisiert und nimmt mit größeren Werten des chemischen Festkörperdiffusionskoeffizienten D^δ zu. Die ionische Leitfähigkeit σ_{El} und D^δ können nach Gleichung (3.28) ineinander umgerechnet und damit verglichen werden. In Abbildung 61 wird die mit steigender Temperatur streng monoton zunehmende ionische Leitfähigkeit der verschiedenen Materialien zwischen 600 und 800 °C dargestellt. Die Leitfähigkeit des Elektrolytmaterials GCO und die aus den D^δ-Werten berechneten Leitfähigkeiten von LSCF und LSC werden gezeigt. Die Leitfähigkeit von GCO nimmt annähernd linear zu und zeigt die geringste Temperaturabhängigkeit. Bei LSC und LSCF ist der Zuwachs bei 600 °C am größten und schwächt sich dann leicht ab. GCO weist die höchste Leitfähigkeit auf, gefolgt von LSC und dann LSCF.

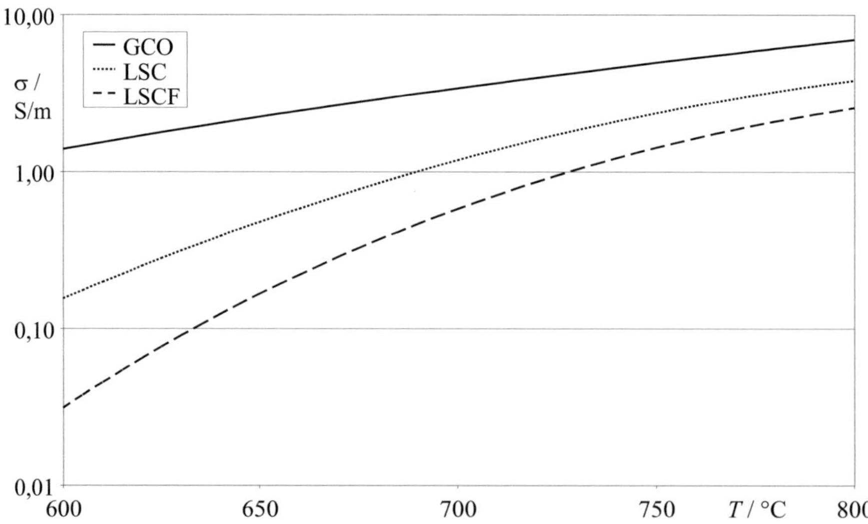

Abbildung 61: Ionische Leitfähigkeit verschiedener Materialien
Ionische Leitfähigkeit über der Temperatur für verschiedene Materialien. Die Leitfähigkeit von GCO stand zur Verfügung (vgl. Anhang G). Die Leitfähigkeit von LSCF und LSC wurde nach Gleichung (3.28) aus den jeweiligen Diffusionskoeffizienten D^δ (vgl. Abschnitt 4.5.1) berechnet.

Wird ein Teil des gemischtleitenden Materials durch Elektrolytmaterial ersetzt, erhöht sich, wegen dessen hoher ionischer Leitfähigkeit, der „mittlere" Diffusionskoeffizient D^δ des Komposit-Materials. Dadurch erhöht sich die Eindringtiefe δ und das elektrochemisch aktive Volumen kann weiter in die Kathode hinein ausgedehnt werden, was in sinkenden ASR_{Cat}-Werten für die Komposit-Struktur resultieren kann. Der Vorteil des erleichterten Transports und der vergrößerten Eindringtiefe wird durch folgende Nachteile erkauft: (i) Verluste aufgrund des Gitterplatzwechsels von O^{2-}-Ionen zwischen den Feststoffen treten vermehrt auf, (ii) Perkolationsprobleme sind erhöht – das Volumen wird in drei Phasen aufgeteilt – und (iii) volumenspezifische Oberfläche für die Sauerstoffreduktionsreaktion geht verloren. Die Nachteile lassen sich wie folgt bewerten:

(i) Verluste aufgrund des Gitterplatzwechsels: Nach Abschnitt 4.4.1 sollten diese Verluste wegen des Ladungstransferwiderstands von $ASR_{ct} \approx 0{,}1$ m$\Omega\cdot$cm² keine Rolle spielen.

(ii) Perkolationsprobleme: Diese sind vor allem für den Elektronentransport vom Gaskanal/Stromsammler zum Ort der Sauerstoffreduktionsreaktion zu erwarten.

(iii) volumenspezifische Oberfläche: Diese nimmt im Vergleich zur einphasigen Elektrode in jedem Fall ab, dennoch kann die „effektiv" zur Verfügung stehende Oberfläche aufgrund der höheren Eindringtiefe vergrößert werden.

Vor dem Hintergrund der Vor- und Nachteile von Komposit-Elektroden sind sowohl Verbesserungen als auch Verschlechterungen gegenüber einphasigen Elektroden möglich. Nach Abbildung 61 sind die besten Ergebnisse beim Einsatz von Komposit-Strukturen für 600 °C zu erwarten, da dort der „mittlere" Diffusionskoeffizient D^δ am deutlichsten gesteigert werden kann. Mit zunehmenden Temperaturen nimmt dieser Vorteil jedoch ab.

In Abbildung 62 werden die flächenspezifischen Widerstände von vier Komposit-Elektroden mit 30 % Porosität bei verschiedenen Temperaturen in Luft als Funktion des GCO-Anteils dargestellt. Abbildung 62 a) und b) erlauben den Vergleich zweier µm-skaliger Komposit-Elektroden aus LSCF/GCO bzw. LSC/GCO. Anhand von Abbildung 62 b), c) und d) kann der Einfluss der Mikrostruktur am Beispiel von LSC/GCO untersucht werden. Bis zu 65 % GCO-Anteil verlaufen alle Kennlinien annähernd linear und weisen nur kleine Steigungen auf. Oberhalb von 65 % GCO-Anteil kommt es im Modell, wie später erläutert wird, zu Problemen aufgrund des Transports von Elektronen und die berechneten Widerstandswerte steigen stark an. Die Linien kennzeichnen jeweils den Wert der einphasigen Kathode. Die Prozentzahlen geben – falls vorhanden, wie der Pfeil in Abbildung 62 a) andeutet – die Veränderung des mit dem offenen Symbol gekennzeichneten berechneten Werts zu demjenigen der einphasigen Kathode an.

a) LSCF/GCO, µm-skalig: Bei 600 und 650 °C nehmen die ASR_{Cat}-Werte ab und erreichen bei 50 bzw. 55 % GCO-Anteil ein Minimum. Für 600 °C ist dabei annähernd eine Halbierung des flächenspezifischen Widerstands möglich. Bei 650 °C hingegen beträgt die Abnahme nur noch 22,3 %. Für 700, 750 und 800 °C lässt sich keine Verbesserung durch einen GCO-Anteil erzielen, vielmehr erhöht sich der ASR_{Cat} um bis zu 33 % bei einem GCO-Anteil von 50 %.

b) LSC/GCO, µm-skalig: LSC-Kathoden sind nach Abschnitt 6.2.4 für den Betrieb bei niederen Temperaturen vorzuziehen, da geringere flächenspezifische Widerstände als bei LSCF zu erwarten sind. Aus diesem Grund wird auch für LSC-Kathoden die Auswirkung eines GCO-Anteils untersucht werden. Der flächenspezifische Widerstand einer µm-skaligen LSC/GCO-Komposit-Elektrode mit 30 % Porosität wird in Abbildung 62 b) für verschiedene Temperaturen in Luft als Funktion des GCO-Anteils dargestellt. Das Ergebnis entspricht weitestgehend dem für die µm-skalige LSCF/GCO-Komposit-Elektrode, mit der Ausnahme, dass die Verbesserung generell weniger ausgeprägt ist bzw. dass die Verschlechterung deutlicher ist. Dies ist nicht überraschend, wenn die Unterschiede in der ionischen Leitfähigkeit zwischen GCO, LSC und LSCF in Betracht gezogen werden. Der Vorteil der ionischen Leitfähigkeit von GCO gegenüber LSC ist deutlich geringer als gegenüber LSCF.

c) LSC/GCO, ps = 100 nm, l_{Cat} = 4 µm: LSC-Kathoden sollen vor allem für niedrige Betriebstemperaturen eingesetzt werden. Hierfür ist die Ausführung der LSC-Kathoden als meso- oder nm-skalige Schicht vorteilhaft, da aufgrund des Skalierungseffekts niedrige ASR_{Cat}-Werte möglich sind. Zudem sind Haftungsprobleme, aufgrund des vom Elektrolyten abweichenden thermischen Ausdehnungskoeffizienten, bei diesen LSC-Schichten verringert [41]. In Abbildung 62 c) wird der ASR_{Cat} einer 4 µm dicken LSC/GCO-Komposit-Elektrode mit einer Partikelgröße von 100 nm und einer Porosität von 30 % für verschiedene Temperaturen in Luft als Funktion des GCO-Anteils dargestellt. Zudem sind gemessene Werte aus der Veröffentlichung von van Berkel [42] mit eingetragen (Werte aus derselben Veröffentlichung wurden bereits zur Validierung des FEM-Mikrostrukturmodells eingesetzt). Hierzu ist anzumerken, dass die in dem Paper angegebenen Daten für nominell gleiche Proben zwischen den dort gezeigten Bildern abweichen. Bei der Validierung wurde, aufgrund persönlicher Mitteilungen zwischen van Berkel und J. Hayd (IWE), mit einer Partikelgröße von 200 nm gerechnet. Zur Berechnung für die LSC/GCO-Komposit-Elektrode wurde eine aus der Rasterelektronenmikroskopaufnahme in [42] abgeschätzte· Partikelgröße von 100 nm verwendet. Der Vergleich der experimentell ermittelten und der berechneten Werte zeigt bis zu einem GCO-Anteil von 40 % eine gute quantitative Übereinstimmung. Zwischen 40 und 50 % zeigt sich im Experiment eine klare Verbesserung, die aus den berechneten Werten nicht nachvollziehbar ist. Zwischen 50 und 70 % GCO-Anteil liefert das Experiment dann annähernd gleiche flächenspezifische Widerstände. Bei der Berechnung jedoch steigen die Werte aufgrund des schlechten Transports von Elektronen ab einem GCO-Anteil von 65 % steil an. Grundsätzlich zeigt der Vergleich der berechneten Werte für die µm-skalige und die meso-skalige LSC/GCO-Komposit-Elektrode, dass die meso-skalige Kathode geringere Verbesserungen erlaubt bzw. dass sich ausgeprägtere Verschlechterungen ergeben.

d) LSC/GCO, ps = 20 nm, l_{Cat} = 800 nm: Der Vergleich mit den Ergebnissen für die µm-skalige und die meso-skalige LSC/GCO-Komposit-Kathode zeigt, dass sich für die nm-skalige Komposit-Kathode bei ansonsten gleichem Verhalten die geringsten Verbesserungen bzw. die am deutlichsten ausgeprägten Verschlechterungen ergeben. Zudem treten die Verschlechterungen schon bei 650 °C und nicht wie zuvor erst bei 700 °C auf. Als eine mögliche Erklärung wird die optimale Kathodendicke bei 600 °C für die drei Partikelgrößen, mit Hilfe der in Abbildung 60 gezeigten Ergebnisse, bestimmt:
- 750 nm: Kathodendicke   30000 nm, optimale Kathodendicke ~ 4400 nm
- 100 nm: Kathodendicke   4000 nm, optimale Kathodendicke ~ 1700 nm
- 20 nm: Kathodendicke   800 nm, optimale Kathodendicke ~ 800 nm

Der Vergleich mit der jeweiligen Kathodendicke zeigt klar, dass bei einer Vergrößerung der Eindringtiefe durch den Zusatz von GCO im ersten und zweiten Fall noch Kathodenvolumen nutzbar gemacht werden kann. Jedoch kann für die Kathode mit den 20 nm Partikelgröße kaum ein Zugewinn erzielt werden, da die Schicht zu dünn ist.

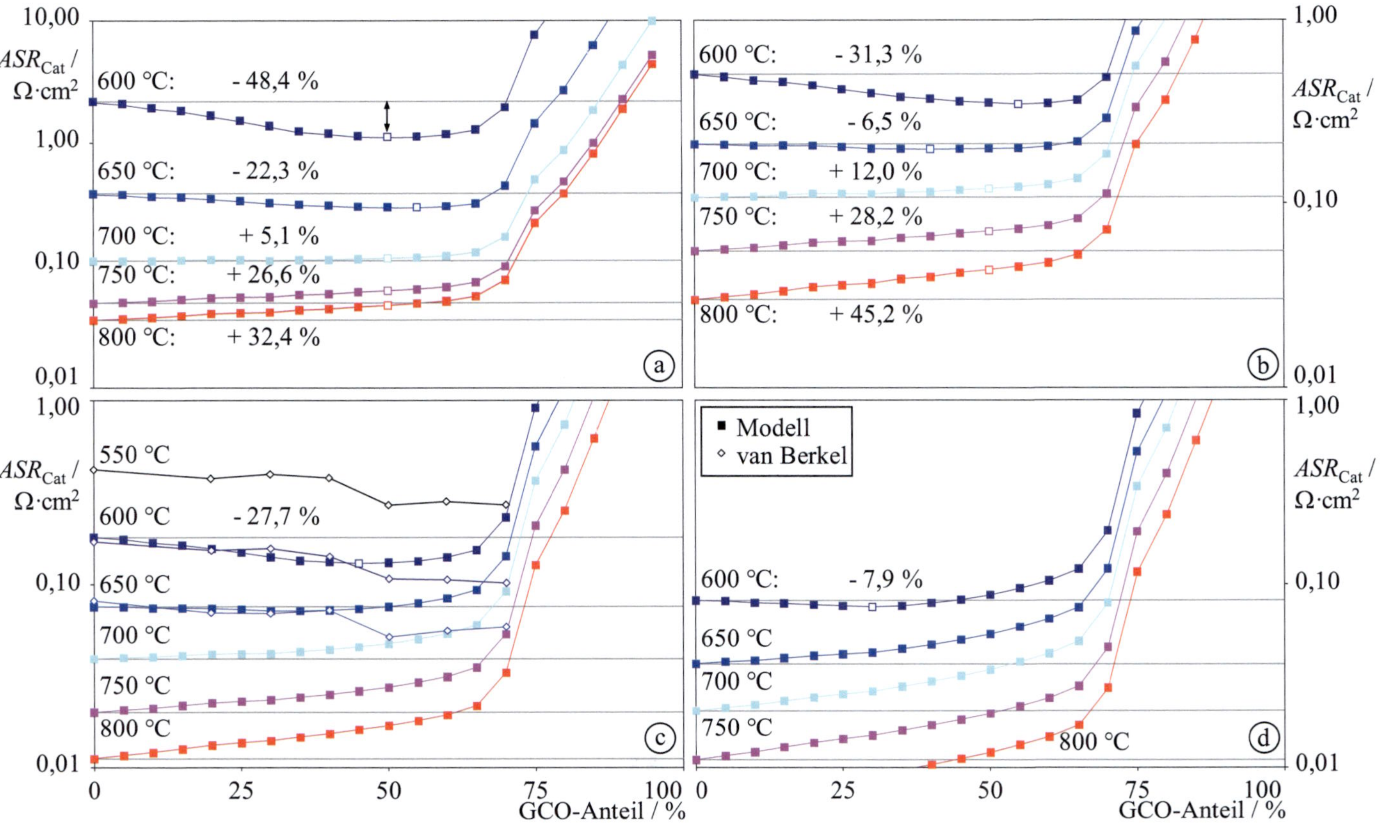

Abbildung 62: Vergleich verschiedener Komposit-Elektroden mit 30 % Porosität

Flächenspezifischer Widerstand ASR_{Cat} von vier Komposit-Elektroden mit 30 % Porosität für verschiedene Temperaturen in Luft als Funktion des GCO-Anteils: a) LSCF/GCO, µm-skalig; b) LSC/GCO, µm-skalig; c) LSC/GCO, $ps = 100$ nm, $l_{Cat} = 4$ µm und d) LSC/GCO, $ps = 20$ nm, $l_{Cat} = 800$ nm. Messdaten van Berkel [42] (Linien – Vergleichswert ohne GCO-Anteil, offene Symbole – Wert, für den Veränderung berechnet wird).

6.2.5.1 Einfluss der Transportprozesse

In Abbildung 63 wird der flächenspezifische Widerstand ASR_{Cat} einer µm-skaligen LSCF/GCO-Kathode ($\varepsilon = 30$ vol-%, $T = 600$ °C) in Luft als Funktion des GCO-Anteils angegeben. Die drei Kennlinien wurden für dieselben Parameter berechnet, unterscheiden sich aber darin, welche Transportprozesse berücksichtigt werden: Gasdiffusion und Elektronentransport oder nur einer der beiden Prozesse. Die Kurven weisen für den Fall, dass beide berücksichtigt werden, die höchsten Widerstände auf.

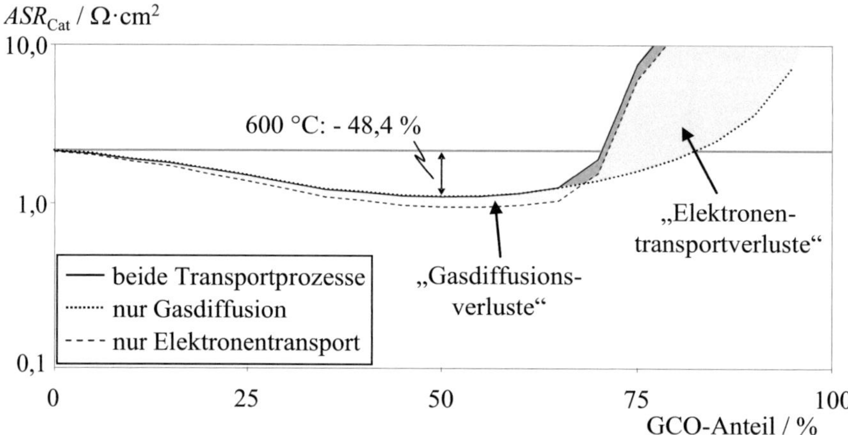

Abbildung 63: Einfluss der Transportprozesse auf das Berechnungsergebnis
Flächenspezifischer Widerstand einer µm-skaligen LSCF/GCO-Komposit-Elektrode mit 30 % Porosität bei 600 °C in Luft über dem GCO-Anteil. Bei der Berechnung wurden der Elektronentransport im gemischtleitenden Material und/oder die Gasdiffusion in den Poren mit berücksichtigt.

Der Einfluss der Gasdiffusion unterhalb von 10 % GCO-Anteil ist vernachlässigbar, wie an dem Vergleich der Kennlinie mit beiden Verlusten zu der mit nur dem Elektronentransport zu sehen ist. Mit steigenden GCO-Anteilen ist eine annähernd linear anwachsende Abweichung vorhanden. Die „Gasdiffusionsverluste" könnten mit eingeschlossenen Poren in Zusammenhang stehen. Verluste aufgrund des Elektronentransports treten bis zu einem GCO-Anteil von 65 % nicht auf. Bei diesem Feststoffanteil hat das gemischtleitende Material nur noch einen Volumenanteil von 24,5 vol-%. Nach den Untersuchungen zum Transport in porösen Medien in Unterkapitel 5.3 entspricht dies in etwa der Perkolationsschwelle. Folglich können die für die Sauerstoffreduktionsreaktion notwendigen Elektronen für GCO-Anteile oberhalb von 65 % nicht mehr ausreichend zur Verfügung gestellt werden, und der ASR_{Cat} steigt aufgrund der „Elektronentransportverluste" stark an. Für die Untersuchung von Komposit-Elektroden sollten beide Transportprozesse berücksichtigt werden.

7 Zusammenfassung und Ausblick

Die Entwicklung der SOFC zielt darauf ab, die untere Betriebstemperaturgrenze auf 600 °C zu senken, um eine höhere Lebensdauer zu erzielen und kostengünstigere Materialien einsetzen zu können und damit zu etablierten Technologien konkurrenzfähiger zu werden. Mit niedrigeren Betriebstemperaturen gehen jedoch signifikant höhere elektrochemische Verluste in den Elektroden einher. Deshalb soll die Mikrostruktur der Elektroden so verbessert werden, dass die Leistungsfähigkeit der Zelle bei niedrigen Betriebstemperaturen zumindest erhalten bleibt. Daher war das Ziel dieser Arbeit die Erstellung eines Modells zur Berechnung des flächenspezifischen Widerstands ASR_{Cat} von Elektroden in Abhängigkeit von den materialspezifischen und mikrostrukturellen Parametern als Maß für deren Leistungsfähigkeit, um eine modellgestützte Optimierung und Verbesserung der Mikrostruktur zu ermöglichen.

Im Rahmen dieser Arbeit wurde ein FEM-Mikrostrukturmodell entwickelt, welches im Gegensatz zu den meisten bereits verfügbaren Modellen die Mikrostruktur der Elektrode innerhalb eines repräsentativen Volumenelements (RVE) nachbildet. Mit dem FEM-Mikrostrukturmodell kann der flächenspezifische Widerstand von unterschiedlichen Elektrodentypen wie beispielsweise elektronen- oder gemischtleitenden Kathodenmaterialien, ein- oder zweiphasigen Elektroden mit beliebigen Porositäten und Feststoffanteilen oder sogar Kathoden auf strukturierten Elektrolyten berechnet werden. Die Nachbildung der Mikrostruktur basiert auf gleichgroßen Kuben, deren Größe frei gewählt werden kann. Somit können technisch relevante nm-skalige (Partikelgröße ~ 10 nm), meso-skalige (~ 100 nm) und µm-skalige (~ 1 µm) Elektroden untersucht werden. Außer experimentell bestimmbaren geometrischen Informationen und materialspezifischen Parametern gehen keine weiteren Parameter in die Berechnung mit dem FEM-Mikrostrukturmodell ein, was im Vergleich zu vielen anderen Modellen einzigartig ist.

Der Schwerpunkt der Arbeit liegt auf der Modellierung von gemischtleitenden Kathodenmaterialien. Bei diesen bestimmen drei materialspezifische Parameter – Sauerstoffionengleichgewichtskonzentration, Austauschkoeffizient k^{δ} und Festkörperdiffusionskoeffizient D^{δ} – maßgeblich die Eigenschaften der Kathode. Werte für diese Parameter wurden für LSCF (La$_{0,58/0,6}$Sr$_{0,4}$Co$_{0,2}$Fe$_{0,8}$O$_{3-\delta}$), LSC (La$_{0,5}$Sr$_{0,5}$CoO$_{3-\delta}$) und BSCF (Ba$_{0,5}$Sr$_{0,5}$Co$_{0,8}$Fe$_{0,2}$O$_{3-\delta}$) für mehrere Temperaturen aus verschiedenen Literaturquellen zusammengestellt. Die Sauerstoffionenkonzentration wurde als Funktion des Sauerstoffpartialdrucks bestimmt, während k^{δ} und D^{δ} nur für Luft ermittelt werden mussten. Für das elektronenleitende Kathodenmaterial LSM (La$_{0,75/0,65}$Sr$_{0,2/0,3}$MnO$_{3-\delta}$) konnte keine vergleichbar gute Datenlage hergestellt werden, denn Literaturdaten zu dem linienspezifischen Ladungstransferwiderstand LSR_{ct}, der die elektrochemischen Verluste beschreibt sind, kaum verfügbar. Daher wurde dieser materialspezifische Parameter durch eine Anpassung des Modells an Messdaten bestimmt. Die ermittelten Werte konnten jedoch anhand eines zweiten Datensatzes für eine völlig andere Elektrodenstruktur bestätigt werden.

Für das FEM-Mikrostrukturmodell mussten einige Punkte geklärt werden, da zur Berechnung die Finite-Elemente-Methode verwendet wird und da die Größe des Modells in COMSOL Multiphysics® beschränkt ist. Aus numerischer Sicht musste zunächst untersucht werden, ob die Feinheit der möglichen Rechengitter ausreicht, um technisch relevante Elektrodenstrukturen und Materialien zu untersuchen. Aus den Untersuchungen konnte ein Maß für die maximale Größe der finiten Elemente bestimmt werden ($l_{FE} < l_c = D^{\delta} / k^{\delta}$). Die Größe der finiten Elemente entspricht in etwa derjenigen der Kuben, daher ist die Feinheit des Rechengitters (meist) ausreichend. Der Einfluss der Ecken und Kanten in der Geometrie des Modells wurde untersucht und als tolerierbar bewertet. Nicht zuletzt wurde eine Fläche von 7x7 Partikel als untere Größe für die Fläche des RVE bestimmt. Diese ist in die Berechnung mit einzubeziehen, damit der Einfluss von Randeffekten auf das Ergebnis vernachlässigt werden kann.

Aus werkstoffwissenschaftlicher Sicht stellte sich zunächst die Frage, ob Kenngrößen für das FEM-Mikrostrukturmodell denen realer Kathoden entsprechen. Die volumenspezifische Oberfläche a bzw. Dreiphasengrenzlänge l_{tpb} wurden als Funktion der Porosität ε für gegebene Werte von Elektrodendicke l_{Cat}, Partikelgröße ps und Feststoffanteilen bestimmt. Die berechneten Werte konnten von Peters zur Bewertung experimenteller Befunde verwendet werden [132] bzw. sind soweit möglich mit experimentell bestimmten Werten [131] vergleichbar. Mit der Tortuosität τ als Maß für die Transporteigenschaften wurde eine weitere Kenngröße betrachtet. Die mit Hilfe des FEM-Mikrostrukturmodells als Funktion des Phasenanteils 1 - ε bestimmten Tortuositätswerte stimmen mit denjenigen anderer Modelle für Elektroden überein. Es wurde jedoch gezeigt, dass die Beschreibung des Transports in der elektrochemisch aktiven Zone von Elektroden mit Hilfe der Tortuosität an sich ungenau ist, denn der Transport erfolgt nur über wenige Partikel und damit nicht über im Vergleich zur Mikrostruktur sehr große Entfernungen. Am wichtigsten ist jedoch die experimentelle Überprüfung der berechneten flächenspezifischen Widerstände ASR_{Cat}. Das FEM-Mikrostrukturmodell wird durch den Vergleich mit verschiedenen experimentellen Befunden verifiziert. Im Fall der gemischtleitenden Kathoden standen Messergebnisse und geometrische Informationen zu drei verschiedenen Kathoden zur Verfügung: eine µm-skalige LSCF-, eine nm-skalige LSC- und eine meso-skalige LSC-Kathode. Die gemessenen und berechneten ASR_{Cat}-Werte stimmen grundsätzlich gut überein. Die Abweichung im Fall der LSCF-Kathode kann auf die der Literatur entnommenen materialspezifischen Parameter zurückgeführt werden. Im Fall der elektronenleitenden LSM-Kathode standen ebenfalls Messdatensätze mit sehr unterschiedlicher Mikrostruktur zur Verfügung. Aus dem einen Messdatensatz wurde der Parameter LSR_{ct} zur Beschreibung der elektrochemischen Vorgänge ermittelt. Mit diesem Parameter konnte der Datensatz der zweiten Kathode reproduziert werden. Somit wurde ein geeigneter materialspezifischer Parameter bestimmt und das Modell verifiziert.

Die Ergebnisse umfassen zwei Teile: 6.1 Möglichkeiten zur Untersuchung gemischtleitender Kathoden und Vergleich mit anderen Modellen und 6.2 Optimierung der Mikrostruktur. Der flächenspezifische Widerstand ASR_{Cat} wird als Maß für die Leistungsfähigkeit der Elektroden berechnet. In Unterkapitel 6.1 wurde zunächst der Zusammenhang der Leistungsfähigkeit von gemischtleitenden Kathoden mit den materialspezifischen Parametern k^δ und D^δ betrachtet. Zur genaueren Analyse wurden Kennflächen berechnet, welche den flächenspezifischen Widerstand ASR_{Cat} als Funktion der beiden Parameter k^δ und D^δ zeigen. Die tatsächliche Form der ASR_{Cat}-Kennflächen ist stark von den mikrostrukturellen Eigenschaften der Elektrode – der Porosität ε, der Schichtdicke l_{Cat} und der Partikelgröße ps – abhängig. Die Kennflächen erlauben für eine vorgegebene Mikrostruktur den schnellen Vergleich der Leistungsfähigkeit eines Materials bei verschiedenen Temperaturen oder von verschiedenen Materialien. Anhand der Kennflächen konnte beispielsweise der Einfluss der Porosität auf die Leistungsfähigkeit nachvollzogen werden. Darüber hinaus konnten die unterschiedlichen Aktivierungsenergien der zur Verifikation verwendeten Daten zu nm-skaligen und meso-skaligen LSC-Kathoden durch die Berechnung entsprechender Kennflächen mit den vorliegenden mikrostrukturellen Unterschieden erklärt werden.

Das FEM-Mikrostrukturmodell wurde unter anderem mit den Modellen von Adler [2;108] und Fleig [107] für gemischtleitende Kathoden verglichen und zeigte in weiten Bereichen eine sehr gute Übereinstimmung. Unterschiede konnten damit erklärt werden, dass beispielsweise die Stromeinschnürung im Elektrolyten in diesen Modellen nicht berücksichtigt wird oder dass selbst bei geringen Porositäten eine Dreiphasengrenze als existent angenommen wird. Darüber hinaus sind zur Berechnung des flächenspezifischen Widerstands nach dem Modell von Adler [2;108] von der Porosität ε und Partikelgröße ps abhängige Werte für die volumenspezifische Oberfläche a und die Tortuosität τ notwendig, welche im FEM-Mikrostrukturmodell implizit enthalten sind. Der Vergleich mit dem Modell von Fleig [107] zeigt, dass dessen Modell nur aufgrund einer nicht begründeten vereinfachenden Annahme ähnliche Ergebnisse wie das FEM-Mikrostrukturmodell liefert. Die Auswirkung des im Modell von Fleig enthaltenen isolierenden Bereichs an der Dreiphasengrenze wurde nicht untersucht und dessen Ausdehnung wurde ohne Begründung gewählt. Zusätzlich wurde mit der 3D-Stromdichteverteilung in der Geometrie des FEM-Mikrostrukturmodells ein Ergebnis gezeigt, das mit bereits verfügbaren Modellen nicht erzielbar ist. Informationen beispielsweise über die räumliche Stromdichteverteilung erlauben Rückschlüsse über sogenannte Hot-Spots, also Stellen, an denen lokal eine starke Temperaturüberhöhung auftritt, oder es können Bereiche mit sehr niedriger Sauerstoffionenkonzentration bzw. sehr niedrigem Sauerstoffpartialdruck identifiziert werden. Solche Stellen sind zu vermeiden, da diese einen thermodynamisch instabilen Bereich für das Elektrodenmaterial darstellen können.

In Unterkapitel 6.2 konnte hinsichtlich der Mikrostruktur von gemischtleitenden Kathoden ein optimaler Porositätsbereich zwischen $25\,\% \leq \varepsilon_{opt} \leq 45\,\%$ bestimmt werden, in welchem die kleinsten ASR_{Cat}-Werte erreicht werden. Für die Kathodendicke l_{Cat} wurden verschiedene Optimierungsansätze wie (i) die Betrachtung der Stromdichte in der Kathodenstruktur, (ii) der Vergleich des flächenspezifischen Widerstands bei verschiedenen Kathodendicken und schließlich die (iii) systematische Variation der Kathodendicke diskutiert. Aus den Untersuchungen konnte mit $l_{Cat,opt} = 2 \cdot \delta$ ein Maß für die optimale Kathodendicke bestimmt werden. Diese gibt an, wie dick eine Kathode mindestens sein muss, um den minimal möglichen flächenspezifischen Widerstand $ASR_{Cat,min}$ aufzuweisen, denn das elektrochemisch aktive Kathodenvolumen erstreckt sich hauptsächlich auf das Zweifache der Eindringtiefe δ. Die Eindringtiefe wurde als Maß von Adler ermittelt, wobei für die Berechnung der Eindringtiefe nach Gleichung (3.32) die (unbekannten) Mikrostrukturparameter Tortuosität τ und volumenspezifische Oberfläche a benötigt werden. Diese Parameter können mit dem FEM-Mikrostrukturmodell bestimmt werden oder eben jenes wird gleich für eine systematische Untersuchung eingesetzt. Dabei wird der flächenspezifische Widerstand ASR_{Cat} für mehrere Partikelgrößen ps als Funktion der Kathodendicke l_{Cat} berechnet. Aus den Ergebnissen wurden für LSC Parameter bestimmt, mit denen der minimal erzielbare flächenspezifische Widerstand $ASR_{Cat,min}$ und die optimale Kathodendicke $l_{Cat,opt}$ für eine vorgegebene Temperatur T und Partikelgröße ps berechnet werden können.

Im Hinblick auf die beabsichtigte Absenkung der unteren Betriebstemperaturgrenze der SOFC auf 600 °C sind mit LSCF und LSC zwei mögliche Kathodenmaterialien in der Diskussion. Für ein Figure-of-Merit für den flächenspezifischen Widerstand ASR_{Cat} von maximal $100\ \mathrm{m\Omega \cdot cm^2}$ [26] wurde berechnet, dass selbst nm-skalige LSCF-Kathoden nicht einsetzbar sind. Hingegen kann mit LSC als nm-skalige Kathode eine ausreichende Leistungsfähigkeit erzielt werden: $ASR_{Cat} < 95\ \mathrm{m\Omega \cdot cm^2}$ für Partikelgrößen $ps < 30\ \mathrm{nm}$ bei 600 °C. Bei solch niedrigen Temperaturen ist den Berechnungen zufolge der Einsatz von Komposit-Elektroden interessant, bei denen ein Teil des elektrochemisch aktiven Materials durch Elektrolytmaterial ersetzt wird. Aufgrund der unterschiedlichen Temperaturabhängigkeit der Leitfähigkeit des Elektrolyten und des diffusiven Transports im Kathodenmaterial wird diese Elektrodenstruktur erst bei Temperaturen unterhalb von ca. 650 °C interessant. Der Grund für die schlechtere Leistungsfähigkeit der Komposit-Elektroden oberhalb dieser Temperatur ist, dass aktive Oberfläche verloren geht. Mit der Strukturierung der Elektrolytoberfläche bietet sich eine Alternative, welche diesen Verlust zum Teil vermeidet und selbst für höhere Temperaturen eine Leistungsverbesserung ermöglichen könnte.

Diese Arbeit zeigt das Potential des FEM-Mikrostrukturmodells zur Untersuchung der Leistungsfähigkeit verschiedener Elektroden in Abhängigkeit ihrer Material- und insbesondere der Mikrostruktureigenschaften. Die größten Einschränkungen werden durch die limitierte Modellgröße in COMSOL Multiphysics® verursacht. Zum Beispiel wird die Geometrie nur ungenau abgebildet, wodurch unter anderem numerische Probleme entstehen. Und es können streng genommen nur Elektroden mit gleichgroßen Partikeln und Poren untersucht werden ($ps \approx d_\mathrm{p}$). Eine Weiterentwicklung kann die bisher erreichten Ergebnisse verbessern und weitere Elektrodentypen (z.B. auch Nickel-CERMET-Anoden) der Modellierung und Berechnung zugänglich zu machen. Darüber hinaus könnte, falls die Mikrostruktur ausreichend genau nachgebildet werden kann, das inverse Problem gelöst werden. Aus Messdaten der Leistungsfähigkeit und der Analyse der Mikrostruktur könnte auf geeignete Gleichungen und Parameter zur Beschreibung der elektrochemischen Vorgänge innerhalb von Elektroden zurückgeschlossen werden. Hauptsächlich muss bei der Weiterentwicklung die Größenbeschränkung des FEM-Mikrostrukturmodells in COMSOL Multiphysics® überwunden werden. Hierzu ist der Einsatz von High-Performance-Computing-Techniken und Hochleistungsrechnern notwendig. Im Rahmen einer Kooperation mit der Arbeitsgruppe NumHPC (Numerische Simulation, Optimierung und Hochleistungsrechnen, Universität Karlsruhe (TH)) von Herrn Prof. Dr. Heuveline wurde unter der Federführung von Herrn Dr.-Ing. Carraro das FEM-Mikrostrukturmodell teilweise in eine HPC-fähige Software namens ParCell3D umgesetzt, und es liegen erst Berechnungsergebnisse vor [133]. Außer dieser offensichtlichen Weiterentwicklung bieten sich weitere Möglichkeiten an. Für eine Untersuchung von Elektroden ist es wünschenswert, dynamische Vorgänge in das Modell einzubringen, um das Impedanzspektrum von Elektroden berechnen zu können. Ein weiterer Ansatz wäre die (zeitabhängige) Simulation von Veränderungen der Mikrostruktur. Kann diese ausreichend genau aufgelöst werden, könnte nach einer stationären Berechnung eine Analyse des Berechnungsergebnisses erfolgen und die Materialverteilungsmatrix für den nächsten (Zeit-) Schritt entsprechend einer gewählten Modellvorstellung oder Optimierungsstrategie angepasst werden. Beispielsweise wäre eine Betrachtung der Veränderung der LSM/8YSZ-Grenzfläche bei LSM-Kathoden interessant. Für das FEM-Mikrostrukturmodell konnte gezeigt werden, dass es erfolgreich zur Beschreibung verschiedener physikalischer Vorgänge in einer komplexen Mikrostruktur verwendet werden kann. Daher wäre auch eine Anwendung des Modells auf ganz andere Themengebiete wie beispielsweise Li-Ionen-Batterien oder Strömungssimulationen in Filterstrukturen denkbar.

Abbildungs- und Tabellenverzeichnis

Abbildungen

Tabellen

Glossar

Alterung	Bedeutet die (meist) negative Veränderung einer Probeneigenschaft mit der Zeit.
Auslagerung	Bezeichnet die Exposition einer Probe über einen definierten Zeitraum zu festgelegten Umgebungsbedingungen (Temperatur, Gaszusammensetzung, etc.).
austauschkontrolliert	Der Wert des Widerstands der gemischtleitenden Kathode wird allein vom Oberflächenaustauschprozess bestimmt.
Batchfile	Stapelverarbeitungsdatei für die Windows-Kommandozeile
CERMET	keramisch metallische Mischstruktur
diffusionskontrolliert	Der Wert des Widerstands der gemischtleitenden Kathode wird allein vom Festkörperdiffusionsprozess bestimmt.
dreiphasengrenz-dominiert	Elektrode, deren Widerstand durch die elektrochemischen Reaktionen an der Dreiphasengrenze bestimmt wird.
Eindringtiefe	Abstand von der Elektroden/Elektrolyt-Grenzfläche, bei dem die Stromdichte auf etwa 36 % des Werts an der Grenzfläche abgesunken ist.
gemischtkontrolliert	Der Wert des Widerstands der gemischtleitenden Kathode wird vom Oberflächenaustauschprozess und vom Festkörperdiffusionsprozess gleichermaßen bestimmt.
Funktion	Matlab®-Funktion: Ähnlich wie ein Skript nur, dass Funktionen einen eigenen Workspace besitzen. Daher müssen Variablen/Werte an Funktionen übergeben bzw. von diesen zurückgegeben werden.
infiltrierte Struktur	Eine Mikrostruktur wird mit einer Lösung infiltriert. Zurück bleibt eine Schicht auf der Mikrostruktur aus dem Infiltrat.
kritische Dicke	Dicke, bei welcher der Widerstand der Elektrode von austauschkontrolliert zu diffusionskontrolliert wechselt.
Komposit	Material aus zwei verschiedenen Phasen. In diesem Sinne ist ein CERMET ein Spezialfall eines Komposits.
Ladungstransfer	Übergang von einem Elektronen- in einen Ionenstrom durch elektrochemische Reaktionen an einer Grenzfläche bzw. Grenzlinie.
nm-skalig	Mikrostruktur aus nm-skaligen Partikeln. (hier: $ps = 20$ nm, $\varepsilon = 30$ % und $l_{Cat} = 200$ nm)
Materialverteilung	Beschreibung der Realisierung meist über eine Matrix.
meso-skalig	Mikrostruktur aus meso-skaligen Partikeln. (hier: $ps = 200$ nm, $\varepsilon = 30$ % und $l_{Cat} = 7$ μm)
Modellelektrode	Elektrode mit genau festgelegter Geometrie zur Untersuchung der Materialeigenschaften. Die Leistungsfähigkeit der Elektrode spielt keine Rolle; im Vordergrund steht die möglichst genaue Bestimmung eines materialspezifischen Parameters.
ParCell3D	Arbeitsname für die in der Entwicklung befindliche High-Performance-Computing-fähige Software.
Perkolation	Für ein Medium mit festgelegter Mikrostruktur kann Perkolation vorliegen oder nicht, dies hängt von der Ausbildung der Mikrostruktur und dem Besetzungsanteil ab. Perkolation liegt vor, wenn sich mindestens ein perkolierender Cluster ausbildet.

Perkolationsschwelle	Minimaler Besetzungsanteil, oberhalb dessen Perkolation vorliegt. Die Perkolationsschwelle wird von der Ausbildung der Mikrostruktur stark beeinflusst.
perkolieren	Ein Cluster perkoliert, wenn dieser zusammenhängend <u>und</u> unendlich ausgedehnt ist.
Realisierung	Zufällig erzeugte konkrete Ausprägung der Mikrostruktur in einem RVE oder SERVE.
RVE	Volumen, innerhalb dessen die Mikrostruktur nachgebildet wird. Das Volumen muss groß genug sein, um die mittleren Eigenschaften richtig wiedergeben zu können.
SERVE	Bei SERVE werden die Ergebnisse mehrerer Realisierungen gemittelt, um die mittleren Eigenschaften zu bestimmen.
Skript	Sequentielle Folge von Befehlen, die in der Kommandozeile von Matlab® oder COMSOL Multiphysics® ausgeführt werden kann.
String	Zeichenkette bestehend aus mehreren Zeichen.
Workspace	Speicherbereich in Matlab® oder COMSOL Multiphysics®, in dem Variablen abgelegt werden.
XxYxZ	Bezeichnung für die Geometrie des FEM-Mikrostrukturmodells. X, Y und Z sind Zahlen, welche die Anzahl der Kuben in x-, y- bzw. z-Richtung angeben.
µm-skalig	Mikrostruktur aus µm-skaligen Partikeln. (hier: $ps = 750$ nm, $\varepsilon = 30$ % und $l_{Cat} = 30$ µm)

Eigene Publikationen

Betreute Arbeiten

- J. Joos, *Einfluss der Mikrostruktur auf die Leistungsfähigkeit von gemischtleitenden Kathoden*, Diplomarbeit, Institut für Werkstoffe der Elektrotechnik (IWE), Universität Karlsruhe (TH) (2008).
- N. Schweikert, *3D-CFD Modeling and Simulation of a metal-based Solid Oxide Fuel Cell*, Studienarbeit, Institut für Werkstoffe der Elektrotechnik (IWE), Universität Karlsruhe (TH) (2008).
- T. Diepolder, *Statische und dynamische Modellierung einer anodengestützten Festelektrolytbrennstoffzelle (SOFC)*, Diplomarbeit, Institut für Werkstoffe der Elektrotechnik (IWE), Universität Karlsruhe (TH) (2008).
- J. Hartmann, *Modellierung der Leistungsfähigkeit einer mischleitenden LSCF-Kathode in Abhängigkeit von der Geometrie*, Diplomarbeit, Institut für Werkstoffe der Elektrotechnik (IWE), Universität Karlsruhe (TH) (2006).
- P. Goncalves, *Impedance Analysis and FEM-Modelling of Ni-based Cermet Anode for Solid Oxide Fuel Cells*, Diplomarbeit, Institut für Werkstoffe der Elektrotechnik (IWE), Universität Karlsruhe (TH) (2005).

Veröffentlichungen

[1] B. Rüger, T. Carraro, J. Joos, V. Heuveline and E. Ivers-Tiffée, "A Numerical Method for the Optimization of MIEC Cathode Microstructures", in R. Steinberger-Wilckens and U. Bossel (Eds.), *Proceedings of the 8th European Solid Oxide Fuel Cell Forum*, p. A0616 (2008).

[2] E. Ivers-Tiffée, U. Guntow, J. Hayd and B. Rüger, "Potential of Nanoscaled LSC Thin Film Cathodes: Modelling and Experimental Verification", in R. Steinberger-Wilckens and U. Bossel (Eds.), *Proceedings of the 8th European Solid Oxide Fuel Cell Forum*, p. A0403 (2008).

[3] B. Rüger, A. Weber and E. Ivers-Tiffée, "3D-Microstructure Modeling and Performance Evaluation for Solid Oxide Fuel Cell (MIEC) Cathodes", in J.-M. Petit and O. Squalli (Eds.), *Proceedings of the European COMSOL Conference 2007*, pp. 421-427 (2007).

[4] B. Rüger, A. Weber and E. Ivers-Tiffée, "3D-Modelling and Performance Evaluation of Mixed Conducting (MIEC) Cathodes", *ECS Transactions* 7, pp. 2065-2074 (2007).

[5] B. Rüger, A. Weber, D. Fouquet and E. Ivers-Tiffée, "SOFC Performance Evaluated by FEM-Modelling of Electrode Microstructures with a Randomly Generated Geometry", in J. A. Kilner and U. Bossel (Eds.), *Proceedings of the 7th European Solid Oxide Fuel Cell Forum*, pp. B0705-143-Rüger (2006).

[6] M. Haschka, B. Rüger and V. Krebs, "Identification of the Electrical Behavior of a Solid Oxide Fuel Cell in the Time-Domain", in A. Le Mehaute, J. A. Tenreiro Machado, J. C. Trigeassou, and J. Sabatier (Eds.), *Fractional differentiation and its applications,* 1 ed., Neusäß: Ubooks, pp. 435-446 (2005).

[7] M. Haschka, B. Rüger and V. Krebs, "Identification of the Electrical Behavior of a Solid Oxide Fuel Cell in the Time-Domain", in A. Le Mehaute, J. A. Tenreiro Machado, J. C. Trigeassou, and J. Sabatier (Eds.), *Proceedings of Fractional Differentiation and its Applications*, pp. 327-333 (2004).

[8] M. Haschka, B. Rüger, V. Krebs, A. Weber, V. Sonn and E. Ivers-Tiffée, "Diagnosis of SOFC-Systems Using Fractional Calculus", in M. Mogensen (Ed.), *Proceedings of the 6th European Solid Oxide Fuel Cell Forum* 2, p. 557 (2004).

Tagungsbeiträge

[1] C. Endler, A. Leonide, B. Rüger, A. Weber, E. Ivers-Tiffée, *Time-Dependent Study of k^δ- and D^δ- Values of Mixed Ionic-Electronic Conducting Cathodes*, 17th International Conference on Solid State Ionics (SSI-17) (Toronto, Canada), 28.06. - 03.07.2009

[2] J. Hayd, B. Rüger, U. Guntow, E. Ivers-Tiffée, *Microstructural engineering of nanoscaled $La_{1-x}Sr_xCoO_{3-\delta}$ thin film cathodes for SOFC*, 8th Pacific Rim Conference on Ceramic and Glass Technology (Vancouver, Canada), 31.05. - 05.06.2009

[3] J. Hayd, B. Rüger, U. Guntow, E. Ivers-Tiffée, *Potential of Nanoscaled Cathode Structures for SOFC*, 215th Meeting of The Electrochemical Society (San Francisco, USA), 24.05. - 29.05.2009

[4] B. Rüger, T. Carraro, J. Joos, V. Heuveline, E. Ivers-Tiffée, *A Numerical Method for the Optimization of Electrode Microstructure*, 6th Symposium on Fuel Cell Modelling and Experimental Validation (Bad Herrenalb, Germany), 25.03. - 26.03.2009

[5] B. Rüger, J. Joos, A. Weber, E. Ivers-Tiffée, *Microstructure Modelling and Performance Evaluation of Mixed Conducting Cathodes for SOFC Application*, MRS Fall Meeting 2008 (Boston MA, USA), 01.12. - 05.12.2008

[6] J. Hayd, B. Rüger, U. Guntow, E. Ivers-Tiffée, *Application of Nanoscaled LSC Thin Film Cathodes in SOFCs: FEM Modelling and Experimental Verification*, MRS Fall Meeting 2008 (Boston MA, USA), 01.12. - 05.12.2008

[7] E. Ivers-Tiffée, J. Hayd, B. Rüger, U. Guntow, *Potential of nanoscaled LSC thin film cathodes: Modelling and experimental verification*, 9th International Symposium on Ceramic Materials and Components for Energy and Environmental Applications (Shanghai, China), 10.11. - 14.11.2008

[8] E. Ivers-Tiffée, J. Hayd, B. Rüger, U. Guntow, *Potential of nanoscaled cathodes for SOFC application*, 49th Battery Symposium (Sakai, Osaka, Japan), 05.11. - 07.11.2008

[9] D. Klotz, A. Weber, B. Rüger, E. Ivers-Tiffée, *Betrieb von Hochtemperatur-Brennstoffzellen (SOFC) unter transienten Lastbedingungen*, f-cell 2008 (Stuttgart, Deutschland), 29.09. - 30.09.2008

[10] J. Hayd, B. Rüger, E. Ivers-Tiffée, U. Guntow, *Nanoscaled LSC Thin Film Cathodes for SOFC: Modelling and experimental verification*, Electroceramics XI (Manchester, Great Britain), 31.08. - 04.09.2008

[11] T. Carraro, B. Rüger, J. Joos, V. Heuveline, *A detailed FE model for the simulation of MIEC cathode microstructure of a SOFC*, Conference on Modeling, Simulation and Optimization of Complex Processes (MOSOCOP 2008) (Heidelberg, Germany), 21.07. - 25.07.2008

[12] B. Rüger, T. Carraro, J. Joos, E. Ivers-Tiffée, *A Numerical Method for the Optimization of MIEC Cathode Microstructures*, 8th EUROPEAN SOFC FORUM (Lucerne, Switzerland), 30.06. - 04.07.2008

[13] E. Ivers-Tiffée, J. Hayd, B. Rüger, U. Guntow, *Potential of Nanoscaled LSC thin film Cathodes: Modelling and experimental validation*, 8th EUROPEAN SOFC FORUM (Lucerne, Switzerland), 30.06. - 04.07.2008

[14] B. Rüger, T. Carraro, J. Joos, A. Weber, E. Ivers-Tiffée, *Modeling the microstructure of electrodes*, 2nd Mini Symposium on Solid Oxide Fuel Cells (Karlsruhe, Germany), 27.06. - 27.06.2008

[15] A. Weber, T. Diepolder, B. Rüger, A. Leonide, M. Kornely, E. Ivers-Tiffée, *Combined Experimental and Modelling Study for a Variation of Flow Field Geometry*, 2nd Mini Symposium on Solid Oxide Fuel Cells (Karlsruhe, Germany), 27.06. - 27.06.2008

[16] B. Rüger, T. Diepolder, A. Leonide, M. Kornely, E. Ivers-Tiffée, *SOFC single cell flow field modelling and experimental validation/evaluation*, 11th UECT Ulm ElectroChemical Talks 2008 (Ulm, Germany), 10.06. - 12.06.2008

[17] J. Hayd, C. Peters, B. Rüger, A. Weber, E. Ivers-Tiffée, U. Guntow, *Potential of Nanoscaled Cathode Structures*, Asia-European Workshop on SOFC (Dalian, Peoples Republic of China), 04.06. - 04.06.2008

[18] B. Rüger, T. Diepolder, A. Leonide, M. Kornely, E. Ivers-Tiffée, *Combined Experimental and Modelling Study for a Variation of Flow Field Geometry*, 5th Symposium on Fuel Cell Modelling and Experimental Validation (Winterthur, Switzerland), 11.03. - 12.03.2008

[19] B. Rüger, A. Weber, E. Ivers-Tiffée, *3D-Microstructure Modeling and Performance Evaluation for Solid Oxide Fuel Cell (MIEC) Cathodes*, European COMSOL Conference 2007 (Grenoble, France), 23.10. - 24.10.2007

[20] T. Diepolder, B. Rüger, E. Ivers-Tiffée, *Dynamic simulation of an efficient Solid Oxide Fuel Cell*, European COMSOL Conference 2007 (Grenoble, France), 23.10. - 24.10.2007

[21] B. Rüger, A. Weber, E. Ivers-Tiffée, *3D-Modeling of Porosity Dependent Performance of Mixed Conducting (MIEC) Cathodes*, 16th International Conference on Solid State Ionics (SSI-16) (Shanghai, China), 01.07. - 06.07.2007

[22] B. Rüger, A. Weber, E. Ivers-Tiffée, *3D-Modeling and Performance Evaluation of Mixed Conducting (MIEC) Cathodes*, SOFC X (Nara, Japan), 03.06. - 08.06.2007

[23] B. Rüger, A. Weber, E. Ivers-Tiffée, *3D-Modeling and Performance Evaluation of Mixed Conducting (MIEC) Cathodes*, Workshop "3d Image Analysis and Modeling of Microstructures" (Kaiserslautern, Germany), 25.04. - 26.04.2007

[24] B. Rüger, A. Weber, E. Ivers-Tiffée, *3D-Modelling and Performance Evaluation of Mixed Conducting (MIEC) Cathodes*, 4th Symposium on Fuel Cell Modelling and Experimental Validation (Aachen, Germany), 06.03. - 07.03.2007

[25] B. Rüger, D. Fouquet, A. Weber, E. Ivers-Tiffée, V. Heuveline, *Micro Modeling of Solid Oxide Fuel Cell electrodes*, Multiscale Materials Modeling Conference 2006 (Freiburg, Germany), 18.09. - 22.09.2006

[26] B. Rüger, D. Fouquet, A. Weber, E. Ivers-Tiffée, *FEM-Modeling of Electrode Microstructures with a Randomly Generated Geometry*, 7th EUROPEAN SOFC FORUM (Lucerne, Switzerland), 03.07. - 07.07.2006

[27] B. Rüger, V. Sonn, A. Weber, E. Ivers-Tiffée, *Electrochemical Performance of Electrolyte and Anode supported Cells for SOFC (Solid Oxide Fuel Cell)*, CIMTEC 2006 (Acireale, Sicily, Italy), 04.06. - 09.06.2006

[28] B. Rüger, P. Goncalves, D. Fouquet, A. Weber, E. Ivers-Tiffée, *FEM-modeling of cermet anodes with a randomly generated geometry*, ACerS 30th International Conference & Exposition on Advanced Ceramics & Composites (Cocoa Beach, USA), 22.01. - 27.01.2006

[29] M. Haschka, B. Rüger, V. Krebs, *Identification of the Electrical Behavior of a Solid Oxide Fuel Cell in the Time-Domain*, Fractional Differentiation and its Applications (Bordeaux, France), 19.07. - 21.07.2004

[30] M. Haschka, B. Rüger, V. Krebs, A. Weber, V. Sonn, E. Ivers-Tiffée, *Diagnosis of SOFC-Systems Using Fractional Calculus*, 6th EUROPEAN SOFC FORUM (Lucerne, Switzerland), 28.06. - 02.07.2004

Anhang A   Berechnung der Tortuosität

Die Betrachtung einer komplexen Mikrostruktur, beispielsweise von porösen Materialien, als homogenes Material mit effektiven Eigenschaften vereinfacht deren rechnerische Handhabung erheblich. Der Einfluss der Mikrostruktur wird durch die Tortuosität τ mit $1 \leq \tau < \infty$ beschrieben. Mit der Tortuosität kann beispielsweise für einen gegebenen Phasenanteil $(1 - \varepsilon)$ aus der intrinsischen Leitfähigkeit σ_{bulk} des Vollmaterials die resultierende niedrigere effektive Leitfähigkeit

$$\sigma_{eff} = \frac{1-\varepsilon}{\tau} \cdot \sigma_{bulk} \tag{A.1}$$

des porösen Materials berechnet werden. Die Tortuosität ist nach Kostek et al. [51] invariant gegenüber Skalierungen der Geometrie. Daraus folgt, dass die Leitfähigkeit σ_{bulk} und damit das Material und die Temperatur keinen Einfluss auf die Tortuosität haben.

In der Literatur werden verschiedene Ansätze verwendet, um Gleichungen zur Berechnung der Tortuosität zu erhalten. Liegen ausreichend viele Messdaten vor, können entsprechende Gleichungen empirisch ermittelt werden [53-55]. Das Ergebnis von Koh und Fortini [53] wird beispielsweise von Yamahara et al. [56] zur Modellierung der ionischen Leitfähigkeit verwendet. Andere Ansätze leiten für eine (vereinfachte) geometrische Beschreibung der komplexen Mikrostruktur Gleichungen ab [49;50;57;58]. Die Resultate von Maxwell-Garnett [49] haben als Clausius-Mossotti-Beziehung Bedeutung für dielektrische Materialien erlangt, und die Arbeit von Bruggeman [57] wird häufig als Theorie der effektiven Medien bezeichnet. Fan et al. [59-61] verfolgt die Idee, die komplexe Mikrostruktur auf eine einfachere Geometrie zu transformieren. Die Ergebnisse von Fan wurden beispielsweise von Müller [62] zur Modellierung der Anode genutzt. Mit Hilfe von numerischen Untersuchungen können komplexere geometrische Beschreibungen betrachtet werden. Zu nennen sind die Ergebnisse der Perkolationstheorie [69-71] oder von Random-Resistor-Network-(RRN-) Modellen [6;88-90]. Die Ergebnisse der Perkolationstheorie werden von Costamagna [67] und Nam [72] zur Modellierung von Elektroden verwendet. Sunde [6] verwendet RRN-Modelle zur Modellierung von Elektroden, die Ergebnisse liegen jedoch nur in Form numerischer Werte und nicht als Gleichungen vor. Ein verallgemeinerter Ansatz (GEM) der Theorie der effektiven Medien liefert ein interessantes Ergebnis für zweiphasige leitfähige Medien [139], welches beispielsweise von Marinsek [140] zur Beschreibung der Leitfähigkeit von Ni/8YSZ-Komposit-Strukturen angewendet wird.

A.1   Anwendungsbeispiele

Die Ergebnisse der Perkolationstheorie von Costamagna [67] und Nam [72] und RRN-Modelle von Sunde [6] werden, wie bereits erwähnt, zur Modellierung von Elektroden verwendet. In [141] wird eine einphasige Elektrode mit einer Porosität um 35 % betrachtet, deshalb können die nach Deng [58] bestimmten Tortuositätswerte verwendet werden. Müller [62] greift bei der Betrachtung von zweiphasigen, porösen Elektroden (Anoden) auf die Arbeit von Fan [59-61] zurück. In dem *Porous Media Diffusion Model* der Software Fluent® *Fuel Cell and Electrolysis Model* wird die Gasdiffusion in den porösen Elektroden mit der Effektive-Medien-Theorie von Bruggeman [57] berechnet.

A.2   Vergleich der Modelle

In Abbildung A-1 werden nach den verschiedenen Modellen berechnete Kennlinien für die Tortuosität τ als Funktion des Phasenanteils $(1 - \varepsilon)$ gezeigt. Gerade in dem für Elektroden interessanten schraffierten Bereich zeigen die Modelle starke Abweichungen, und eventuell eingehende Parameter weisen den größten Einfluss auf. Die Ergebnisse des FEM-Mikrostrukturmodells wurden in Unterkapitel 5.3 mit den Modellen von Costamagna und Nam sowie Messdaten von Sonn [47] verglichen.

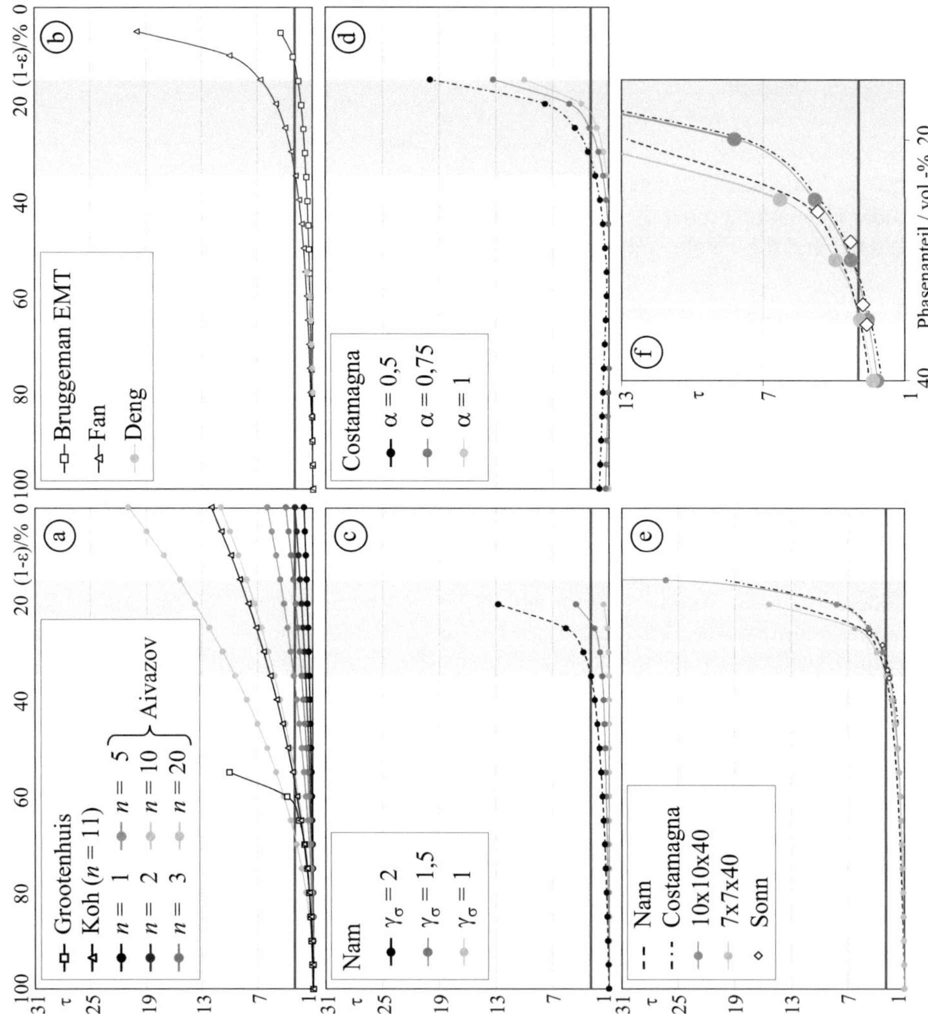

Abbildung A-1: Tortuosität τ als Funktion des Phasenanteils $(1 - \varepsilon)$
a,b: berechnet nach verschiedenen hier angegebenen Modellen und Gleichungen; c,d: berechnet nach Nam [72] mit Gleichung (3.11), Costamagna [67] mit Gleichung (3.10); e,f: Vergleich der Modelle – 10x10x40- und 7x7x40-Ergebnisse des FEM-Mikrostrukturmodells nach Abschnitt 5.3.2 – und gemessenen Werte von Sonn [47] (Symbole berechnete Werte, Linien interpoliert).

Um den Vergleich mit den Messdaten in Abbildung A-1 e) und f) zu ermöglichen, wurde angenommen, dass die Tortuosität $\tau = 2{,}69$ bei einer Porosität von $\varepsilon = 65\,\%$ beträgt. Diese Annahme bedeutet für die (intrinsische) Leitfähigkeit von 8YSZ in der Ni/8YSZ-Anode eine Abnahme um über $60\,\%$. Nach den experimentellen Beobachtungen von Sonn ist dies nicht plausibel. In Abbildung A-2 sind die vorgefundenen Änderungen aufgetragen. Je nach

Probenvorgeschichte bzw. Sintertemperatur findet Sonn maximale Änderungen der (effektiven) Leitfähigkeit der Proben um 25 %. Werden jedoch die Ergebnisse von Linderoth [142] berücksichtigt, dann erscheint eine starke Änderung um über 60 % denkbar. Linderoth findet je nach Nickel-Anteil der untersuchten dichten Proben aus Ni/8YSZ eine maximale Abnahme der effektiven Leitfähigkeit um ~ 45 % (relativ) bzw. im Vergleich zu einer nickelfreien Probe sogar um ~ 55 % (absolut). Der Vergleich der Tortuositätskennlininien aus Abbildung A-1 legt nahe, die experimentelle Überprüfung der Leitfähigkeitsänderung für Phasenanteile größer als 60 % durchzuführen, denn in diesem „langweiligen" Bereich weisen alle Kennlinien ähnliche Werte nahe eins auf. Folglich kann die intrinsische Leitfähigkeit für diese Phasenanteile experimentell mit einem kleinen Fehler bestimmt werden.

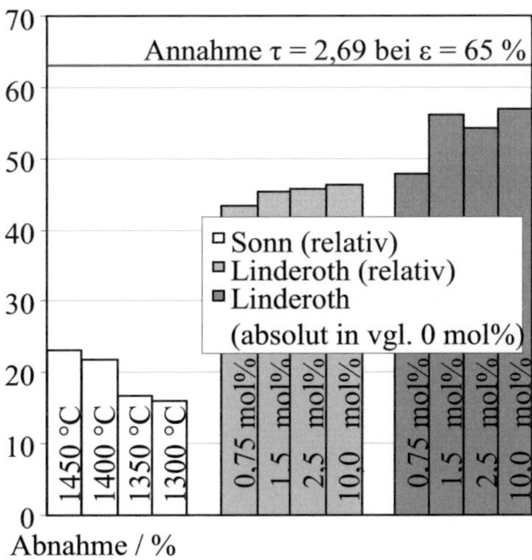

Abbildung A-2: Experimentell beobachtete Abnahme der Leitfähigkeit
Sonn [47] findet je nach Sintertemperatur unterschiedliche relative Änderungen (relativ: Vergleich der Leitfähigkeit einer Probe zu Beginn und am Ende der Messung). Linderoth [142] erhält je nach Nickel-Gehalt unterschiedliche relative bzw. absolute Abnahmen (absolut: Vergleich der Leitfähigkeit einer Probe am Ende der Messung mit der einer nickelfreien Probe).

A.3 Empirische Gleichungen

Grootenhuis, Powell und Tye [54]:

$$\tau = \frac{1-\varepsilon}{1-2,1\cdot\varepsilon} \tag{A.2}$$

Koh und Fortini [53]:

$$\tau = 1+11\cdot\varepsilon^2 \tag{A.3}$$

Aivazov [55]:

$$\tau = 1+n\cdot\varepsilon^2 \tag{A.4}$$

A.4 Geometrische Ansätze

Bruggeman [57] (Theorie der effektiven Medien):

$$\tau = \frac{1}{\sqrt{1-\varepsilon}} \tag{A.5}$$

Deng [58]:

$$\tau = \frac{2}{\pi}\cdot(1-\varepsilon)\cdot(1-q)\cdot\ln\left(\frac{2}{q}-1\right), \text{ mit} \tag{A.6}$$

$$1-\varepsilon = \frac{3}{4}\cdot\pi\cdot\left[\frac{2}{9}-q^2\cdot\left(1-\frac{q}{3}\right)\right]\cdot(1-q)^{-3} \qquad (A.7)$$

Fan [59-61] (für gleichgroße Partikel):

$$\tau = \frac{1}{1-\varepsilon} \qquad (A.8)$$

A.5 Perkolationstheorie

Costamagna [67]:

$$\tau = \frac{(1-\varepsilon)}{\dfrac{\alpha}{(1-n_{\mathrm{c}})^{\gamma_\sigma}}\cdot\left(n(\varepsilon)-n_{\mathrm{c}}\right)^{\gamma_\sigma}}, \text{ mit } \alpha = 0{,}5;\ n_{\mathrm{c}} = 0{,}16 \text{ und } \gamma_\sigma = 2 \qquad (A.9)$$

Nam [72]:

$$\tau = \frac{(1-\varepsilon)}{\left((1-\varepsilon)\cdot P\left(n(\varepsilon)\right)\right)^{\gamma_\sigma}}, \text{ mit } \gamma_\sigma = 2 \qquad (A.10)$$

Zur Berechnung von (A.9) und (A.10) werden die folgenden Gleichungen (A.11) bis (A.13) verwendet. Die Perkolationswahrscheinlichkeit P einer Kugelschüttung von gleichgroßen Kugeln nach Bouvard [69] (Nam [72] verwendet 4,236 und 2,472 anstelle von 4 und 2) lautet:

$$P = \left(1-\left(\frac{4-Z_{\mathrm{ii}}}{2}\right)^{2.5}\right)^{0.4} \qquad (A.11)$$

mit der Koordinationszahl

$$Z_{\mathrm{ii}} = 6\cdot n, \text{ mit } 0 \le n \le 1, \qquad (A.12)$$

wobei für die Besetzung n im Fall sich berührender Kugeln gilt:

$$n = \begin{cases} \dfrac{1-\varepsilon}{1-\varepsilon_{\mathrm{Rest}}} & \text{für } \varepsilon \ge \varepsilon_{\mathrm{Rest}} \\[2mm] 1 & \text{für } \varepsilon < \varepsilon_{\mathrm{Rest}} \end{cases}, \text{ mit } \varepsilon_{\mathrm{Rest}} = 0{,}43. \qquad (A.13)$$

A.6 General Effective Media (GEM)

Für zweiphasige Medien ohne Porosität gilt nach McLachlan [139]:

$$\frac{f\cdot(\sigma_{\mathrm{l}}^{1/t}-\sigma_{\mathrm{m}}^{1/t})}{\sigma_{\mathrm{l}}^{1/t}+\left(\dfrac{f_{\mathrm{c}}}{1-f_{\mathrm{c}}}\right)\cdot\sigma_{\mathrm{m}}^{1/t}}+\frac{(1-f)\cdot(\sigma_{\mathrm{h}}^{1/t}-\sigma_{\mathrm{m}}^{1/t})}{\sigma_{\mathrm{h}}^{1/t}+\left(\dfrac{f_{\mathrm{c}}}{1-f_{\mathrm{c}}}\right)\cdot\sigma_{\mathrm{m}}^{1/t}}=0. \qquad (A.14)$$

σ_{h}: hohe Leitfähigkeit; σ_{l}: niedrige Leitfähigkeit; σ_{m}: effektive Leitfähigkeit; f: Anteil der schlechter leitfähigen Phase; f_{c}: kritischer Anteil, oberhalb dem keine Perkolation der besser leitfähigen Phase mehr vorliegt; t: System abhängiger Parameter (beschreibt Steilheit des Übergangsgebiets). Interessant ist, dass für $\sigma_{\mathrm{m}} = \sigma_{\mathrm{eff}}$; $\sigma_{\mathrm{h}} = \sigma_{\mathrm{bulk}}$; $\sigma_{\mathrm{l}} = 0$ und $f = \varepsilon$ aus Gleichung (A.14)

$$\sigma_{\mathrm{eff}} = \sigma_{\mathrm{bulk}}\cdot\left(1-\frac{\varepsilon}{\varepsilon_{\mathrm{c}}}\right)^{t} \qquad (A.15)$$

und damit ein zu Gleichung (3.4) bzw. (3.8) und (3.9) vergleichbares Ergebnis folgt.

Anhang B   Modelle für Elektroden

In der Literatur finden mehrere Ansätze zur Modellierung von Elektroden Verwendung, welche sich in verschiedene Kategorien einteilen lassen: Dünnfilm- oder Porenmodelle, die Theorie der porösen Elektroden, Random-Resistor-Network-Modelle und Finite-Elemente-Methode Modelle. Es wird nur auf erstere eingegangen, da die beiden letzten bereits in der Arbeit besprochen wurden.

B.1   Dünnfilm- und Poren-Modelle

In der Arbeit von Kenjo [75;76] wird ein Dünnfilm aus Elektrolytmaterial auf dem Elektrodenmaterial betrachtet. Der flächenspezifische Widerstand

$$ASR_{\text{Cat/Ano}} = \sqrt{\rho \cdot k_i} \cdot \coth \sqrt{\frac{l_{\text{Cat/Ano}}^2 \cdot \rho}{k_i}} \tag{B.1}$$

ist eine Funktion der Elektrodendicke $l_{\text{Cat/Ano}}$, und in die Berechnung gehen ein (effektiver) spezifischer Widerstand des Elektrolyten ρ und ein Übertrittsterm k_i ein. Das Modell von Tanner [77] führt zu ähnlichen Ergebnissen. Ein Unterschied zu der Arbeit von Kenjo ist, dass anstelle eines Dünnfilm-Elektrolyten auf dem Elektrodenmaterial eine Pore im Elektrolyten, die mit einem Dünnfilm aus Elektrodenmaterial überzogen ist, betrachtet wird. Dies führt dazu, dass für den Grenzfall einer verschwindenden Porendicke ein anderer Kathodenwiderstand berechnet wird [6].

B.2   Theorie der porösen Elektroden

In der Theorie der porösen Elektroden wird die Mikrostruktur der Elektrode nicht nachgebildet, sondern durch effektive Größen beschrieben. Zu nennen sind beispielsweise die effektive Leitfähigkeit σ_{eff} und die volumenspezifische Oberfläche a bzw. die Dreiphasengrenzlänge l_{tpb}. Die Vorgänge in der Elektrode können beispielsweise mit partiellen Differentialgleichungen [67;78] oder mit Kettenleitermodellen [47;79-82] beschrieben werden. Das Ergebnis, z.B. von [47],

$$ASR_{\text{Cat/Ano}} = \sqrt{z_1 \cdot z_3} \cdot \coth \sqrt{\frac{l_{\text{Cat/Ano}}^2 \cdot z_1}{z_3}} \tag{B.2}$$

gleicht dem für Dünnfilm- bzw. Porenmodelle. Nur werden im Vergleich zu diesen Modellansätzen andere Parameter betrachtet. Anstelle einer festgelegten Geometrie bei den Dünnfilm- und Poren-Modellen, wo teilweise mit gefitteten Parametern gearbeitet werden muss, können Modelle zur Berechnung der effektiven Größen

$$z_1 = \frac{1}{\sigma_{\text{eff}}} \quad \text{und} \quad z_3 = \frac{LSR_{\text{ct}}}{l_{\text{tpb}}} \tag{B.3}$$

verwendet werden oder Messergebnisse einfließen. Beispielsweise können Ergebnisse der Perkolationstheorie verwendet werden, so dass Modelle nach der Theorie der porösen Elektroden die meisten von Sunde [6] aufgelisteten experimentellen Befunde wiedergeben.

Anhang C   Bestimmung der Dreiphasengrenzlänge mit SPIP

Die wichtigste Kenngröße für die Leistungsfähigkeit von LSM-Kathoden ist die Länge der Dreiphasengrenze. Diese ist bei einer einphasigen Elektrode auf die Grenzfläche zwischen der Kathode und dem Elektrolyten beschränkt ist. LSM-Kathoden können durch eine Säurebehandlung vom Elektrolyten abgelöst werden. Abbildung B-1 zeigt eine Rasterelektronenmikroskopaufnahme der Elektrolytoberfläche, nachdem die Kathode abgelöst wurde [8]. Auf der Oberfläche sind helle und dunkle Linien zu sehen. Die dunklen Linien sind die Korngrenzen der Körner, aus denen sich der Elektrolyt zusammensetzt. Die hellen Linien werden von Erhebungen auf der Elektrolytoberfläche verursacht und umranden jeweils Flächen, auf denen ein Kathodenpartikel angesintert war. Die Länge aller hellen Linien ist somit ein Maß für die Dreiphasengrenze, wenn der kleine Anteil der Linien zwischen zwei Kathodenpartikeln vernachlässigt wird.

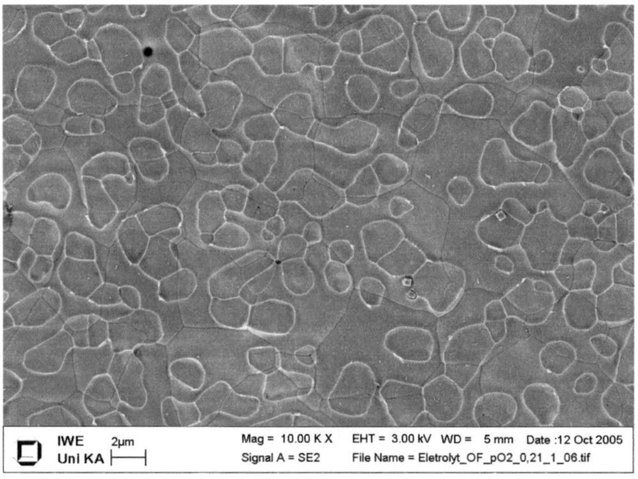

Abbildung B-1: Rasterelektronenmikroskopaufnahme der Grenzfläche zwischen Kathode (LSM) und Elektrolyt (YSZ) nach der Ablösung der Kathode durch eine Säurebehandlung [8].

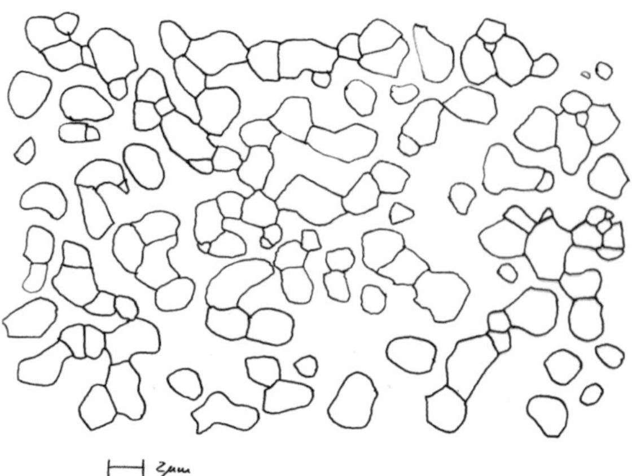

Abbildung B-2: Scan der auf einer Folie nachgezeichneten Umrandungen der abgelösten Kathodenpartikel

Mit Hilfe der Software SPIP® (The Scanning Probe Image Processor, Version 3.0 der Firma Image Metrology A/S, Hørsholm, Dänemark) soll die Länge der Dreiphasengrenze abgeschätzt werden. Dabei ist ein manueller Zwischenschritt hilfreich, um Probleme mit der Detektion der hellen Linien zu vermeiden. Die hellen Linien werden auf einer Folie nachgezeichnet und danach eingescannt. Abbildung B-2 zeigt das entsprechende Resultat. Durch diesen Zwischenschritt reduziert sich der Graustufenumfang der Originalaufnahme auf Schwarz- und Weißwerte, welche sehr einfach mit Hilfe der Threshold-Methode in SPIP separiert werden können. Nachdem die ehemaligen Umrandungen der Kathodenpartikel detektiert wurden, können die einzelnen Kathodenpartikel entsprechend Abbildung B-3 dargestellt werden. Anhand der Darstellung können Fehler in der Detektion erkannt und beispielsweise durch das Zusammenfassen mehrerer Bereiche zu einem Partikel korrigiert werden. Anschließend wird eine Analyse durchgeführt. Als Ergebnis liefert die Software SPIP beispielsweise die Zahl der Partikel und deren mittleren Umfang. Aus diesen Daten und der Größe des Ausschnitts der Oberfläche kann die flächenspezifische Länge der Dreiphasengrenze berechnet werden. Anhand des gezeigten Ausschnitts wurde ein Wert von $1{,}866 \cdot 10^{6} \, \text{m/m}^2$ für die flächenspezifische Dreiphasengrenzlänge an der Grenzfläche zwischen Kathode und Elektrolyt abgeschätzt.

Abbildung B-3: Ergebnis der Detektion der Linien mit der Threshold-Methode in SPIP®

Anhang D 3D-Rekonstruktion der Elektrodenstruktur

Der Fortschritt in der Abbildungstechnik ermöglicht eine 3D-Rekonstruktion der Mikrostruktur von Elektroden aus zweidimensionalen Bilddaten. Für eine solche Rekonstruktion sind planparallele äquidistante Schnittaufnahmen der Mikrostruktur notwendig. Für die nachfolgende Bildverarbeitung und Rekonstruktion sollte der Abstand zwischen zwei Schnitten gleich groß wie die Kantenlänge eines Pixels in den Aufnahmen sein. Um ein ausreichend großes Volumen abbilden zu können, ist eine große Anzahl an Schnitten und Aufnahmen notwendig. Erst durch Geräte, die eine Rasterelektronenstrahleinrichtung (REM) mit einer Ionenstrahleinrichtung (Focused Ion Beam – FIB) kombinieren, kann die Mikrostruktur von Elektroden automatisiert mit dem Elektronenstrahl abgebildet und durch den senkrecht stehenden Ionenstrahl abgetragen werden. Ein solches Gerät steht mit dem Zeiss CrossBeam® (1540 XB) seit Ende 2007 am IWE zur Verfügung.

D.1 Aufnahmeeinstellungen und Probenpräparation

In Abbildung D-1 wird das Funktionsprinzip des Zeiss CrossBeam® (1540 XB) anhand der abzubildenden Probe skizziert und ein Beispiel für die resultierenden Schnittaufnahmen gezeigt. Die Proben werden in das Gerät eingebracht und ein Programmablauf für die Abtragung mit dem Ionenstrahl und die Abbildung mit dem Elektronenstrahl festgelegt. Während des automatisierten Ablaufs können die gewählten Einstellungen für die Abbildung nicht mehr verändert werden. Folglich muss der Bildausschnitt so groß gewählt werden, dass alle Schnittbilder abgebildet werden können. Denn wie in Abbildung D-1 gezeigt wandert der nutzbare Bildbereich während der automatisierten Abbildung von unten (vorne) nach oben (hinten).

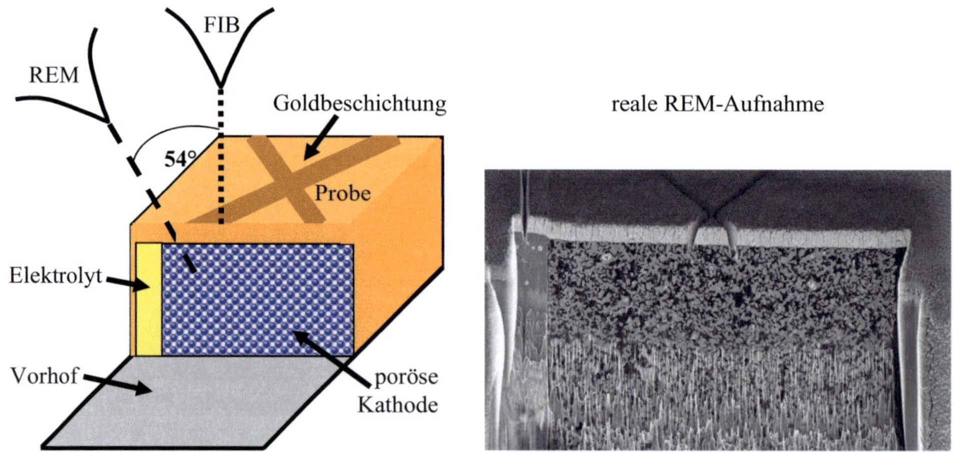

Abbildung D-1: Funktionsprinzip (links) des Zeiss-CrossBeam®-Geräts (1540 XB) und ein Beispiel für die resultierenden Schnittbilder (rechts).

Werden die Erkenntnisse aus der Modellierung auf die Abbildung der Elektrode übertragen, so ist eine quadratische Fläche von mindestens 7x7 Partikeln, aus denen sich die Mikrostruktur zusammensetzt, abzubilden. Zusätzlich sollte ein Teil des Elektrolyten und die komplette Kathodendicke abgebildet werden. Die Probenpräparation wurde dankenswerterweise von Frau Dr. Störmer vom Laboratorium für Elektronenmikroskopie (LEM) übernommen. Die Probe wird mit einem leitfähigen Klebstoff infiltriert, um die Mikrostruktur während der Abtragung zu stabilisieren und eine Aufladung während der Abbildung zu vermeiden. Zudem ist der Kontrast zwischen Material und Klebstoff höher als der zwischen Material und Pore, also tiefer liegenden Materialschichten. Die aufgesputterte Goldschicht vermeidet ebenfalls Aufladungen, dient jedoch zusätzlich als Opferschicht, um Abtragungsartefakte an der Oberkante der eigentlichen Probe zu verhindern.

Aufgrund der Empfehlung von Frau Dr. Störmer wurde die Probe für die automatisierte Bildgenerierung wie in Abbildung D-1 zum Elektronenstrahl und Ionenstrahl orientiert. Diese Orientierung erlaubt das Abtragen und die Abbildung ohne einen Positionswechsel der Probe. Zudem ist der Vorteil, dass nur eine Tiefe von etwa 10 µm anstelle der gesamten Elektrodendicke von ~ 50 µm abgetragen werden muss. Die Einkerbungen, das Kreuz und die Linie in der Opferschicht, wurden vor Beginn des Programmablaufs mit dem Ionenstrahl erzeugt. Diese dienen dazu, die automatisch aufgenommenen Schnittbilder zueinander orientieren zu können und aus dem Abstand der sich kreuzenden Markierungen den Bildabstand kontrollieren zu können.

Bei der Auflösung der Schnittbilder muss, je nach zur Verfügung stehender Zeit für den gesamten automatisierten Ablauf, ein Kompromiss zwischen der Abtragungszeit und der Aufnahmezeit pro Schnittbild gefunden werden. Zur ausreichend genauen Abbildung der Mikrostruktur einer Elektrode, die aus µm-skaligen Partikeln hergestellt wurde, ist eine Pixelgröße und somit ein Schnittabstand von etwa 30 nm ausreichend. Mit diesen Einstellungen wurden die ersten automatisierten Aufnahmen dieser Art am IWE durchgeführt.

D.2　　Vorverarbeitung der Bilddaten

Wie bereits beschrieben ist das interessierende Schnittbild nur ein Teil des gesamten abgebildeten Bereichs und wandert während des automatisierten Ablaufs wie in Abbildung D-2 gezeigt von unten (vorne) nach oben (hinten). Aus den gewonnenen Bilddaten müssen also vor der eigentlichen Rekonstruktion der Mikrostruktur die Schnittbilder extrahiert werden.

a) Originalaufnahmen mit markierten nutzbaren Bildbereichen

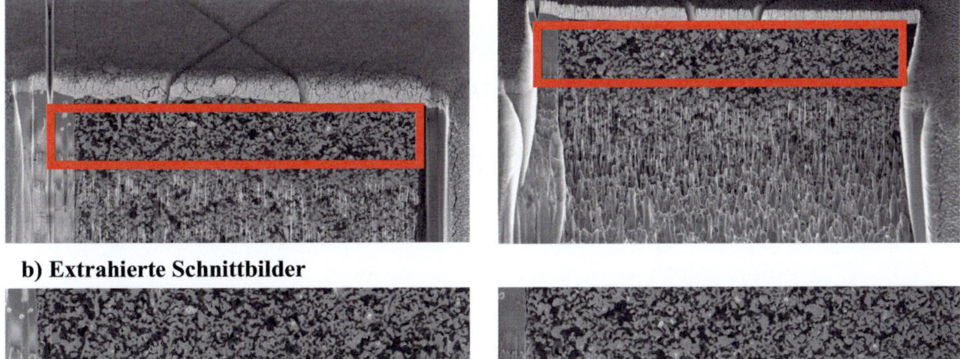

b) Extrahierte Schnittbilder

Abbildung D-2: Beispiel zweier REM-Aufnahmen bei einer automatisierten Abbildung mit dem Zeiss-CrossBeam®-Gerät (1540 XB). Der markierte nutzbare Bildbereich, der Schnitt durch die Probe, wandert von unten (vorne) nach oben (hinten) und muss aus den jeweiligen Bildern extrahiert werden.

Zur Extraktion der Schnittbilder aus den Bilddaten ist eine möglichst automatisierte Verarbeitung erforderlich, da insgesamt mehrere hundert Bilder vorliegen. Im Rahmen der Diplomarbeit von Jochen Joos [91] wurde die Software IrfanView verwendet, welche über Batchfiles automatisiert werden kann. Operationen wie Zuschneiden oder Rotieren können für einzelne Bilder oder ein gesamtes Verzeichnis angegeben werden. So können die interessierenden Bildbereiche relativ einfach grob ausgeschnitten werden.

Wünschenswert wäre ein automatisches, pixelgenaues Ausrichten der einzelnen Bilder zueinander, da zwischen den Schnittbildern jeweils ein Versatz im Bereich weniger Pixel auftreten kann. Leider stellt IrfanView keine entsprechende Funktionalität zur Verfügung. Nachdem alle Schnittbilder ohne Versatz zueinander ausgerichtet worden sind, müsste der gemeinsame Bereich aller Bilder gefunden und zugeschnitten werden. Als Lösungsmöglichkeit für die Bestimmung des möglichen Versatzes zwischen den Schnittbildern wäre beispielsweise eine Analyse in Matlab denkbar. Im Rahmen der Diplomarbeit von Jochen Joos wurde aufgrund von Zeitgründen auf den Ausgleich des Versatzes verzichtet.

D.3   3D-Rekonstruktion

Nach der Vorverarbeitung und der Extraktion der Schnittbilder aus den Bilddaten kann die Mikrostruktur rekonstruiert werden. Dazu werden die Schnittbilder in eine entsprechende Software[32], wie beispielsweise Mimics, Simpleware oder Amira, geladen. Die einzelnen Schnittbilder werden hintereinandergelegt und es entsteht eine 3D-Darstellung des Volumens der Elektrode. Entsprechend der Pixel in Bildern wird das Volumen durch Voxel (**vo**lumetric pi**xel**) zusammengesetzt. Im nächsten Schritt erfolgt eine Segmentierung des Volumens. Mit Hilfe verschiedener Operationen wird für jedes Voxel entschieden, zu welchem Material (Elektrolyt oder Kathode) es gehört oder ob es Teil einer Pore ist. Nach der Segmentierung liegt schließlich die Mikrostruktur der Elektrode vor und kann für weiterführende Arbeiten verwendet werden.

---

[32] Die Software Mimics steht über das Rechenzentrum der Universität Karlsruhe zur Verfügung. Simpleware und Amira wurden jeweils als Testversion verwendet.

Anhang E   FEM-Mikrostrukturmodell

Im Laufe der Dissertation wurde das sogenannte FEM-Mikrostrukturmodell zur Berechnung des flächenspezifischen Widerstands von Elektroden in Abhängigkeit von den Materialeigenschaften und der Mikrostruktur entwickelt. Das FEM-Mikrostrukturmodell besteht aus 4 Teilen, welche Teilschritte des verwendeten Finite-Elemente-Methode-Programms COMSOL Multiphysics® widerspiegeln:
1. Geometrieerstellung
2. Generierung des Rechengitters
3. Festlegung zufälliger Materialverteilungen
   (entsprechend welcher die Gleichungen und Randbedingungen angesetzt werden)
4. Berechnung der Lösung

Die Aufteilung in die Teilschritte erlaubt zum einen die zur Simulation notwendige Zeit deutlich zu verkürzen (Laden des Rechengitters) und zum anderen eine Zuordnung der berechneten Ergebnisse zu den zufällig generierten Materialverteilungen (Laden der Materialverteilung). Im Folgenden wird erläutert, wie die Berechnung mit Hilfe von Materialverteilungsmatrizen implementiert werden kann. Dann werden die Struktur des Codes und die Modellparameter in Tabellenform angegeben. Zum Schluss wird auf Lizenz und Hardwarefragestellungen eingegangen.

E.1   Materialverteilung und Berechnung

E.1.1 Materialverteilungsmatrix

Die Mikrostruktur der Elektrode wird im FEM-Mikrostrukturmodell durch gleichgroße, symmetrisch angeordnete Kuben repräsentiert. Wie das Volumen der jeweiligen Kuben ausgefüllt ist, wird kompakt in Form einer Matrix verwaltet und kann gespeichert werden. Ein zweidimensionales Beispiel für eine Materialverteilungsmatrix und das zugehörige Simulationsergebnis wird in Abbildung E-1 gezeigt. Zu sehen ist eine Elektrodenoberfläche (5), die teilweise durch eine Kontaktierung (7) bedeckt ist. Unterhalb der Kontaktierung resultiert eine geringere Stromdichte, da kein Austausch durch die Kontaktierung mit der Gasphase erfolgen kann, während höhere Stromdichten unterhalb der freien Elektrodenoberfläche zu sehen sind. Die Erhöhung der Stromdichte an den Rändern der Kontaktierung wird durch die in diesem Fall geringen Querleitungsverluste verursacht. Die Verwendung von Kuben erlaubt also eine sehr flexible Beschreibung der Geometrie.

Tabelle E-1: Zuordnung Einträge Materialverteilungsmatrix und Kubentypen

Zahl	Typ
2	Elektrolytmaterial (ionisch leitfähiger Kubus)
3	Elektrodenmaterial (elektronisch oder gemischt leitfähiger Kubus)
5	Pore (poröser Kubus)
7	Elektrolytmaterial
11	Stromsammler/Gasverteiler

Innerhalb des FEM-Mikrostrukturmodells wird zwischen fünf unterschiedlichen Typen an Kuben unterschieden. Jeder Typ bekommt eindeutig eine Zahl zugeordnet. Die Verwendung von Primzahlen ist vorteilhaft, da so das Produkt die einfache und eindeutige Bestimmung der Randbedingung zwischen zwei Kuben erlaubt. Im FEM-Mikrostrukturmodell werden die in

Tabelle E-1 aufgeführten Typen unterschieden. Die gespeicherten Materialverteilungs-matrizen beinhalten nur die drei ersten Typen, da sich der Elektrolyt und der Stromsammler/Gasverteiler immer unter- bzw. oberhalb des Elektrodenvolumens befinden (vgl. Abbildung 26).

Die Materialverteilungen wurden für fast alle numerischen Berechnungen über einen Zufalls-zahlengenerator erzeugt. Dabei werden die Volumenanteile von Poren, Elektrolytmaterial und Elektrodenmaterial berücksichtigt, und jeder Kubus hat die gleichen Wahrscheinlichkeiten für die drei Typen. Jedoch können auch spezielle Materialverteilungen erzeugt und zur Berechnung verwendet werden, wie an dem Beispiel in Abbildung E-1 und an den Ergebnissen zu strukturierten Elektrolytoberflächen zu sehen ist [112].

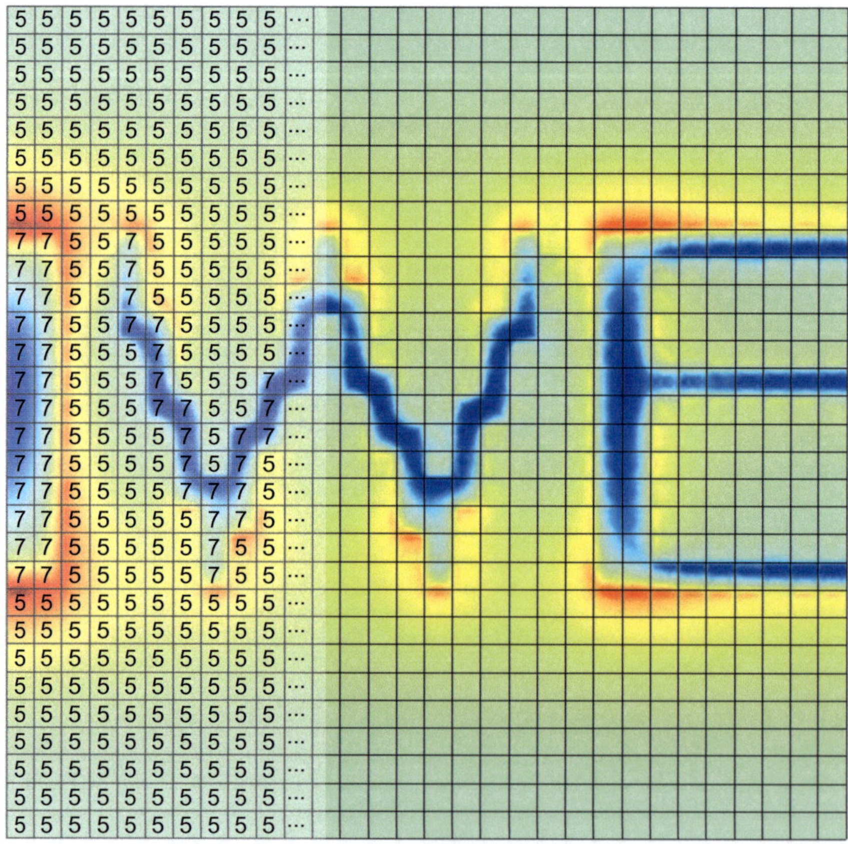

Abbildung E-1: Materialverteilungsmatrix und FEM-Mikrostrukturmodell
Beispiel für den Zusammenhang zwischen der Geometrie eines COMSOL-Multiphysics®-Modells und der Bele-gung einer Matrix, in der die Materialverteilung gespeichert wird. Dargestellt ist die mit dem Querleitungs-modell berechnete Stromdichte unterhalb der Oberfläche einer dichten gemischtleitenden Schicht. Die Ober-fläche ist meist frei (5), wird aber zu einem kleinen Teil durch einen elektrischen Kontakt (7) verdeckt.

E.1.2 Gleichungen und Randbedingungen

Für alle Gebiete und Ränder in der Geometrie des FEM-Mikrostrukturmodells müssen die jeweiligen Gleichungen und Randbedingungen angesetzt werden, bevor die Berechnung erfolgen kann. Ein 7x7x40-Modell enthält inklusive Elektrolyt und Stromsammler/Gasverteiler 1962 Gebiete und 6499 Ränder. Daher ist es für eine effektive Berechnung vieler unterschiedlicher Materialverteilungen unerlässlich, die Gleichungen und Randbedingungen in der Geometrie automatisch ansetzen zu können. Wie dies umgesetzt werden kann, ist weder Gegenstand der Dokumentation von COMSOL Multiphysics® noch innerhalb der graphischen Benutzeroberfläche möglich.

Die Gebiete und Ränder werden intern nach einem feststehenden, unbekannten Schema durchnummeriert. Für jedes Gebiet bzw. jeden Rand wird in einer Liste die jeweilige Zuordnung zu einer Gleichung bzw. Randbedingung aus einem gewissen Pool festgelegt. Im FEM-Mikrostrukturmodell für gemischtleitende Kathoden wird beispielsweise mit einem Pool von 9 (2+2+2+3) verschiedenen Gleichungen bzw. 13 (4+5+4+4) verschiedenen Randbedingungen gearbeitet. Also könnte beispielsweise in Gebiet eins Gleichung drei gelten. Es genügt nicht, für eine Geometrie die Nummerierung zu ermitteln, da mit vielen unterschiedlichen Geometrien gearbeitet wird. Zudem kann sich die Nummerierung für scheinbar dieselbe Geometrie ändern, falls eine Länge im Modell variabel gehalten und geändert wird. Die Herausforderung ist also, die Zuordnungen zwischen den Gebieten und der Nummerierung sowie den Gebieten und dem entsprechenden Eintrag der Materialverteilungsmatrix zu ermitteln. Beispielsweise ist Gebiet 8 der Kubus in der vorderen Ecke der siebten Lage oberhalb des Elektrolyten eines 7x7x40-Modells und könnte mit gemischtleitendem Material belegt sein.

Die automatisierte Zuordnung konnte durch eigene Funktionen ermöglicht werden. Im Prinzip wird vorab für jedes Gebiet, beginnend vom ersten bis zum letzten, anhand der begrenzenden Ecken die Mittelpunktskoordinate bestimmt. Mit Hilfe der Mittelpunktskoordinate kann der passende Eintrag aus der Materialverteilungsmatrix in eine Analyseliste für die Geometrie übernommen werden. Bei der Zuordnung der Gebiete zu den Gleichungen und der Ränder zu den Randbedingungen wird auf die Analyseliste zurückgegriffen. Die Zuordnung der Gebiete zu den Gleichungen erfolgt direkt anhand des jeweiligen Eintrags in der Liste. Bei der Zuordnung der Ränder zu den Randbedingungen müssen für jeden Rand zunächst die zwei zugehörigen Gebiete ermittelt werden. Anhand des Produkts der beiden Gebietstypen wird dann entschieden, welche Randbedingung angesetzt werden muss. Hierbei ist zu beachten, dass der außerhalb des Modells liegende Raum nach einem Shift um minus eins die Nummer Null aufweist. Für dieses Gebiet gibt es keinen Eintrag in der Analyseliste. Ein solcher wird auch nicht benötigt, da alle außen liegenden Ränder des FEM-Mikrostrukturmodells Isolation als Randbedingung zugewiesen bekommen.

E.1.3 Durchführung von Berechnungen

Die Berechnungen mit dem FEM-Mikrostrukturmodell können nicht mit der grafischen Benutzeroberfläche (GUI) von COMSOL Multiphysics® allein durchgeführt werden, da verschiedene selbst entwickelte Funktionen verwendet werden. Prinzipiell könnte die Berechnung von der COMSOL-Script®- oder Matlab®-Kommandozeile aus erfolgen. Jedoch zeigten sich, wenn mehrere aufeinanderfolgende Berechnungen durchgeführt wurden, bei früheren Versionen Probleme, welche erst durch einen Neustart des Programms behoben werden konnten. Eine viel bessere Alternative stellt die Verwendung der Batch-Funktionalität von COMSOL Multiphysics® dar. In einem Batchfile können mehrere Aufrufe der Batch-Funktionalität, mit unterschiedlichen Parametersätzen, hintereinander ausgeführt werden. Dadurch werden die oben angedeuteten Probleme vermieden.

Die Batch-Funktionalität wird unter Übergabe eines Parameterstrings aufgerufen. In diesem String werden zweckmäßigerweise der Pfad und der Name des auszuführenden Skripts übergeben. Zusätzlich können alle weiteren Parameter übergeben werden, welche bei den jeweiligen Berechnungen variiert werden. Während des Batch-Vorgangs wird nur die wirklich notwendige Funktionalität geladen und auf eine grafische Ausgabe weitestgehend verzichtet, wodurch die Berechnungen viel effizienter ablaufen. Zudem wurde beim FEM-Mikrostrukturmodell während des Batch-Vorgangs keine Interaktivität vorgesehen, welche zu Unterbrechungen führen könnte.

Abschließend wird auf das Postprocessing des FEM-Mikrostrukturmodells eingegangen, welches ebenfalls vollständig automatisiert werden konnte. Die Berechnungsergebnisse, der flächenspezifische Elektrodenwiderstand und die Stromdichten innerhalb der Elektrodenstruktur werden als ASCII-Files gespeichert. Die Ergebnisse für unterschiedliche Materialverteilungen zu einem Parametersatz werden in dieselbe Datei geschrieben. Die Dateien zu unterschielichen Parametersätzen werden automatisch in einer konfigurierbaren Verzeichnisstruktur abgelegt. Prinzipiell könnte das gesamte Berechnungsergebnis gespeichert werden. Darauf wird jedoch verzichtet, da der Speicherplatzbedarf zu groß wäre. Stattdessen wurden alle Skripte und Einstellungen der jeweiligen Berechnungen gespeichert. Folglich können die Berechnungsergebnisse einfach reproduziert werden.

E.2   Struktur des Code

Die Implementierung des FEM-Mikrostrukturmodells in COMSOL Multiphysics® ermöglicht die Finite-Elemente-Simulation mit Hilfe von Skripten und Funktionen nahezu vollständig zu automatisieren. Die Syntax entspricht der von Matlab, da COMSOL Multiphysics® ursprünglich, unter dem Namen FEMLAB, als eine Toolbox für Matlab entwickelt wurde. Mittlerweile ist COMSOL Multiphysics® ein eigenständiges Programm, welches auch einen mit Matlab vergleichbaren Skriptinterpreter besitzt. Matlab kann jedoch immer noch verwendet werden, um eine COMSOL-Berechnung zu steuern. Dies ist für die Code-Entwicklung hilfreich, da die in Matlab verfügbaren Tools (Editor, Debugger,…) ausgereifter sind.

Die Berechnung des FEM-Mikrostrukturmodells könnte direkt in Matlab oder dem COMSOL-Skriptinterpreter ablaufen. Bei älteren Versionen von COMSOL Multiphysics® traten nach einigen Berechnungen Fehler in Zusammenhang mit dem verfügbaren Hauptspeicher auf und es konnten keine neuen Berechnungen mehr durchgeführt werden. Nach einem Neustart konnten die Berechnungen dann wieder aufgenommen werden. Dieses Problem kann durch die Verwendung von „comsolbatch" gelöst werden. In einem Batchfile wird comsolbatch aufgerufen und bekommt einen String übergeben. Dieser String kann mehrere Kommandos enthalten, die dann ausgeführt werden. Innerhalb des Batchfiles kann dann comsolbatch mehrmals sequentiell aufgerufen werden (CALL) und dadurch wird das Problem der fehlerhaften Berechnungen behoben. Zusätzlich laufen die Simulationen mit „comsolbatch" schneller ab, da nur notwendige COMSOL-Multiphysics®-Teile geladen werden, kaum grafische Ausgaben erfolgen und keine (kaum) interaktiven Möglichkeiten vorgesehen sind.

Das FEM-Mikrostrukturmodell setzt sich aus 21 Dateien zusammen, die in Tabelle E-2 in der Reihenfolge, in der diese bearbeitet werden, aufgeführt sind. Bis auf das Batchfile zum Aufruf von „comsolbatch" sind alle Dateien entweder Matlab-Funktionen oder -Skripte. In der letzten Spalte ist eine Kurzbeschreibung der Aufgabe der jeweiligen Datei.

Tabelle E-2: Batch-Dateien, Skripte und Funktionen des FEM-Mikrostrukturmodells

Name	Typ	Beschreibung
automatisierung_bat_	Batchfile	Ruft „comsolbatch" auf und übergibt die bei diesen Simulationen variierten Parameter.
automatisierung_link_	Skript	„comsolbatch" bearbeitet dieses Skript, dort wird der Pfad des Codes definiert und in dieses Verzeichnis gewechselt.
automatisierung_skript_	Skript	Enthält alle bei diesen Simulationen nicht variierten Parameter. Hier werden mit Hilfe von Schleifen mehrere Simulationen zusammengefasst.
cube_model	Funktion	Diese Funktion bekommt alle zur Berechnung eines flächenspezifischen Widerstandes notwendigen Daten übergeben. Die Parameter werden im nächsten Abschnitt näher erläutert.
store_path_var	Funktion	Die Ergebnisse der Simulation müssen in verschiedenen Verzeichnissen und Unterverzeichnissen abgelegt, da die Namen der Dateien, in denen die Ergebnisse gespeichert werden, festliegen und zu den Ergebnissen keine Parameter mitgespeichert werden. Um die teils komplexe Verzeichnisstruktur nicht manuell anlegen zu müssen, wird der Pfad in einen „Root"-Pfad und einen variablen Pfad unterteilt. Der variable Pfad wird durch diese Funktion falls notwendig generiert.
conductivity	Funktion	Leitfähigkeiten werden hier mit Hilfe von Funktionen für verschiedene Materialien berechnet
MIEC_material_constants	Skript	In diesem Skript sind für LSCF und LSC die Materialparameter k^δ, D^δ und $c_{O^{2-},eq}$ für Temperaturen von 600 bis 800 °C in 50-K-Schritten hinterlegt.
geometry_analysis	Funktion	Die Materialverteilung ist in der Matrix A gespeichert. Hier wird die Zuordnung zwischen der Matrix A und den durchnummerierten Subdomains (Kuben) in dem geladenen Mesh hergestellt.
cube_model_constants	Skript	Ordnet die Werte der in der Simulation verwendeten konstanten Parameter zu.
appl_di_MIEC_bnd	Funktion	Legt die Randbedingungen für die Boundaries (ebenfalls durchnummeriert) der Bulk-Diffusion fest.
appl_di_MIEC_equ	Funktion	Legt fest, in welchen Subdomains die Bulk-Diffusion (nur im MIEC-Material) berechnet wird.
appl_dc_electrolyte_bnd	Funktion	Legt die Randbedingungen für die Boundaries der ionischen Leitung fest.
appl_dc_electrolyte_equ	Funktion	Legt fest, in welchen Subdomains die ionische Leitung (nur im Elektrolyt-Material) berechnet wird.
appl_dc_MIEC_bnd	Funktion	Legt die Randbedingungen für die Boundaries der elektronischen Leitung fest.
appl_dc_MIEC_equ	Funktion	Legt fest, in welchen Subdomains die elektronische Leitung (im MIEC-Material, Stromsammler/Gasverteiler) berechnet wird.
appl_g_pore_bnd	Funktion	Legt die Randbedingungen für die Boundaries der Gas-Diffusion fest.
appl_g_pore_equ	Funktion	Legt fest, in welchen Subdomains die Gas-Diffusion (in den Poren, Stromsammler/Gasverteiler) berechnet wird.
appl_g_pore_equ_bnd	Funktion	Muss generiert werden, Verwendung ist jedoch unklar.
equ_ind_gen	Funktion	Ordnet jeder Subdomain zu, welche Subdomainexpressions verwendet werden (Ineffektiv programmiert, da jede Subdomain eine eigene Expression bekommt).
equ_expr_gen	Funktion	Erzeugt für jede Subdomain die passenden Subdomainexpressions.
penetration_depth	Funktion	Berechnet die mittleren Stromdichten (im Elektrolyt- und MIEC-Material sowie in den Poren) in allen Schnittebenen parallel zur Kathoden/Elektrolyt-Grenzfläche durch die Mitte der Kubenlagen des FEM-Mikrostrukturmodells. Teilchenströme werden dabei in äquivalente elektrische Ströme umgerechnet.

E.3   Modellparameter

Die Berechnung des flächenspezifischen Widerstands erfolgt durch die Funktion „cube_model". In Tabelle E-3 sind alle Parameter in der Reihenfolge angegeben, wie diese beim Aufruf der Funktion übergeben werden müssen. Die Parameter können in vier verschiedene Kategorien unterschieden werden: Betriebsbedingungen, Materialeigenschaften, Geometrie und Kontroll-Parameter.

Die Kontrollparameter steuern den Simulationsablauf. Mit Hilfe der flags kann festgelegt werden, ob während der Berechnung der jeweilige Vorgang mitberücksichtigt werden soll (Übergabewert = 1) oder nicht (= 0). So lassen sich die ionische Leitung im Elektrolyten, die elektronische Leitung im gemischtleitenden Kathodenmaterial und die Gasdiffusion in den Poren an- und abschalten. Dies kann ausgenutzt werden, um den Einfluss des Vorgangs zu untersuchen und, falls dieser gering ist, Rechenzeit einzusparen.

Das Ergebnis der Berechnung wird gleich abgespeichert. Eine Berechnung erfolgt zwar im Minutenbereich (im Mittel 1 – 3 Min.), aber die gesamten für ein Diagramm notwendigen Berechnungen benötigen zum Teil mehrere Tage. Während dieser Zeit können Berechnungen aus unterschiedlichsten Gründen ausfallen: Lizenz-Probleme (Lizenzserver nicht funktionsfähig/erreichbar), Netzwerkprobleme (Daten könne nicht abgespeichert werden), Berechnungsprobleme (Hauptspeicher fragmentiert, keine weitere Berechnung möglich), Rechnerausfall (Strom, Überhitzung, Bedienfehler) und andere. Tritt ein Problem auf, können die Berechungen fortgesetzt werden und müssen nicht neu begonnen werden. Der Index wird zur Kennzeichnung der Geometrie verwendet, für welche die Berechnung erfolgt. Dies erlaubt die Zuordnung der Ergebnisse zu den abgespeicherten Materialverteilungen.

Die Geometrie wird durch die Matrix A festgelegt. Diese beinhaltet für jeden Kubus des Modells, mit welchem Material, Elektrolyt oder gemischtleitende Kathode, er gefüllt ist oder ob er zu einer Pore gehört. Zur Berechnung des flächenspezifischen Widerstands der Kathode müssen die Elektrolytdicke und die berücksichtigte Fläche bekannt sein. Die Fläche wird aus der Größe der Matrix A und der Kantenlänge der Kuben abgeleitet.

Die Materialeigenschaften von gemischtleitender Kathode und Elektrolyt sind zur Berechnung notwendig. Die temperaturabhängige ionische Leitfähigkeit des Elektrolyten ist im FEM-Mikrostrukturmodell als Funktion für verschiedene Elektrolytmaterialien temperaturabhängig hinterlegt. Deshalb muss beim Aufruf nur der zu modellierende Elektrolyttyp übergeben werden. Für die gemischtleitende Kathode wird ebenfalls der Materialtyp übergeben, allerdings sind nur für LSCF und LSC Werte hinterlegt. Falls der Materialtyp nicht bekannt ist, werden die übergebenen Parameter für den Austauschkoeffizienten, den chemischen Diffusionskoeffizienten, die Sauerstoffionenkonzentration und die elektronische Leitfähigkeit zur Berechnung verwendet. Der Ladungstransferwiderstand beschreibt die Verluste beim Wechsel vom gemischtleitenden Kathodenmaterial in den Elektrolyten. Sowohl die Geometrie als auch die Materialeigenschaften bestimmen das berechnete Ergebnis.

Die Betriebsbedingungen Temperatur, Gesamtdruck und Sauerstoffpartialdruck beeinflussen die Materialeigenschaften. Die hinterlegten Werte für das gemischtleitende Kathodenmaterial wurden für einen Gesamtdruck von 1 bar und einen Sauerstoffpartialdruck von 0,21 bar für Temperaturen zwischen 600 und 800 °C in 50-K-Schritten ermittelt. Der Sauerstoffpartialdruck auf der Anodenseite hat hingegen kaum einen Einfluss.

Tabelle E-3: Parameter, die in die Berechnung des flächenspezifischen Widerstands einer gemischtleitenden Kathode durch das FEM-Mikrostrukturmodell eingehen

parameter	unit	description	
T	[°C]	temperature	Betriebsbedingungen
eta_model	[V]	model loss voltage	
p	[N/m²]	gas pressure	
p_GC	[]	oxygen partial pressure (cathode side)	
p_CE	[]	oxygen partial pressure (anode side)	
Mat_el	[]	electrolyte material type	Materialeigenschaften
Mat_MIEC	[]	MIEC material type	
ASR_ct	[Ohm m²]	charge transfer resistance	
sigma_MIEC	[S/m]	electronic conductivity of the MIEC material	
k_O	[m/s]	exchange coefficient	
D_O	[m²/s]	bulk diffusion coefficient	
c_O	[mol/m³]	oxygen ion concentration	
_g	[mol/m³]	slope	
_y	[mol/m³]	abscissa	
A	[]	contains material distribution	Geometrie
length_cu	[m]	edge length of cubes	
length_el	[m]	height of electrolyte	
fem	[]	fem-struct with geometry and mesh	
PathProgram	[]	path where program is saved	Kontroll-Parameter
PathDestRoot	[]	root path where shall be stored	
PathDestVar	[]	variable path where shall be stored	
index	[]	number for filename	
flag_el	[]	flag: ionic conductivity in electrolyte	
flag_MIEC	[]	flag: electronic conductivity in MIEC	
flag_GD	[]	flag: gas diffusion in pore	

E.4   Lizenz und Hardware-Fragestellungen

Die Lizenzen für COMSOL Multiphysics® werden über einen Lizenzserver vom Rechenzentrum der Universität Karlsruhe (TH) bereitgestellt. Dieser stellt campusweit eine kleine Zahl an Grundmodulen und Erweiterungen (Application Modes) zur Verfügung. Prinzipiell muss eine Verbindung zum Lizenzserver bestehen, während die Software verwendet wird. Soll die Lizenz extern verwendet werden, kann, wenn ein Internetzugang besteht, mit dem CISCO VPN-Client[33] eine Verbindung ins Uni-Netz aufgebaut werden, über die der Lizenzserver erreichbar ist. Es kann jedoch vorkommen, dass die Software ohne Verbindung zum Lizenzserver genutzt werden muss. In diesem Fall können die benötigten Lizenzen für einen Zeitraum von maximal 7 Tagen ausgeliehen werden. Während eines mehrstündigen Batch-Vorgangs empfiehlt es sich die Lizenzen auszuleihen, da es vorkommen kann, dass der (instabile) Lizenzserver nicht mehr erreichbar ist oder dass während der Laufzeit alle Lizenzen anderweitig verliehen werden.

Bei Rechnern mit mehreren und/oder Multicore-Prozessoren ist interessant, dass mehrere Batch-Vorgänge parallel gestartet werden können. Zwar sind ein paar Funktionen von COMSOL Multiphysics® bereits parallelisiert, doch der Geschwindigkeitsgewinn zahlt sich

---

[33] Mit einem Windows Vista 64bit-Betriebssystem kann nur der Juniper Network Connect verwendet werden, über welchen die Erreichbarkeit des Lizenzservers rzlic4 aus organisatorischen Gründen nicht geklärt ist.

im Vergleich zu einem zusätzlichen Batch-Vorgang nicht aus. Bei der Anzahl der gestarteten Batch-Vorgänge muss darauf geachtet werden, dass für jeden Vorgang genügend Hauptspeicher zur Verfügung steht. Wird der Rechner „iwes022" mit zwei Quad-Core-Prozessoren und 16 GB Hauptspeicher verwendet, können sechs Batch-Vorgänge sinnvoll genutzt werden. Dazu können die Vorgänge auf 1 oder 2 Kerne beschränkt werden. Möglicherweise können die IDs der durch den Vorgang zu nutzenden Kerne beim Start festgelegt werden. Die Festlegung erfolgt hier jedoch manuell über den Task-Manager. Für jeweils drei Vorgänge werden je ein separater und ein gemeinsamer Kern aktiviert.

Die Verwendung mehrerer Batch-Vorgänge auf einem Rechner ist der Verwendung von mehreren Rechnern vorzuziehen, da so nur eine einzige Lizenz für alle Batch-Vorgänge benötigt wird. Allerdings ist die Anzahl der notwendigen Lizenzen nicht nur von der Zahl der eingesetzten Rechner, sondern auch von der Zahl der Nutzer abhängig. Für den Produktionsbetrieb für mehrere Nutzer auf einem Rechner empfiehlt sich daher die Verwendung eines gemeinsamen Accounts.

Anhang F   Gleichungen

F.1   Berechnung des anodenseitigen Sauerstoffpartialdrucks

In die Berechnung der Zellspannung mit Hilfe der Nernstspannung nach Gleichung (2.1) geht der anodenseitige Sauerstoffpartialdruck ein. In der Messung kann dieser jedoch nicht direkt eingestellt werden, sondern muss aus der anodenseitigen Gaszusammensetzung (Wasserstoff und Wasserdampf) berechnet werden. Hier bieten sich zwei Ansätze unter der Annahme, dass sich die Gaszusammensetzung im thermodynamischen Gleichgewicht befindet, über die freie Reaktionsenthalpie oder über das Massenwirkungsgesetz an. Die Annahme ist (vermutlich) auch unter Last gewährleistet, denn die Reaktionskinetik der Sauerstoff-Wasserstoffreaktion ist sehr schnell. Im Gleichgewicht muss die freie Reaktionsenthalpie

$$\Delta G = \Delta G_0 + RT \ln\left(\frac{p_{H_2O,Ano}}{p_{H_2,Ano} \cdot \sqrt{p_{O_2,Cat}}}\right) \overset{!}{=} 0 \tag{F.1}$$

gleich Null werden. Alternativ kann das Massenwirkungsgesetz angewendet werden, für die Reaktion

$$H_2 + \frac{1}{2}O_2 \rightleftharpoons H_2O \tag{F.2}$$

kann die Gleichgewichtskonstante mit

$$K_p(T) = \frac{\dfrac{p_{H_2O,Ano}}{1\,atm}}{\dfrac{p_{H_2,Ano}}{1\,atm} \cdot \sqrt{\dfrac{p_{O_2,Cat}}{1\,atm}}} \tag{F.3}$$

bestimmt werden. Aus den Gleichungen (F.1) und (F.3) kann der Zusammenhang

$$K_p(T) = \exp\left(-\frac{\Delta G_0}{RT}\right) \tag{F.4}$$

hergeleitet werden. Ist die freie Reaktionsenthalpie ΔG_0 oder die Gleichgewichtskonstante K_p bekannt, dann kann der anodenseitige Sauerstoffpartialdruck

$$p_{O_2,Ano} = \left(\frac{p_{H_2O,Ano}}{p_{H_2,Ano} \cdot K_p(T)}\right)^2 \tag{F.5}$$

bestimmt werden. Am IWE werden die Formeln

$$\Delta G_0 = -239694\,\frac{J}{mol} + 18,76\,\frac{J}{mol} \cdot \log\left(\frac{T}{1K}\right) \cdot \frac{T}{1K} - 9,25\,\frac{J}{mol} \cdot \frac{T}{1K} \tag{F.6}$$

$$K_p(T) = 10^{-2,958 + \frac{13022K}{T}} \tag{F.7}$$

verwendet.

Anhang G Parameter

G.1 Gemischtleitende Materialien

In die Berechnungen im Rahmen dieser Dissertation gehen die in Tabelle 5 und in Abschnitt G.1.2 angegebenen materialspezifischen Parameter der gemischtleitenden Materialien ein. Der Wunsch, mit den Gleichungen (3.34) und (3.36) aus Messdaten für LSCF auf die k^δ- und D^δ-Werte zurückzurechnen, führte zur Bestimmung der Gleichungen in Abschnitt G.1.3.

G.1.1 Sauerstoffionenkonzentration

Die in Tabelle 5 angegebenen Werte g_{LSCF} und y_{LSCF} zur Berechnung der Sauerstoffionen-konzentration für LSCF bei 800 °C entsprechen dem in dieser Arbeit verwendeten Kenntnis-stand. Zukünftig sollten $g_{LSCF} = 976$ mol/m³ und $y_{LSCF} = 83888$ mol/m³ verwendet werden.

G.1.2 k^δ und D^δ

Tabelle G-1: Austauschkoeffizient k^δ und Festkörperdiffusionskoeffizient D^δ (Simulation)
Materialparameter gelten für die angegebenen Temperaturen in Luft.

	LSCF		LSC		BSCF	
T / °C	$\log(k^\delta$ / m/s)	$\log(D^\delta$ / m²/s)	$\log(k^\delta$ / m/s)	$\log(D^\delta$ / m²/s)	$\log(k^\delta$ / m/s)	$\log(D^\delta$ / m²/s)
600	- 6,3000	- 10,7000	- 5,7000	- 10,6000	- 5,8317	- 9,3089
650	- 5,6419	- 10,1441	- 5,5180	- 10,0850	- 5,2301	- 8,9948
700	- 5,1527	- 9,6907	- 5,3517	- 9,7156	- 4,6903	- 8,7131
750	- 4,9219	- 9,3563	- 5,1200	- 9,4000	- 4,2033	- 8,4588
800	- 4,8200	- 9,1400	- 4,9100	- 9,1100	- 3,7617	- 8,2283

Tabelle G-2: Austauschkoeffizient k^δ und Festkörperdiffusionskoeffizient D^δ (Fehler +)
Materialparameter gelten für die angegebenen Temperaturen in Luft.

	LSCF		LSC		BSCF	
T / °C	$\log(k^\delta$ / m/s)	$\log(D^\delta$ / m²/s)	$\log(k^\delta$ / m/s)	$\log(D^\delta$ / m²/s)	$\log(k^\delta$ / m/s)	$\log(D^\delta$ / m²/s)
600	- 5,6000	- 10,3000	- 5,2900	- 9,9700	- 5,6734	- 9,1039
650	- 4,6998	- 9,7005	- 5,0900	- 9,5100	- 4,9943	- 8,8320
700	- 4,5539	- 9,2277	- 4,8300	- 9,1500	- 4,3851	- 8,5880
750	- 4,6500	- 9,1200	- 4,6400	- 9,0000	- 3,8353	- 8,3678
800	- 4,7610	- 9,0088	- 4,5000	- 8,7500	- 3,3368	- 8,1682

Tabelle G-3: Austauschkoeffizient k^δ und Festkörperdiffusionskoeffizient D^δ (Fehler -)
Materialparameter gelten für die angegebenen Temperaturen in Luft.

	LSCF		LSC		BSCF	
T / °C	$\log(k^\delta$ / m/s)	$\log(D^\delta$ / m²/s)	$\log(k^\delta$ / m/s)	$\log(D^\delta$ / m²/s)	$\log(k^\delta$ / m/s)	$\log(D^\delta$ / m²/s)
600	- 6,6000	- 10,7607	- 5,8700	- 10,6158	- 5,9899	- 9,5138
650	- 6,1500	- 10,3323	- 5,6025	- 10,3234	- 5,4658	- 9,1577
700	- 5,7500	- 9,9479	- 5,4489	- 9,9244	- 4,9956	- 8,8381
750	- 5,4000	- 9,6011	- 5,2291	- 9,6189	- 4,5713	- 8,5498
800	- 5,1020	- 9,2866	- 5,0550	- 9,1991	- 4,1866	- 8,2884

G.1.3 Gleichungen für LSCF

Aus den Gitterkonstanten von Wang [126] wurde die Konzentration der Sauerstoffplätze

$$c_{mc}\left(T, p_{O_2}\right) = 3/N_A \cdot \left[\left[-8{,}773 \cdot 10^{-16} \cdot T + 4{,}070 \cdot 10^{-13}\right] \cdot \log\left(p_{O_2}\right) + ... \right. \quad \text{(G.1)}$$

$$\dots + \left[5{,}871 \cdot 10^{-18} \cdot T^2 - 4{,}000 \cdot 10^{-16} \cdot T + 3{,}859 \cdot 10^{-10} \right] \right)^{-3} \tag{G.1}$$

im Gitter berechnet (T in °C). Mit diesen Werten und den Nichtstöchiometriewerten aus [17;116;117;124] wurde die Sauerstoffionenkonzentration

$$c_{O^{2-},eq}\left(T, p_{O_2}\right) = g(T) \cdot \log\left(p_{O_2}\right) + y(T)$$

$$g(T) = \exp\left(-3{,}824 \cdot \frac{1000\mathrm{K}}{T} - 10{,}37\right) \tag{G.2}$$

$$y(T) = -2{,}892 \cdot 10^4 \cdot \left(\frac{1000\mathrm{K}}{T}\right)^2 + 6{,}651 \cdot 10^4 \cdot \frac{1000\mathrm{K}}{T} + 4{,}703 \cdot 10^4$$

bestimmt (T in K). Diese gibt die gemessenen Sauerstoffionenkonzentrationen ähnlich gut wie in Abbildung 29 wieder, jedoch kann die Steigung vor allem bei hohen Sauerstoffpartialdrücken deutlich von den Messdaten abweichen. Der thermodynamische Faktor kann nach Gleichung (2.11) bzw. Gleichung (4.18) aus Gleichung (G.2) bestimmt werden. Jedoch ist bei der Bestimmung des thermodynamischen Faktors besonders die Steigung wichtig, daher wurde für die Auswertung von Messdaten (in Luft) zusätzlich

$$\gamma(T) = 2{,}17 \cdot \exp\left(\frac{37967}{R \cdot T}\right) \tag{G.3}$$

aus den Werten in [143] bestimmt (T in K).

G.2 Ionische Leitfähigkeit

Die ionischen Leitfähigkeiten von 3YSZ, 8YSZ, 4SSZ, 6SSZ und 10SSZ werden nach den Angaben in [144] berechnet.

GCO, Messbereich 600 – 1000 °C, IWE:

$$\sigma_{GCO} = \frac{A}{T} \cdot \exp\left(-\frac{E_A}{k \cdot T}\right) \tag{G.4}$$

($A = 2{,}088532805224 \cdot 10^7$·S·K/m; $E_A = 0{,}73357$ eV; k: Boltzmann-Konstante; T in K)

G.3 Elektronische Leitfähigkeiten

Ni, Messbereich 800 – 1200 K, [145]:

$$\sigma_{Ni} = \frac{10^8}{0{,}0171 \cdot (T - 800\ \mathrm{K}) + 41{,}04\ \mathrm{K}} \cdot \frac{\mathrm{S} \cdot \mathrm{K}}{\mathrm{m}} \tag{G.5}$$

(T in K)

LSC, Messbereich 650 – 900 °C, [146]:

$$\sigma_{LSC} = \exp\left(1{,}951411628 \cdot x + 9{,}8950497\right) \cdot \frac{\mathrm{S}}{\mathrm{m}} \tag{G.6}$$

($x = 1000$ K / T)

ULSM, [147]:

$$\sigma_{ULSM} = \frac{A}{T} \cdot \exp\left(-\frac{E_A}{k \cdot T}\right) \tag{G.7}$$

($A = 7{,}263313689797458 \cdot 10^7$·S·K/m; $E_A = 0{,}115$ eV; k: Boltzmann-Konstante; T in K)

LSCF, Messbereich 50 – 1000 °C, IWE:

$$\sigma_{LSCF} = \left(h + g \cdot x + f \cdot x^2 + e \cdot x^3 + d \cdot x^4 + c \cdot x^5 + b \cdot x^6 + a \cdot x^7\right) \cdot \frac{1{,}474}{1 - 0{,}4} \cdot \frac{\mathrm{S}}{\mathrm{m}} \tag{G.8}$$

(Messung: C. Endler, Datenauswertung: M. Kornely, poröse Probe: $\varepsilon \approx 40$ %, $\tau = 1{,}474$
$x = 1000$ K / T; $a = 717{,}69$; $b = -11581{,}64$; $c = 78701{,}942$; $d = -291993{,}408$;
$e = 640318{,}299$; $f = -833111{,}269$; $g = 592589{,}653$; $h = -166070{,}19$)

Literaturverzeichnis

[1]   H. J. M. Bouwmeester, H. Kruidhof and A. J. Burggraaf, "Importance of the surface exchange kinetics as rate limiting step in oxygen permeation through mixed-coducting oxides", *Solid State Ionics* **72**, pp. 185-194 (1994).

[2]   S. B. Adler, J. A. Lane and B. C. H. Steele, "Electrode kinetics of porous mixed-conducting oxygen electrodes", *J. Electrochem. Soc.* **143**, pp. 3554-3564 (1996).

[3]   W. Simon, "Deutsche Marine hat zwei weitere Unterseeboote der Klasse 212A bestellt – Auftragswert für Siemens rund 55 Millionen Euro", *Siemens AG Corporate Communications and Government Affairs* (2008).

[4]   R. Wallner, "Deutsche U-Boote Geschichte, Fähigkeiten, Potenziale", *Marineforum* **4**, pp. 10-18 (2006).

[5]   N. Aschenbrenner, "Leise Revolution", *Pictures of the Future*, pp. 50-54 (2002).

[6]   S. Sunde, "Simulations of composite electrodes in fuel cells", *Journal of Electroceramics* **5**, pp. 153-182 (2000).

[7]   O. Yamamoto, "Solid Oxide Fuel Cells: Fundamental Aspects and Prospects", *Electrochimica Acta* **45**, pp. 2423-2435 (2000).

[8]   M. J. Heneka, *Alterung der Festelektrolyt-Brennstoffzelle unter thermischen und elektrischen Lastwechseln*, Aachen: Verlag Mainz (2006).

[9]   H. P. Buchkremer, U. Diekmann and D. Stöver, "Components Manufacturing and Stack Integration of an Anode Supported Planar SOFC System", in B. Thorstensen (Ed.), *Proceedings of the 2nd European Solid Oxide Fuel Cell Forum* **1**, pp. 221-228 (1996).

[10]   A. Mai, V. A. C. Haanappel, S. Uhlenbruck, F. Tietz and D. Stöver, "Ferrite-based perovskites as cathode materials for anode-supported solid oxide fuel cells Part I. Variation of composition", *Solid State Ionics* **176**, pp. 1341-1350 (2005).

[11]   K. Freund, *Impedanzspektroskopie mit Referenzelektroden zur Identifikation von Verlustprozessen der Hochtemperaturbrennstoffzelle*, Diplomarbeit, Institut für Werkstoffe der Elektrotechnik (IWE), Universität Karlsruhe (TH) (2004).

[12]   V. Sonn, K. Freund, A. Weber, and E. Ivers-Tiffée, *Strength and Limitations of Coplanar Reference Electrodes for the Electrochemical Characterization of Solid Oxide Fuel Cells*, ACerS 30th International Conference & Exposition on Advanced Ceramics & Composites (Cocoa Beach, Florida, USA), 01.21. - 01.27.2006

[13]   M. Mogensen and P. V. Hendriksen, "Testing of Electrodes, Cells and Short Stacks", in S. C. Singhal and K. Kendall (Eds.), *High Temperature Solid Oxide Fuel Cells*, Oxford, UK: Elsevier Ltd., p. 261 (2003).

[14]   S. C. Singhal and K. Kendall (Eds.), *High Temperature Solid Oxide Fuel Cells*, New York: Elsevier Ltd. (2003).

[15]   D. Herbstritt, *Entwicklung und Modellierung einer leistungsfähigen Kathodenstruktur für die Hochtemperatur-Brennstoffzelle SOFC*, Aachen: Verlag Mainz (2003).

[16]   E. Ivers-Tiffée, A. Weber and H. Schichlein, "O_2-reduction at high temperatures: SOFC", in W. Vielstich, H. A. Gasteiger, and A. Lamm (Eds.), *Handbook of Fuel Cells - Fundamentals, Technology and Applications*, Vol. 2, Chichester: John Wiley & Sons Ltd, pp. 587-600 (2003).

[17]   M. Søgaard, P. V. Hendriksen, T. Jacobsen and M. Mogensen, "Modelling of the Polarization Resistance from Surface Exchange and Diffusion Coefficient Data", in J. A. Kilner (Ed.), *Proceedings of the 7th European Solid Oxide Fuel Cell Forum*, p. B064 (2006).

[18]   S. B. Adler, "Limitations of charge-transfer models for mixed-conducting oxygen electrodes", *Solid State Ionics* **135**, pp. 603-612 (2000).

[19]   T. Kawada, K. Masuda, J. Suzuki, A. Kaimai, K. Kawamura, Y. Nigara, J. Mizusaki, H. Yugami, H. Arashi, N. Sakai and H. Yokokawa, "Oxygen isotope exchange with a dense $La_{0.6}Sr_{0.4}CoO_{3-\delta}$ electrode on a $Ce_{0.9}Ca_{0.1}O_{1.9}$ electrolyte", *Solid State Ionics* **121**, pp. 271-279 (1999).

[20]   M. Prestat, A. Infortuna, S. Korrodi, S. Rey-Mermet, P. Muralt and L. J. Gauckler, "Oxygen reduction at thin dense $La_{0.52}Sr_{0.48}Co_{0.18}Fe_{0.82}O_{3-\delta}$ electrodes", *Journal of Electroceramics* **18**, pp. 111-120 (2007).

[21]   J. Maier, "On the correlation of macroscopic and microscopic rate constants in solid state chemistry", *Solid State Ionics* **112**, pp. 197-228 (1998).

[22]   J. Maier, *Festkörper - Fehler und Funktion*, Stuttgart Leipzig: B.G. Teubner (2000).

[23]   S. Wang, A. Verma, Y. L. Yang, A. J. Jacobson and B. Abeles, "The effect of the magnitude of the oxygen partial pressure change in electrical conductivity relaxation measurements: oxygen transport kinetics in $La_{0.5}Sr_{0.5}CoO_{3-\delta}$", *Solid State Ionics* **140**, pp. 125-133 (2001).

[24]   S. C. Singhal, "Recent Progress in Tubular Solid Oxide Fuel Cell Technology", in U. Stimming, S. C. Singhal, H. Tagawa, and W. Lehnert (Eds.), *Proceedings of the Fifth International Symposium on Solid Oxide Fuel Cells (SOFC-V)*, pp. 37-50 (1997).

[25]   F. Tietz, "Component Reliability in Solid Oxide Fuel Cell Systems for Commercial Operation ("CORE-SOFC")", in M. Mogensen (Ed.), *Proceedings of the 6th European Solid Oxide Fuel Cell Forum* **1**, pp. 289-298 (2004).

[26]   A. Weber and E. Ivers-Tiffée, "Materials and concepts for solid oxide fuel cells (SOFCs) in stationary and mobile applications", *J. Power Sources* **127**, pp. 273-283 (2004).

[27]   F. Tietz, "Thermal expansion of SOFC materials", *Ionics* **5**, pp. 129-139 (1999).

[28]   A. Mai, V. A. C. Haanappel, F. Tietz, I. C. Vinke and D. Stöver, "Microstructural and Electrochemical Characterisation of LSCF-based Cathodes for Anode-Supported Solid Oxide Fuel Cells", in S. C. Singhal and M. Dokiya (Eds.), *Proceedings of the Eigth International Symposium on Solid Oxide Fuel Cells (SOFC-VIII)* **1**, pp. 525-532 (2003).

[29]   A. Mai, *Katalytische und elektrochemische Eigenschaften von eisen- und kobalthaltigen Perowskiten als Kathoden für die oxidkeramische Brennstoffzelle (SOFC)*, Jülich: Forschungszentrum Jülich GmbH (2004).

[30]   A. Hammouche, E. Siebert, A. Hammou, M. Kleitz and A. Caneiro, "Electrocatalytic Properties and Nonstoichiometry of the High-Temperature Air Electrode $La_{1-x}Sr_xMnO_3$", *J. Electrochem. Soc.* **138**, pp. 1212-1216 (1991).

[31]   M. Kleitz, T. Kloidt and L. Dessemond, "Conventional Oxygen Electrode Reaction: Facts and Models", in F. W. Poulsen, J. J. Bentzen, T. Jacobsen, E. Skou, and M. J. L. Ostergard (Eds.), *Proceedings of the 14th Risø International Symposium on Materials Science: High Temperature Electrochemical Behaviour of Fast Ion and Mixed Conductors*, pp. 89-116 (1993).

[32]   S. Carter, A. Selcuk, J. Chater, J. A. Kajda, J. A. Kilner and B. C. H. Steele, "Oxygen transport in selected nonstoichiometric pervskite-structure oxides", *Solid State Ionics* **53-56**, pp. 597-605 (1992).

[33]   A. Mai, M. Becker, W. Assenmacher, F. Tietz, D. Hathiramani, E. Ivers-Tiffée, D. Stöver and W. Mader, "Time-dependent performance of mixed-conducting SOFC cathodes", *Solid State Ionics* **177**, pp. 1965-1968 (2006).

[34]   M. Becker, *Parameterstudie zur Langzeitbeständigkeit von Hochtemperaturbrennstoffzellen (SOFC)*, Aachen: Verlag Mainz (2007).

[35] A. Leonide, V. Sonn, A. Weber and E. Ivers-Tiffée, "Evaluation and modeling of the cell resistance in anode-supported solid oxide fuel cells", *J. Electrochem. Soc.* **155**, p. B36-B41 (2008).

[36] A. Leonide, S. Ngo Dinh, A. Weber and E. Ivers-Tiffée, "Performance limiting factors in anode supported SOFC", in R. Steinberger-Wilckens and U. Bossel (Eds.), *Proceedings of the 8th European Solid Oxide Fuel Cell Forum*, p. A0501 (2008).

[37] A. Weber, *Entwicklung und Charakterisierung von Werkstoffen und Komponenten für die Hochtemperatur-Brennstoffzelle SOFC*, Dissertation, Institut für Werkstoffe der Elektrotechnik (IWE), Universität Karlsruhe (TH) (2002).

[38] V. Sonn, A. Leonide and E. Ivers-Tiffée, "An Impedance Study of Ni/YSZ and Ni/ScSZ Cermet Anodes in a Broad Range of Operating Conditions", in J. A. Kilner and U. Bossel (Eds.), *Proceedings of the 7th European Solid Oxide Fuel Cell Forum*, pp. P0723-164 (2006).

[39] H. Schichlein, *Experimentelle Modellbildung für die Hochtemperatur-Brennstoffzelle SOFC*, Aachen: Verlag Mainz (2003).

[40] H. Schichlein, M. Feuerstein, A. C. Müller, A. Weber, A. Krügel and E. Ivers-Tiffée, "System identification: a new modelling approach for SOFC single cells", in S. C. Singhal and M. Dokiya (Eds.), *Proceedings of the Sixth International Symposium on Solid Oxide Fuel Cells (SOFC-VI)*, pp. 1069-1077 (1999).

[41] C. Peters, A. Weber and E. Ivers-Tiffée, "Nanoscaled $(La_{0.5}Sr_{0.5})CoO_{3-\delta}$ Thin Film Cathodes for SOFC Application at $500°C < T < 700°C$", *J. Electrochem. Soc.* **155**, p. B730-B737 (2008).

[42] F. P. F. van Berkel, S. Brussel, M. van Tuel, G. Schoemakers, B. Rietveld and P. V. Aravind, "Development of Low Temperature Cathode Materials", in J. A. Kilner (Ed.), *Proceedings of the 7th European Solid Oxide Fuel Cell Forum*, p. 1 (2006).

[43] S. Primdahl and M. Mogensen, "Gas diffusion impedance in characterization of solid oxide fuel cell anodes", *J. Electrochem. Soc.* **146**, pp. 2827-2833 (1999).

[44] V. Brichzin, J. Fleig, H. U. Habermeier, G. Cristiani and J. Maier, "The geometry dependence of the polarization resistance of Sr-doped $LaMnO_3$ microelectrodes on yttria-stabilized zirconia", *Solid State Ionics* **152**, pp. 499-507 (2002).

[45] J. R. Macdonald, *Impedance Spectroscopy*, New York: John Wiley & Sons (1987).

[46] J. W. Kim, A. V. Virkar, K. Z. Fung, K. Mehta and S. C. Singhal, "Polarization effects in intermediate temperature, anode-supported solid oxide fuel cells", *J. Electrochem. Soc.* **146**, pp. 69-78 (1999).

[47] V. Sonn, A. Leonide and E. Ivers-Tiffée, "Combined Deconvolution and CNLS Fitting Approach Applied on the Impedance Response of Technical Ni/8YSZ Cermet Electrodes", *J. Electrochem. Soc.* **155**, p. B675-B679 (2008).

[48] J. Fleig, "Solid oxide fuel cell cathodes: Polarization mechanisms and modeling of the electrochemical performance", *Annual Review of Materials Science* **33**, pp. 361-382 (2003).

[49] J. C. Maxwell Garnett, "Colours in Metal Glasses and in Metallic Films", *Philosophical Transactions of the Royal Society of London. Series A, Containing Papers of a Mathematical or Physical Character* **203**, pp. 385-420 (1904).

[50] J. C. Maxwell Garnett, "Colours in Metal Glasses, in Metallic Films, and in Metallic Solutions. II", *Philosophical Transactions of the Royal Society of London. Series A, Containing Papers of a Mathematical or Physical Character* **205**, pp. 237-288 (1906).

[51] S. Kostek, L. M. Schwartz and D. L. Johnson, "Fluid Permeability in Porous-Media - Comparison of Electrical Estimates with Hydrodynamic Calculations", *Physical Review B* **45**, pp. 186-195 (1992).

[52] P. Mallet, C. A. Guerin and A. Sentenac, "Maxwell-Garnett mixing rule in the presence of multiple scattering: Derivation and accuracy", *Physical Review B* **72**, pp. 014205-1-014205-9 (2005).

[53] J. C. Y. Koh and A. Fortini, "Prediction of Thermal-Conductivity and Electrical Resistivity of Porous Metallic Materials", *International Journal of Heat and Mass Transfer* **16**, pp. 2013-2022 (1973).

[54] P. Grootenhuis, R. W. Powell and R. P. Tye, "Thermal and Electrical Conductivity of Porous Metals Made by Powder Metallurgy Methods", *Proceedings of the Physical Society of London Section B* **65**, pp. 502-511 (1952).

[55] M. I. Aivazov, A. Kh. Muranevich and I. A. Domashnev, "Thermal Conductivity of Titanium Nitride in Homogeneity Range", *High Temperature* **7**, pp. 830-833 (1969).

[56] K. Yamahara, T. Z. Sholklapper, C. P. Jacobson, S. J. Visco and L. C. de Jonghe, "Ionic conductivity of stabilized zirconia networks in composite SOFC electrodes", *Solid State Ionics* **176**, pp. 1359-1364 (2005).

[57] D. A. G. Bruggeman, "Berechnung verschiedener physikalischer Konstanten von heterogene Substanzen I. Dielektrizitätskonstanten und Leitfähigkeiten der Mischkörper aus isotropen Substanzen", *Annalen der Physik* **5**, pp. 636-679 (1935).

[58] H. Deng, M. Zhou and B. Abeles, "Diffusion-reaction in mixed ionic-electronic solid oxide membranes with porous electrodes", *Solid State Ionics* **74**, pp. 75-84 (1994).

[59] Z. Fan, P. Tsakiropoulos and A. P. Miodownik, "A generalized law of mixtures", *Journal of Materials Science* **29**, pp. 141-150 (1994).

[60] Z. Fan, A. P. Miodownik and P. Tsakiropoulos, "Microstructural characterisation of two phase materials", *Materials Science & Technology* **9**, pp. 1094-1100 (1993).

[61] Z. Fan, "A microstructural approach to the effective transport properties of multiphase composites", *Philosophical Magazine A* **73**, pp. 1663-1684 (1996).

[62] A. C. Müller, *Mehrschicht-Anode für die Hochtemperatur-Brennstoffzelle (SOFC)*, Dissertation, Institut für Werkstoffe der Elektrotechnik (IWE), Universität Karlsruhe (TH) (2004).

[63] S. Kirkpatrick, "Percolation and Conduction", *Reviews of Modern Physics* **45**, pp. 574-588 (1973).

[64] D. Stauffer and A. Amnon, *Perkolationstheorie: eine Einführung*, Weinheim: Wiley-VCH (1995).

[65] http://de.wikipedia.org/wiki/Benutzer:Holyfmb, "Percolation1.jpg", http://de.wikipedia.org/wiki/Bild:Percolation1.jpg (2008).

[66] H. J. Herrmann and H. M. Singer, *Introduction to Computational Physics*, Zürich: ETH Zürich (2008).

[67] P. Costamagna, P. Costa and V. Antonucci, "Micro-modelling of solid oxide fuel cell electrodes", *Electrochimica Acta* **43**, pp. 375-394 (1998).

[68] T. Kawashima and M. Hishinuma, "Analysis of electrical conduction paths in Ni/YSZ particulate composites using percolation theory", *Materials Transactions Jim* **37**, pp. 1397-1403 (1996).

[69] D. Bouvard and F. F. Lange, "Relation Between Percolation and Particle Coordination in Binary Powder Mixtures", *Acta metall. mater.* **39**, pp. 3083-3090 (1991).

[70] M. Suzuki and T. Oshima, "Estimation of the Coordination-Number in A 2-Component Mixture of Cohesive Spheres", *Powder Technology* **36**, pp. 181-188 (1983).

[71] C. H. Kuo and P. K. Gupta, "Rigidity and Conductivity Percolation Thresholds in Particulate Composites", *Acta metall. mater.* **43**, pp. 397-403 (1995).

[72] J. H. Nam and D. H. Jeon, "A comprehensive micro-scale model for transport and reaction in intermediate temperature solid oxide fuel cells", *Electrochimica Acta* **51**, pp. 3446-3460 (2006).

[73] G. G. Batrouni, A. Hansen and B. Larson, "Current distribution in the three-dimensional random resistor network at the percolation threshold", *Physical Review E* **53**, pp. 2292-2297 (1996).

[74] S. Sunde, "Calculation of Conductivity and Polarization Resistance of Composite SOFC Electrodes from Random Resistor Networks", *J. Electrochem. Soc.* **142**, p. L50-L52 (1995).

[75] T. Kenjo, S. Osawa and K. Fujikawa, "High-Temperature Air Cathodes Containing Ion Conductive Oxides", *J. Electrochem. Soc.* **138**, pp. 349-355 (1991).

[76] T. Kenjo and M. Nishiya, "LaMnO$_3$ Air Cathodes Containing ZrO$_2$ Electrolyte for High-Temperature Solid Oxide Fuel-Cells", *Solid State Ionics* **57**, pp. 295-302 (1992).

[77] C. W. Tanner, K. Z. Fung and A. V. Virkar, "The effect of porous composite electrode structure on solid oxide fuel cell performance .1. Theoretical analysis", *J. Electrochem. Soc.* **144**, pp. 21-30 (1997).

[78] S. Sunde, "Monte Carlo simulations of polarization resistance of composite electrodes for solid oxide fuel cells", *J. Electrochem. Soc.* **143**, pp. 1930-1939 (1996).

[79] T. Kawada, N. Sakai, H. Yokokawa, M. Dokiya, M. Mori and T. Iwata, "Structure and polarization characteristics of solid oxide fuel cell anodes", *Solid State Ionics* **40-41**, pp. 402-406 (1990).

[80] G. Paasch, K. Micka and P. Gersdorf, "Theory of the Electrochemical Impedance of Macrohomogeneous Porous-Electrodes", *Electrochimica Acta* **38**, pp. 2653-2662 (1993).

[81] G. Paasch, "The transmission line equivalent circuit model in solid-state electrochemistry", *Electrochemistry Communications* **2**, pp. 371-375 (2000).

[82] J. Bisquert, G. G. Belmonte, F. F. Santiago, N. S. Ferriols, M. Yamashita and E. C. Pereira, "Application of a distributed impedance model in the analysis of conducting polymer films", *Electrochemistry Communications* **2**, pp. 601-605 (2000).

[83] S. Sunde, "Monte Carlo Simulations of Conductivity of Composite Electrodes for Solid Oxide Fuel Cells", *J. Electrochem. Soc.* **143**, pp. 1123-1132 (1996).

[84] S. Sunde, "Calculations of impedance of composite anodes for solid oxide fuel cells", *Electrochimica Acta* **42**, pp. 2637-2648 (1997).

[85] S. Sunde, "Errata: "Monte Carlo simulations of polarization resistance of composite electrodes for solid oxide fuel cells (vol 143, No 6, pg 1930, 1996)"", *J. Electrochem. Soc.* **146**, p. 4334 (1999).

[86] S. Sunde, "Erratum to: "Calculations of impedance of composite anodes for solid oxide fuel cells (vol 42, pg 2637, 1997)"", *Electrochimica Acta* **44**, p. 3429 (1999).

[87] S. Sunde, "The effect of porous composite electrode structure on solid oxide fuel cell performance - I. Theoretical analysis - Comment", *J. Electrochem. Soc.* **145**, p. 4342 (1998).

[88] D. H. Jeon, J. H. Nam and C. J. Kim, "A random resistor network analysis on anodic performance enhancement of solid oxide fuel cells by penetrating electrolyte structures", *J. Power Sources* **139**, pp. 21-29 (2005).

[89] J. Abel, *Über die Modellierung, Simulation und Berechnung des Leitwertes von Zweipol-Anordnungen mit Metall-Feststoffelektrolytgemischen am Beispiel des Ultrakondensators und der Anode der oxydkeramischen Brennstoffzelle*, Düsseldorf: VDI Verlag GmbH (2000).

[90] J. Abel, A. A. Kornyshev and W. Lehnert, "Correlated resistor network study of porous solid oxide fuel cell anodes", *J. Electrochem. Soc.* **144**, pp. 4253-4259 (1997).

[91] J. Joos, *Einfluss der Mikrostruktur auf die Leistungsfähigkeit von gemischtleitenden Kathoden*, Diplomarbeit, Institut für Werkstoffe der Elektrotechnik (IWE), Universität Karlsruhe (TH) (2008).

[92] J. Deseure, Y. Bultel, L. C. R. Schneider, L. Dessemond and C. L. Martin, "Micromodeling of functionally graded SOFC cathodes", *J. Electrochem. Soc.* **154**, p. B1012-B1016 (2007).

[93] C. L. Martin, L. C. R. Schneider, L. Olmos and D. Bouvard, "Discrete element modeling of metallic powder sintering", *Scripta Materialia* **55**, pp. 425-428 (2006).

[94] L. C. R. Schneider, C. L. Martin, Y. Bultel, J. Simonet, G. Kapelski and D. Bouvard, "Optimization of the Electrochemical Performance of SOFC Composite Electrodes by Discrete Modelling", in J. A. Kilner and U. Bossel (Eds.), *Proceedings of the 7th European Solid Oxide Fuel Cell Forum*, p. P0604 (2006).

[95] L. C. R. Schneider, C. L. Martin, Y. Bultel, D. Bouvard and E. Siebert, "Discrete modelling of the electrochemical performance of SOFC electrodes", *Electrochimica Acta* **52**, pp. 314-324 (2006).

[96] L. C. R. Schneider, C. L. Martin, Y. Bultel, L. Dessemond and D. Bouvard, "Percolation effects in functionally graded SOFC electrodes", *Electrochimica Acta* **52**, pp. 3190-3198 (2007).

[97] D. Herbstritt, A. Weber and E. Ivers-Tiffée, "Modelling and DC-polarisation of a three dimensional electrode/electrolyte interface", *Journal of the European Ceramic Society* **21**, pp. 1813-1816 (2001).

[98] D. Braess, *Finite Elemente: Theorie, schnelle Löser und Anwendungen in der Elastizitätstheorie*, Berlin Heidelberg: Springer (2007).

[99] C. Großmann and H.-J. Roos, *Numerik partieller Differentialgleichungen*, Stuttgart: Teubner (1994).

[100] S. Brenner and R. L. Scott, *The mathematical theory of finite element methods*, Berlin, Heidelberg, New York: Springer (1994).

[101] P. G. Ciarlet, *The finite element method for elliptic problems*, Amsterdam: North-Holland Publishing Company (1978).

[102] A. Ern and J.-L. Guermond, *Theory and practice of finite elements*, New York: Springer-Verlag (2004).

[103] C. Johnson, *Numerical solution of partial differential equations by finite element method*, Cambridge: Cambridge University Press (1987).

[104] C. F. Carey and J. T. Oden, *Finite Elements*, New Jersey: Prentice Hall (1984).

[105] M. Dobrowolski, *Angewandte Funktionalanalysis: Funktionalanalysis, Sobolev-Räume und elliptische Differentialgleichungen*, Berlin Heidelberg: Springer (2006).

[106] H. R. Schwarz, *Methode der finiten Elemente*, Stuttgart: Teubner (1991).

[107] J. Fleig and J. Maier, "The polarization of mixed conducting SOFC cathodes: Effects of surface reaction coefficient, ionic conductivity and geometry", *Journal of the European Ceramic Society* **24**, pp. 1343-1347 (2004).

[108] S. B. Adler, "Mechanism and kinetics of oxygen reduction on porous $La_{1-x}Sr_xCoO_{3-\delta}$ electrodes", *Solid State Ionics* **111**, pp. 125-134 (1998).

[109] R. Hill, "Elastic Properties of Reinforced Solids - Some Theoretical Principles", *Journal of the Mechanics and Physics of Solids* **11**, pp. 357-372 (1963).

[110] M. Ostoja-Starzewski, "Material spatial randomness: From statistical to representative volume element", *Probabilistic Engineering Mechanics* **21**, pp. 112-132 (2006).

[111] T. Kanit, S. Forest, I. Galliet, V. Mounoury and D. Jeulin, "Determination of the size of the representative volume element for random composites: statistical and numerical approach", *International Journal of Solids and Structures* **40**, pp. 3647-3679 (2003).

[112] B. Rüger, A. Weber, D. Fouquet and E. Ivers-Tiffée, "SOFC Performance Evaluated by FEM-Modelling of Electrode Microstructures with a Randomly Generated Geometry", in J. A. Kilner and U. Bossel (Eds.), *Proceedings of the 7th European Solid Oxide Fuel Cell Forum*, p. B075 (2006).

[113] A. S. Martinez and J. Brouwer, "Percolation modeling investigation of TPB formation in a solid oxide fuel cell electrode-electrolyte interface", *Electrochimica Acta* **53**, pp. 3597-3609 (2008).

[114] R. Suwanwarangkul, E. Croiset, M. W. Fowler, P. L. Douglas, E. Entchev and M. A. Douglas, "Performance comparison of Fick's, dusty-gas and Stefan-Maxwell models to predict the concentration overpotential of a SOFC anode", *J. Power Sources* **122**, pp. 9-18 (2003).

[115] A. Schönbucher, *Thermische Verfahrenstechnik: Grundlagen und Berechnungsmethoden für Ausrüstungen und Prozesse*, Berlin Heidelberg: Springer (2002).

[116] H. J. M. Bouwmeester, M. W. den Otter and B. A. Boukamp, "Oxygen transport in $La_{0.6}Sr_{0.4}Co_{1-y}Fe_yO_{3-\delta}$", *Journal of Solid State Electrochemistry* **8**, pp. 599-605 (2004).

[117] W. Sitte, "Private Communication", 2008.

[118] P. Ried, E. Bucher, W. Preis, W. Sitte and P. Holtappels, "Characterisation of $La_{0.6}Sr_{0.4}Co_{0.2}Fe_{0.8}O_{3-\delta}$ and $Ba_{0.5}Sr_{0.5}Co_{0.8}Fe_{0.2}O_{3-\delta}$ as Cathode Materials for the Application in Intermediate Temperature Fuel Cells", *ECS Transactions* **7**, pp. 1217-1224 (2007).

[119] R. A. de Souza and J. A. Kilner, "Oxygen transport in $La_{1-x}Sr_xMn_{1-y}Co_yO_{3-\delta}$ perovskites - Part I. Oxygen tracer diffusion", *Solid State Ionics* **106**, pp. 175-187 (1998).

[120] L. M. van der Haar, M. W. den Otter, M. Morskate, H. J. M. Bouwmeester and H. Verweij, "Chemical diffusion and oxygen surface transfer of $La_{1-x}Sr_xCoO_{3-\delta}$ studied with electrical conductivity relaxation", *J. Electrochem. Soc.* **149**, p. J41-J46 (2002).

[121] E. Bucher, A. Egger, P. Ried, W. Sitte and P. Holtappels, "Oxygen nonstoichiometry and exchange kinetics of $Ba_{0.5}Sr_{0.5}Co_{0.8}Fe_{0.2}O_{3-\delta}$", *Solid State Ionics* **179**, pp. 1032-1035 (2008).

[122] E. Girdauskaite, H. Ullmann, V. V. Vashook, U. Guth, G. B. Caraman, E. Bucher and W. Sitte, "Oxygen transport properties of $Ba_{0.5}Sr_{0.5}Co_{0.8}Fe_{0.2}O_{3-x}$ and $Ca_{0.5}Sr_{0.5}Mn_{0.8}Fe_{0.2}O_{3-x}$ obtained from permeation and conductivity relaxation experiments", *Solid State Ionics* **179**, pp. 385-392 (2008).

[123] J. Mizusaki, Y. Mima, S. Yamauchi, K. Fueki and H. Tagawa, "Nonstoichiometry of the perovskite-type oxides $La_{1-x}Sr_xCoO_{3-\delta}$", *Journal of Solid State Chemistry* **80**, pp. 102-111 (1989).

[124] D. Mantzavinos, A. Hartley, I. S. Metcalfe and M. Sahibzada, "Oxygen stoichiometries in $La_{1-x}Sr_xCo_{1-y}Fe_yO_{3-\delta}$ perovskites at reduced oxygen partial pressures", *Solid State Ionics* **134**, pp. 103-109 (2000).

[125] L. W. Tai, M. M. Nasrallah, H. U. Anderson, D. M. Sparlin and S. R. Sehlin, "Structure and Electrical-Properties of $La_{1-x}Sr_xCo_{1-y}Fe_yO_3$ 2. the System $La_{1-x}Sr_xCo_{0.2}Fe_{0.8}O_3$", *Solid State Ionics* **76**, pp. 273-283 (1995).

[126] S. R. Wang, M. Katsuki, M. Dokiya and T. Hashimoto, "High temperature properties of $La_{0.6}Sr_{0.4}Co_{0.8}Fe_{0.2}O_{3-\delta}$ phase structure and electrical conductivity", *Solid State Ionics* **159**, pp. 71-78 (2003).

[127] M. H. R. Lankhorst, H. J. M. Bouwmeester and H. Verweij, "High-Temperature Coulometric Titration of $La_{1-x}Sr_xCoO_{3-\delta}$: Evidence for the Effect of Electronic Band Structure on Nonstoichiometry Behavior", *Journal of Solid State Chemistry* **133**, pp. 555-567 (1997).

[128] A. N. Petrov, O. F. Kononchuk, A. V. Andreev, V. A. Cherepanov and P. Kofstad, "Crystal structure, electrical and magnetic properties of $La_{1-x}Sr_xCoO_{3-y}$", *Solid State Ionics* **80**, pp. 189-199 (1995).

[129] S. McIntosh, J. F. Vente, W. G. Haije, D. H. A. Blank and H. J. M. Bouwmeester, "Oxygen stoichiometry and chemical expansion of $Ba_{0.5}Sr_{0.5}Co_{0.8}Fe_{0.2}O_{3-\delta}$ measured by in situ neutron diffraction", *Chemistry of Materials* **18**, pp. 2187-2193 (2006).

[130] S. B. Adler, "Factors Governing Oxygen Reduction in Solid Oxide Fuel Cell Cathodes", *Chemical Reviews* **104**, pp. 4791-4843 (2004).

[131] J. R. Wilson, W. Kobsiriphat, R. Mendoza, H. Y. Chen, J. M. Hiller, D. J. Miller, K. Thornton, P. W. Voorhees, S. B. Adler and S. A. Barnett, "Three-dimensional reconstruction of a solid-oxide fuel-cell anode", *nature materials* **5**, pp. 541-544 (2006).

[132] C. Peters, *Grain-size Effects in Nanoscaled Electrolyte and Cathode Thin Films for Solid Oxide Fuel Cells (SOFC)*, Karlsruhe: Universitätsverlag Karlsruhe (2009).

[133] B. Rüger, T. Carraro, J. Joos, V. Heuveline and E. Ivers-Tiffée, "A Numerical Method for the Optimization of MIEC Cathode Microstructures", in R. Steinberger-Wilckens and U. Bossel (Eds.), *Proceedings of the 8th European Solid Oxide Fuel Cell Forum*, p. A0616 (2008).

[134] F. P. F. van Berkel, "Private Communication", 2008.

[135] B. Rüger, A. Weber and E. Ivers-Tiffée, "3D-Modelling and Performance Evaluation of Mixed Conducting (MIEC) Cathodes", *ECS Transactions* **7**, pp. 2065-2074 (2007).

[136] C. C. Chen, M. M. Nasrallah and H. U. Anderson, "Synthesis and Characterization of $(CeO_2)_{0.8}(SmO_{1.5})_{0.2}$ Thin-Films from Polymeric Precursors", *J. Electrochem. Soc.* **140**, pp. 3555-3560 (1993).

[137] M. Liu and D. Y. Wang, "Preparation of $La_{1-z}Sr_zCo_{1-y}Fe_yO_{3-x}$ thin films, membranes, and coatings on dense and porous substrates", *Journal of Materials Research* **10**, pp. 3210-3221 (1995).

[138] I. Zergioti, A. W. M. de Laat, U. Guntow, F. Hutter and O. Maerten, "Laser sintering of perovskite-oxide and metal coatings by the sol gel process", *Applied Physics A* **69**, p. S433-S436 (1999).

[139] D. S. Mclachlan, M. Blaszkiewicz and R. E. Newnham, "Electrical-Resistivity of Composites", *J. Am. Ceram. Soc.* **73**, pp. 2187-2203 (1990).

[140] M. Marinsek, S. Pejovnik and J. Macek, "Modelling of electrical properties of Ni-YSZ composites", *Journal of the European Ceramic Society* **27**, pp. 959-964 (2007).

[141] R. E. Williford and P. Singh, "Engineered cathodes for high performance SOFCs", *J. Power Sources* **128**, pp. 45-53 (2004).

[142] S. Linderoth, N. Bonanos, K. V. Jensen and J. B. Bilde-Sorensen, "Effect of NiO-to-Ni transformation on conductivity and structure of yttria-stabilized ZrO_2", *J. Am. Ceram. Soc.* **84**, pp. 2652-2656 (2001).

[143] M. W. den Otter, *A study of oxygen transport in mixed conducting oxides using isotopic exchange and conductivity relaxation*, Enschede: Febodruk (2000).

[144] J. Simonin, *Das elektrische Betriebsverhalten der Hochtemperatur-Festelektrolyt-Brennstoffzelle (SOFC) bei Temperaturen deutlich unterhalb der Betriebstemperatur*, Diplomarbeit, Institut für Werkstoffe der Elektrotechnik (IWE), Universität Karlsruhe (TH) (2006).

[145] K. Schröder, *Electronic, magnetic and thermal properties of solid materials*, New York: Dekker (1978).

[146] E. Bucher, *Defect Chemistry, Transport Properties, and Microstructure of Perovskite-Type Oxides (La,Sr)(Fe,Co)O₃*, Dissertation, Institut für Physikalische Chemie, Montanuniversität Leoben (2003).

[147] A. Weber, *Wechselwirkungen zwischen Gefüge- und elektrischen Eigenschaften von Kathoden für die SOFC*, Diplomarbeit, Institut für Werkstoffe der Elektrotechnik, Lehrstuhl II, RWTH Aachen (1995).